传感器应用技术
（第 2 版）

主　编　张米雅
参　编　徐槿昊　田文奇　姚建飞

北京理工大学出版社
BEIJING INSTITUTE OF TECHNOLOGY PRESS

内容简介

本书以工业生产中的检测任务为主线，将知识点贯穿于任务中，由 8 个项目、25 个任务贯穿而成。"项目一"以 2 个任务引领学习常用传感器的基本知识。"项目二"以 3 个任务引领学习温度的测量，包括热敏电阻、金属热电阻以及热电偶的测温原理与方法。"项目三"以 3 个任务引领学习力和压力的检测，包括电阻应变片、压电式传感器以及电感式传感器测力和压力的原理与方法。"项目四"以 5 个任务引领学习位置检测，包括了接近开关、电感式、霍尔、光电式以及电容式等传感器的原理及应用。"项目五"以 4 个任务引领学习如何利用电阻位移传感器、差动变压器式位移传感器、电涡流式位移传感器以及光栅位移传感器进行位移测量。"项目六"以 2 个任务引领学习如何利用电容式和超声波传感器进行液位测量。"项目七"以 3 个任务引领学习图像检测，介绍了固态图像传感器、光纤图像传感器和红外图像传感器的原理及应用。"项目八"以 3 个任务引领学习现代检测技术，包括智能传感器、机器人传感器、无线网络传感器的原理与应用。

本书可作为高职高专机电一体化、电气自动化、电子信息等相关专业的教学用书，也可作为相关行业技术人员的参考用书。

版权专有　侵权必究

图书在版编目（CIP）数据

传感器应用技术 / 张米雅主编. --2 版. --北京：北京理工大学出版社，2022.7

ISBN 978-7-5763-1439-7

Ⅰ. ①传… Ⅱ. ①张… Ⅲ. ①传感器—高等职业教育—教材 Ⅳ. ①TP212

中国版本图书馆 CIP 数据核字（2022）第 110133 号

出版发行 /	北京理工大学出版社有限责任公司
社　　址 /	北京市海淀区中关村南大街 5 号
邮　　编 /	100081
电　　话 /	（010）68914775（总编室）
	（010）82562903（教材售后服务热线）
	（010）68944723（其他图书服务热线）
网　　址 /	http://www.bitpress.com.cn
经　　销 /	全国各地新华书店
印　　刷 /	涿州市新华印刷有限公司
开　　本 /	787 毫米 × 1092 毫米　1/16
印　　张 /	12
字　　数 /	282 千字
版　　次 /	2022 年 7 月第 2 版　2022 年 7 月第 1 次印刷
定　　价 /	57.00 元

责任编辑 / 王艳丽
文案编辑 / 王艳丽
责任校对 / 周瑞红
责任印制 / 施胜娟

图书出现印装质量问题，请拨打售后服务热线，本社负责调换

前言

本书是根据《国家职业教育改革实施方案》有关要求，进一步深化职业教育"三教"改革，在第 1 版的基础上修订而成的。

随着我国高等职业教育的快速发展，以校企合作、工学结合为主导的教学改革不断深入，同时还要坚持把立德树人作为中心环节，把思想政治工作贯穿教育教学全过程，实现全程育人、全方位育人，这对教材的编写提出了更高的要求。本次修订的原则，一方面是保持本书原有的"以项目为载体、任务驱动教学"的特色和体系；另一方面是更多地贴近工程实际，更新应用实例，增大教材信息量。另外，在教材中有机融入思政元素，强化应用能力，关注教学创新，拓宽学生视野，激发学习兴趣，培养科学精神。

具体来说，此次修订在原有教材的基础上，补充了微型传感器、生物传感器、机器人传感器等新知识和新技术，同时还增加了部分传感器原理和应用实例的二维码资源；在拓展知识中融入了思政元素，包括我国传感器技术的发展、工匠人物、英雄人物等介绍；完善了教学目标，补充了教学评价，实现知识传授、价值塑造和能力培养的多元统一。

本书总学时以 48 学时为标准，可作为高职高专机电一体化、电气自动化、电子信息等相关专业的教学用书。各专业教学可根据专业特点选用不同项目，适合 32~54 学时的传感器检测技术类课程。也可作为相关行业技术人员的参考用书。

本书由浙江交通职业技术学院张米雅任主编，浙江交通职业技术学院的田文奇、徐槿昊、姚建飞参与编写，具体分工如下：张米雅编写项目二、三、四、五，徐槿昊编写项目一、八，姚建飞编写项目六，田文奇编写项目七。杭州英联科技有限公司为本书编写提供了资料和教学视频。本书的修订还参考了许多书刊和网络资源，并引用了一些资料，在此对相关作者致以衷心的感谢。

由于编者水平有限，加之传感器技术近年来发展迅速，修订后本书一定还会存在一些疏漏和不妥之处，在此编者恳请读者提出宝贵意见。

编 者

目 录

项目一　认识传感器 ·· 1

任务一　传感器的认识 ·· 2
　　一、基础知识 ·· 2
　　二、任务实施 ·· 5
　　三、拓展知识 ·· 8
任务二　传感器的技术指标 ·· 10
　　一、基础知识 ··· 10
　　二、任务实施 ··· 14
　　三、拓展知识 ··· 15
巩固与练习 ·· 18

项目二　温度检测 ·· 19

任务一　热敏电阻测温 ·· 20
　　一、基础知识 ··· 20
　　二、任务实施 ··· 23
　　三、拓展知识 ··· 24
任务二　金属热电阻测温 ··· 26
　　一、基础知识 ··· 26
　　二、任务实施 ··· 29
　　三、拓展知识 ··· 31
任务三　热电偶测温 ·· 33
　　一、基础知识 ··· 33
　　二、任务实施 ··· 36
　　三、拓展知识 ··· 39
巩固与练习 ·· 41

1

项目三 力和压力的检测 ... 43

任务一 电阻应变片测力 ... 44
一、基础知识 ... 44
二、任务实施 ... 50
三、拓展知识 ... 52

任务二 压电式传感器测力 ... 54
一、基础知识 ... 54
二、任务实施 ... 61
三、拓展知识 ... 63

任务三 电感式传感器测压力 ... 66
一、基础知识 ... 66
二、任务实施 ... 69
三、拓展知识 ... 71

巩固与练习 ... 71

项目四 位置检测 ... 73

任务一 接近开关传感器应用 ... 74
一、基础知识 ... 74
二、任务实施 ... 78
三、拓展知识 ... 80

任务二 电感式接近开关应用 ... 81
一、基础知识 ... 81
二、任务实施 ... 84
三、拓展知识 ... 85

任务三 霍尔开关应用 ... 86
一、基础知识 ... 86
二、任务实施 ... 88
三、拓展知识 ... 89

任务四 光电开关应用 ... 91
一、基础知识 ... 91
二、任务实施 ... 96
三、拓展知识 ... 98

任务五 电容式接近开关应用 ... 99
一、基础知识 ... 99
二、任务实施 ... 100
三、拓展知识 ... 102

巩固与练习 ... 103

项目五 位移检测 ……………………………………………………………… 104

任务一 电阻位移传感器测位移 …………………………………………… 105
一、基础知识 ……………………………………………………………… 105
二、任务实施 ……………………………………………………………… 108
三、拓展知识 ……………………………………………………………… 109

任务二 差动变压器式位移传感器测位移 ………………………………… 110
一、基础知识 ……………………………………………………………… 110
二、任务实施 ……………………………………………………………… 114
三、拓展知识 ……………………………………………………………… 116

任务三 电涡流式位移传感器测位移 ……………………………………… 117
一、基础知识 ……………………………………………………………… 118
二、任务实施 ……………………………………………………………… 120
三、拓展知识 ……………………………………………………………… 122

任务四 光栅位移传感器测位移 …………………………………………… 123
一、基础知识 ……………………………………………………………… 123
二、任务实施 ……………………………………………………………… 124
三、拓展知识 ……………………………………………………………… 127

巩固与练习 …………………………………………………………………… 127

项目六 液位检测 ……………………………………………………………… 129

任务一 电容式传感器测液位 ……………………………………………… 130
一、基础知识 ……………………………………………………………… 130
二、任务实施 ……………………………………………………………… 134
三、拓展知识 ……………………………………………………………… 136

任务二 超声波传感器测液位 ……………………………………………… 137
一、基础知识 ……………………………………………………………… 137
二、任务实施 ……………………………………………………………… 141
三、拓展知识 ……………………………………………………………… 142

巩固与练习 …………………………………………………………………… 144

项目七 图像检测 ……………………………………………………………… 145

任务一 固态图像传感器应用 ……………………………………………… 146
一、基础知识 ……………………………………………………………… 146
二、应用实例 ……………………………………………………………… 149
三、拓展知识 ……………………………………………………………… 151

任务二 光纤图像传感器应用 ……………………………………………… 153
一、基础知识 ……………………………………………………………… 153
二、应用实例 ……………………………………………………………… 154

三、拓展知识 ………………………………………………………………………… 155

　任务三　红外图像传感器应用 ……………………………………………………… 157

　　一、基础知识 ………………………………………………………………………… 157

　　二、应用实例 ………………………………………………………………………… 159

　　三、拓展知识 ………………………………………………………………………… 159

　巩固与练习 …………………………………………………………………………… 160

项目八　现代检测技术应用 …………………………………………………… 161

　任务一　智能传感器应用 …………………………………………………………… 162

　　一、基础知识 ………………………………………………………………………… 162

　　二、应用实例 ………………………………………………………………………… 163

　　三、拓展知识 ………………………………………………………………………… 166

　任务二　机器人传感器应用 ………………………………………………………… 167

　　一、基础知识 ………………………………………………………………………… 167

　　二、应用实例 ………………………………………………………………………… 172

　　三、拓展知识 ………………………………………………………………………… 173

　任务三　无线网络传感器应用 ……………………………………………………… 175

　　一、基础知识 ………………………………………………………………………… 175

　　二、应用实例 ………………………………………………………………………… 176

　　三、拓展知识 ………………………………………………………………………… 177

　巩固与练习 …………………………………………………………………………… 178

附表1　Cu50 铜电阻、Pt100 铂热电阻分度表 ………………………………… 179

附表2　镍铬-镍硅（K型）热电偶分度表 …………………………………… 181

参考文献 …………………………………………………………………………………… 183

项目一

认识传感器

◎ 本项目知识结构图

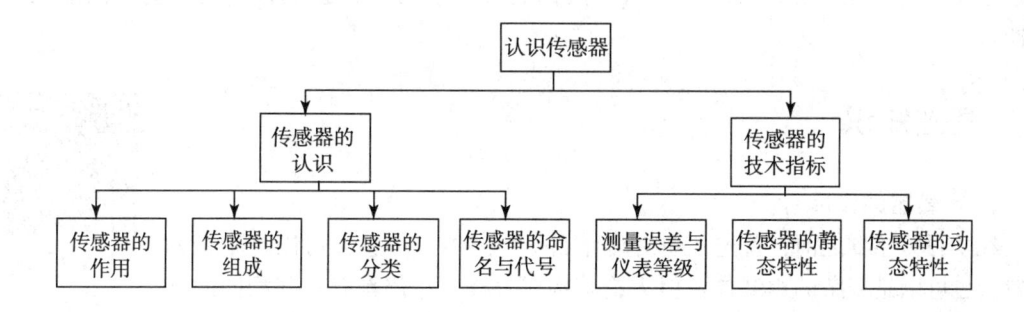

```
                  认识传感器
                  /        \
         传感器的认识      传感器的技术指标
         /  /  \  \        /    |    \
    传感器  传感器  传感器  传感器的   测量误差与  传感器的  传感器的
    的作用  的组成  的分类  命名与代号  仪表等级   静态特性   动态特性
```

◎ 知识目标

1. 了解传感器的作用
2. 熟悉传感器的主要性能指标
3. 掌握传感器的基本构成及命名方法

◎ 技能目标

1. 能正确识别常用传感器
2. 掌握测量误差的处理方法

◎ 素质目标

1. 培养团队合作精神
2. 培养严谨、细致的工作态度

随着科学技术的发展，传感器及检测技术、通信技术和计算机技术构成了现代信息产业的三大支柱，分别充当信息系统的"感官""神经"和"大脑"，它们构成了一个完整的自检测系统。在利用信息的过程中，首先要解决如何获取准确、可靠信息的问题，所以传感器的精度直接影响计算机控制系统的精度，可以说传感器在现代科学技术、工农业生产和日常生活中都起着不可替代的作用，是衡量一个国家科学技术发展水平的重要标志。

任务一　传感器的认识

传感器技术在自动检测和控制系统中，对系统运行的各项功能起着重要作用。系统的自动化程度越高，对传感器的依赖性就越强。

传感器几乎已渗透到所有的技术领域，如工业生产、宇宙开发、海洋探索、环境保护、医学诊断、文物保护等，并逐渐深入到人们的日常生活中，甚至有些儿童玩具也使用了传感器。

一、基础知识

1. 传感器的作用

在学习传感器之前，首先必须明确什么是传感器。传感器可以是单个的装置，也可以是复杂的组装体。但无论其构成怎样，它都具有一些相同的基本功能，即能感受（或响应）规定的被测量并按照一定的规律转换成可用输出信号的器件或装置。根据字义可以理解传感器为"一感二传"，即感受信息并传递出去。

传感器原理及应用

了解了什么是传感器后，就可以探讨传感器的作用了。传感器是获取信息的工具，是现代工业社会自动检测与自动控制系统的主要环节。传感器技术主要用于两种不同的领域：一是采集信息；二是控制系统。

传感器常用来采集信息，给显示提供一种表征当前系统状态的参数。现以汽车传感器为例，来说明传感器在汽车电控系统中的重要作用，汽车上部分传感器的安装位置如图 1-1 所示。

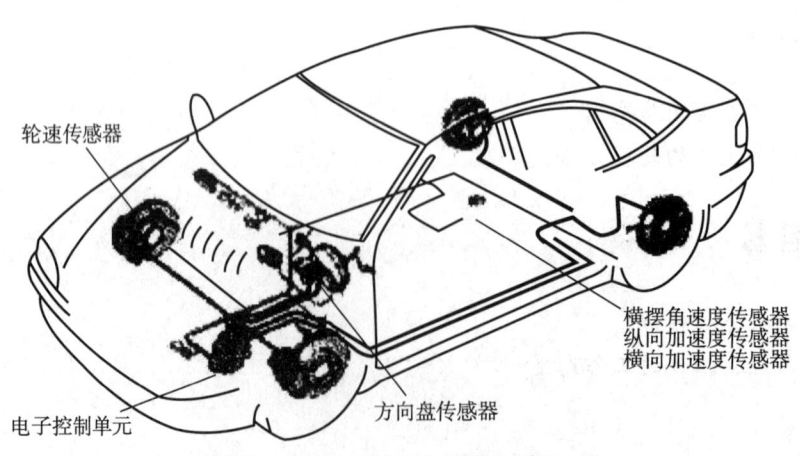

图 1-1　汽车上部分传感器的安装位置

传感器作为汽车电控系统的关键部件，直接影响着汽车技术性能的发挥。目前，普通汽车上装有几十到近百只传感器，高级豪华轿车则更多，这些传感器主要分布在发动机控制系统、底盘控制系统和车身控制系统中。

发动机控制用传感器有多种。温度传感器主要检测发动机温度、吸入气体温度、冷却水温度、燃油温度、机油温度等。压力传感器主要检测进气压力、发动机油压、制动器油压、轮胎压力等。流量传感器主要测定发动机的进气量和燃油流量以控制空燃比。转速传感器、角度传感器和车速传感器主要用于检测曲轴转角、发动机转速和车速等。利用这些传感器可以提高发动机的动力性、降低油耗、减少废气、反映故障等。

底盘控制用传感器分布在变速器控制系统、悬架控制系统、动力转向系统中。变速器控制传感器，主要用于自动变速器的控制。悬架控制系统传感器主要用于感应车辆姿态的变化，以实现对车辆舒适性、操纵稳定性和行车稳定性的控制。

在车身控制系统中也存在着大量的传感器，如自动空调系统中的温度传感器、风量传感器和日照传感器、安全气囊系统中的加速度传感器、死角报警系统中的超声波传感器等。采用这类传感器的主要目的是提高汽车的安全性、可靠性和舒适性。

目前微处理器已经在测量和控制系统中得到了广泛的应用。随着这些系统能力的增强，作为信息采集系统的前端单元，传感器的作用将越来越重要。

2. 传感器的组成

传感器通常由敏感元件、转换元件、转换电路及辅助电源组成，如图 1-2 所示。敏感元件是指传感器中能直接感受或响应被测量的部分；转换元件是指传感器中能将敏感元件感受或响应的被测量转换成适于传输或测量的电信号的部分；转换电路是把转换元件输出的电信号变换为便于处理、显示、记录、控制和传输的可用电的信号的电路；辅助电源提供传感器正常工作所需的电源。

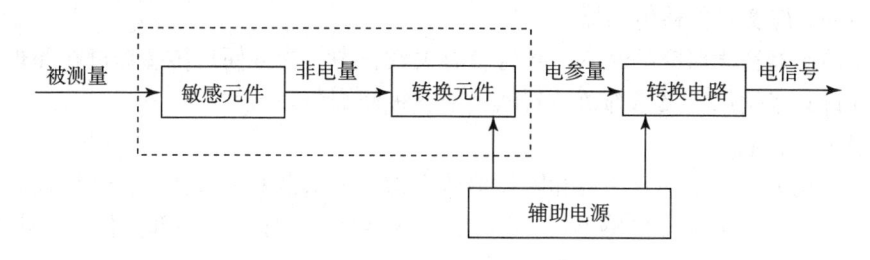

图 1-2 传感器的组成框图

应注意的是，并不是所有的传感器都必须包括敏感元件和转换元件。如果敏感元件直接输出的是电量，它就同时兼为转换元件；如果转换元件能直接感受被测量并输出与之成一定关系的电量，它就同时兼为敏感元件，如压电晶体、热电偶、光敏元件等。敏感元件与转换元件合二为一的传感器是很常见的。

3. 传感器的分类

传感器的种类名目繁多，分类不尽相同。传感器比较常用的分类方法见表 1-1。

表 1-1　传感器比较常用的分类方法

分类方法	传感器名称
按构成原理分类	结构型传感器（转换元件的结构参数发生变化）、物性型传感器（转换元件物理特性发生变化）
按被测量分类	温度传感器、力传感器、位移传感器、速度传感器、流量传感器、气体传感器等
按测量原理分类	电阻式传感器、电感式传感器、电容式传感器、压电式传感器、磁电式传感器、热电式传感器等
按输出信号的性质分类	模拟式传感器、数字式传感器、开关式传感器

4. 传感器的命名与代号

（1）传感器的命名。

传感器的命名由主题词加 4 级修饰语构成。

主题词——传感器，代号 C。

第一级修饰语——被测量，包括修饰被测量的定语。

第二级修饰语——转换原理，一般可后续以"式"字。

第三级修饰语——特征描述，指必须强调的传感器的结构、性能、材料特征、敏感元件及其他必要的性能特征，一般可后续以"型"字。

第四级修饰语——主要技术指标，如量程、精确度、灵敏度等。

本命名法在有关传感器的统计表格、图书索引、检索以及计算机汉字处理等特殊场合使用，如：传感器，位移，应变式，100mm。

在技术文件、学术论文、教材及书刊的陈述句子中，作为产品名称应采用与上述相反的顺序，如 10mm 应变式位移传感器。

在侧重传感器科学研究的文献、报告及有关教材中，为方便对传感器进行原理及其分类的研究，允许只采用第二级修饰语，省略其他各级修饰语。

（2）传感器的代号。

一般规定用大写汉语拼音字母和阿拉伯数字构成传感器的完整代号。传感器的完整代号应包括 4 个部分，即主称（传感器）、被测量、转换原理和序号。各部分代号格式为

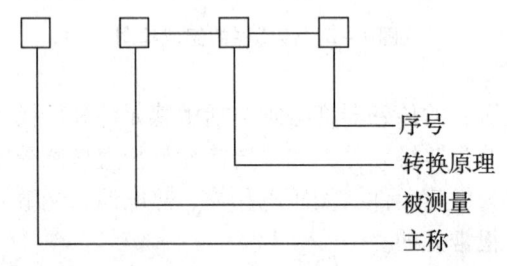

```
□ □ □ □
│ │ │ └── 序号
│ │ └──── 转换原理
│ └────── 被测量
└──────── 主称
```

主称——传感器，代号 C。

被测量——用一个或两个汉语拼音的第一个大写字母标记。

转换原理——用一个或两个汉语拼音的第一个大写字母标记。

序号——用一个阿拉伯数字标记，厂家自定，用来表征产品设计特性、性能参数、产品系列等。

例如，应变式位移传感器，代号为 C WY – YB – 20；光纤式压力传感器，代号为 C Y – GQ – 2。

二、任务实施

任务名称：认识传感器

1. 训练目的

（1）通过传感器的图片了解各种传感器外形及功能。

（2）仔细查看传感器的命名方式及分类方式。

2. 训练步骤

（1）认识各类传感器。

图 1 – 3 至图 1 – 11 所示为各种传感器的图片，熟悉这些图片做到根据外形可以确认传感器的类型。

电阻应变式称重传感器　　半导体应变片　　电位计式传感器　　压阻式压力传感器

图 1 – 3　电阻应变式传感器

德国RECHNER电感式传感器　　电涡流位移传感器　　圆柱形电感式接近开关

图 1 – 4　电感式传感器

电容式指纹传感器　　电容式单轴倾角传感器　　电容式压力变送器　　电容式涡街流量传感器

图 1 – 5　电容式传感器

图1-6 压电式传感器 　　　　图1-7 磁电式传感器

光纤式光电传感器　　圆柱形光电传感器　　块形光电传感器

图1-8 光电式传感器

霍尔传感器　　　高转速磁敏传感器

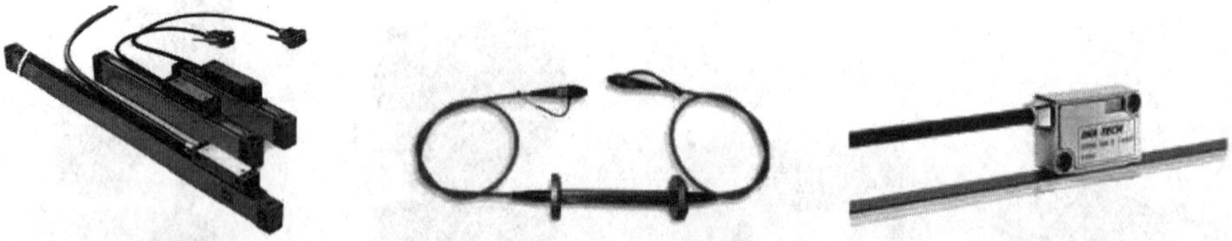

图1-9 磁敏传感器

光栅传感器　　　光栅埋入式应变传感器　　磁栅传感器

图1-10 数字传感器

红外温度传感器　　　　　热释电红外传感器

CCD图像传感器　　　　　超声波距离传感器

图1-11　其他传感器

（2）分析各类传感器。

通过查询文献、网络搜寻等方法，收集各类传感器的信息。将它们的类别、基本原理、优缺点以及适用范围填入表1-2中。

表1-2　传感器的信息

类　别	基本原理	优　点	缺　点	适用范围

3. 任务评价

完成训练任务后，进行任务检查和评价，评价表如下。

任务评价表

序号	内容	评价标准 优	评价标准 良	评价标准 合格	成绩比例/%	得分
1	基本理论	深刻理解并掌握与任务相关的理论知识点	熟悉与任务相关的理论知识点	了解与任务相关的理论知识点	30	
2	实践操作	能够熟练使用各种查询工具收集和查询相关资料，信息收集快速、准确、详细	能够较熟练地使用各种查询工具收集和查询相关资料，信息数据准确、完备	能够使用各种查询工具收集和查询相关资料，信息数据完整	30	
3	职业能力	具有突出的自主学习能力和分析解决问题能力，并具有创新意识	具有较好的学习能力和分析解决问题能力	能参与到学习讨论中，可以分析解决一些简单问题	20	
4	工作态度	具有严谨的科学态度和工匠精神，能够严格遵守"6S"管理制度	具有良好的科学态度和工匠精神，能够自觉遵守"6S"管理制度	具有基本的科学态度，能够遵守"6S"管理制度	10	
5	团队合作	具有优秀的团队合作精神和沟通交流能力，热心帮助小组其他成员	具有较好的团队合作精神和沟通交流能力，能帮助小组其他成员	具有一定的团队合作精神，能配合小组完成项目任务	10	（组员互评）
	合计				100	

三、拓展知识

传感器技术的发展

1. 传感器的发展历程

传感器作为人类认识和感知世界的一种工具，其发展历史相当久远，可以说是伴随着人类文明的进程而发展起来的。传感器技术的发展程度影响并决定着人类认识世界的程度与能力。随着科学的进步和社会的发展，传感器技术在国民经济和人们的日常生活中占有越来越重要的地位。人们对传感器的种类、性能等方面的要求越来越高，这也进一步促进了传感器技术的快速发展。目前许多国家都把传感器技术列为重点发展的关键技术之一。

总体来说，传感器技术的发展大体经历了3代。

第1代是结构型传感器，它利用结构参量变化来感受和转化信号，如

第1代 电阻应变式传感器

电阻应变式传感器是利用金属材料发生弹性形变时电阻的变化来转化电信号的。

第 2 代传感器是 20 世纪 70 年代开始发展起来的固体传感器，这种传感器由半导体、电介质、磁性材料等固体元件构成，是利用材料的某些特性制成的，如利用热电效应、霍尔效应、光敏效应可分别制成热电偶传感器、霍尔传感器、光敏传感器等。20 世纪 70 年代后期，随着集成技术、分子合成技术、微电子技术及计算机技术的发展，出现了集成传感器。集成传感器中所谓的集成，包括两层含义：传感器本身的集成化和传感器与后续电路的集成化。集成传感器主要具有成本低、可靠性高、性能好、接口灵活等特点。集成传感器的发展非常迅速，正向着低价格、多功能和系列化的方向发展。

第 3 代传感器是 20 世纪 80 年代发展起来的智能传感器。所谓智能传感器是指其对外界信息具有一定的检测、自诊断、数据处理以及自适应能力，是微型计算机技术与检测技术相结合的产物。20 世纪 80 年代的智能化测量主要以微处理器为核心，把传感器信号调节电路、微型计算机、存储器及接口集成到一块芯片上，使传感器具有一定的人工智能。20 世纪 90 年代的智能化测量技术有了进一步提高，使传感器具有了自诊断功能、记忆功能、多参量测量功能以及联网通信功能等。

2. 传感器的发展趋势

根据对国内外传感器技术研究现状的分析，可以从下述 4 个方面概括现代传感器技术的发展方向。

（1）利用新材料开发新型传感器。

材料是传感器技术的重要基础和前提，是传感器技术升级的重要支撑，因而传感器技术的发展必然要求加大新材料的研制力度。随着光导纤维、纳米材料、超导材料的相继问世，人工智能材料给人们带来了福音，它具有能够感知环境条件变化的功能、识别和判断功能、发出指令和自动采取行动功能，利用这样具有新效应的敏感功能材料使研制具有新原理的新型传感器成为可能。随着科学技术的不断进步，势必还将有更多的新型材料诞生。

（2）开发集成化、多功能、智能化的传感器。

集成化是指传感器同一功能的多元件并列，以及功能上的一体化。前一种集成化使传感器的检测参数实现"点、线、面、体"多维图像化，甚至能加上时序控制等软件，变单参数检测为多参数检测；后一种集成化使传感器由单一的信号转换功能，扩展到兼有放大、运算、补偿等多功能。在实际运用中，常做到硬件与软件两方面的集成，包括：传感器阵列的集成、多功能和多传感参数的复合传感器；传感系统硬件的集成；硬件与软件的集成；数据集成与融合等。

多功能是指"一器多能"，即一个传感器可以检测两个或两个以上的参数，这样可大大节省工程成本，并使项目复杂度降低，提高工作效率。运用集成化、多功能理论研究出来的传感器可以应用到更广泛的领域，并发挥出更加强大的功能效用。利用集成化、多功能原理以及现代传感技术，已制成带温度补偿的压力传感器、频率输出型集成压力传感器、霍尔集成传感器、半导体集成色敏传感器和多功能集成气敏传感器等。

在智能化传感技术方面，以微处理器为核心单元，具有检测、判断和信息处理等功能。

硬件上由微处理器系统对传感器电路、接口信号转换进行处理调整；软件上进行非线性特性校正、误差的自动校准和数字滤波处理，从而形成传感技术的智能化系统。

(3) 实现传感器技术硬件系统与元器件的微小型化。

利用集成电路微型化的经验，从传感技术硬件系统的微小型化中提高其可靠性、质量、处理速度和生产率，降低成本，节约资源与能源，减少对环境的污染。这种充分利用已有微细加工技术与装置的做法已经取得巨大的效益，极大地增强了市场竞争力。

(4) 通过传感器与其他交叉学科的交叉整合，推动无线传感器网络的发展。

无线传感器网络是由大量具有无线通信与计算机能力的微小传感器节点构成的自组织分布式网络系统，利用微传感器与微机械、通信自动控制、人工智能等多学科的综合技术，实现传感器的无线网络化，使其能根据环境自主完成指定任务。

任务二　传感器的技术指标

一、基础知识

1. 测量误差与仪表等级

在实际测量过程中，由于测量仪器的精度限制，测量原理和方法不完善，或测量者感官能力的限制，测量的结果不可能绝对精确，总会产生误差。误差就是测量值与真实值之间的差值。误差又分为绝对误差和相对误差。

(1) 绝对误差 Δ。

绝对误差能反映测量值偏离真实值的大小，其计算公式为

$$\Delta = A_x - A_0 \tag{1-1}$$

式中　A_x——测量值；

　　　A_0——理论真实值。

绝对误差 Δ 和测量值 A_x 具有相同的单位。

(2) 相对误差 γ。

由于绝对误差无法比较不同测量结果的可靠程度，所以人们又引入了测量值的绝对误差与测量值之比，即相对误差这一概念。

相对误差 γ 的计算公式为

$$\gamma = \frac{\Delta}{A_0} \times 100\% = \frac{A_x - A_0}{A_0} \times 100\% \tag{1-2}$$

式中　A_x——测量值；

　　　A_0——理论真实值。

(3) 仪表的准确度 S。

在正常的使用条件下，仪表测量结果的准确程度叫仪表的准确度。

$$S = \frac{\Delta_m}{A_m} \times 100\% \tag{1-3}$$

式中 Δ_m——最大绝对误差；

A_m——仪表的满量程。

误差越小，仪表的准确度越高，而误差与仪表的量程范围有关，所以在使用同一准确度的仪表时，往往会压缩量程范围，以减小测量误差。根据仪表的等级可以确定测量系统的最大绝对误差 Δ_m。

准确度等级是衡量仪表质量优劣的重要指标之一。我国模拟量工业仪表分为 0.1、0.2、0.5、1.0、1.5、2.5、5.0 等 7 个等级，对应的基本误差分别为 ±0.1%、±0.2%、±0.5%、±1.0%、±1.5%、±2.5%、±5.0%。仪表准确度习惯上称为精度，准确度等级习惯上称为精度等级。应该指出，误差与错误不能相提并论，误差不可能避免，而错误则可以避免。

2. 传感器的静态、动态特性

传感器能否将被测非电量不失真地转换成相应的电量，取决于传感器的输入-输出特性。传感器这一基本特性可用其静态特性和动态特性来描述。

1）传感器的静态特性

传感器的静态特性是指传感器的输入信号不随时间变化时，传感器的输入与输出之间所对应的关系。表征传感器静态特性的技术指标主要有灵敏度、分辨力、线性度、迟滞和重复性等。

（1）传感器的灵敏度。

灵敏度是指传感器在稳态工作情况下输出量变化 Δy 对输入量变化 Δx 的比值。它是输出-输入特性曲线的斜率。如果传感器的输出和输入之间呈线性关系，则灵敏度是一个常数；否则，它将随输入量的变化而变化。

灵敏度的量纲是输出、输入量的量纲之比。例如，某温度传感器，在温度变化 1℃ 时，输出电压变化为 20mV，则其灵敏度应表示为 20mV/℃。当传感器的输出、输入量的量纲相同时，灵敏度可理解为放大倍数。

（2）传感器的分辨力。

分辨力是指传感器可能感受到的被测量最小变化的能力。也就是说，如果输入量小于分辨力时，传感器的输出不会发生变化，即传感器对此输入量的变化是分辨不出来的。只有当输入量的变化超过分辨力时，其输出才会发生变化。通常传感器在满量程范围内各点的分辨力是不相同的。

在选用传感器时应特别关注该项指标，特别是在要求测量精度较高的时候。传感器的精度虽然较高，但如果分辨力低，仍不能满足测量要求。

（3）传感器的线性度 δ_L。

人们总希望传感器的输入与输出呈唯一的对应关系，而且最好呈线性关系。但一般情况下，受外界环境的各种影响，传感器输入输出不会完全符合线性关系。线性度（非线性误差）就表示传感器的输入-输出特性近似于一条直线的程度，如图 1-12

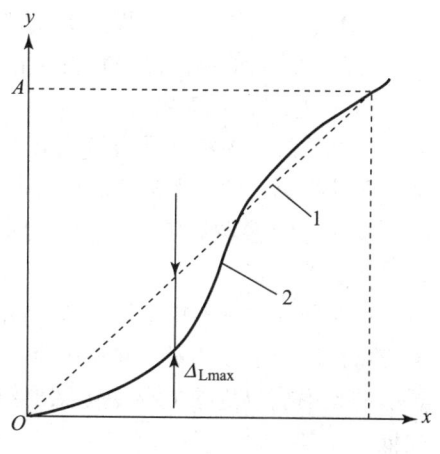

图 1-12 传感器线性示意图

1—拟合直线；2—实际特性曲线

所示。其计算公式为

$$\delta_L = \pm \frac{\Delta_{Lmax}}{Y_{max} - Y_{min}} \times 100\% \qquad (1-4)$$

式中　Δ_{Lmax}——实际测量曲线与理论直线（拟合直线）间的最大差值；

　　　$Y_{max} - Y_{min}$——传感器最大输出范围。

理论直线（拟合直线）的获得方法有多种。例如，将传感器特性曲线的零点和满量程点相连所成的直线作为理论直线；或把最小二乘法拟合直线作为理论直线。

（4）传感器的迟滞 δ_H。

传感器正行程（输入量增大）和反行程（输入量减小）的输入 - 输出特性曲线不能完全重合。迟滞是指传感器在相同工作条件下全测量范围校准时，正、反行程校准曲线间的最大差值，在数值上用此最大差值与满量程输出的百分比来表示，如图 1 - 13 所示。其计算公式为

$$\delta_H = \pm \frac{\Delta_{Hmax}}{Y_{max} - Y_{min}} \times 100\% \qquad (1-5)$$

式中　Δ_{Hmax}——正、反行程校准曲线间的最大差值。

迟滞会引起传感器的分辨力变差，或造成测量盲区。

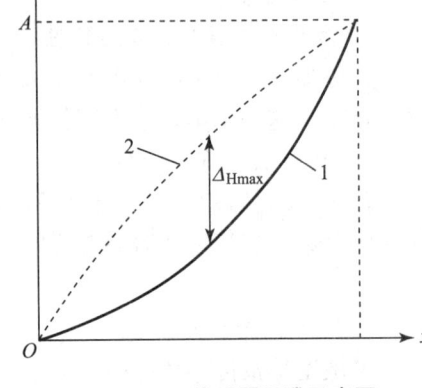

图 1 - 13　传感器迟滞示意图
1—正向特性；2—反向特性

（5）重复性 δ_R。

重复性是指传感器在相同的工作条件下，输入按同一方向作全测量范围连续变动多次（一般为 3 次）时，特性曲线的不一致性。在数值上用各校准点上正、反行程的平均值与测量数据的最大差值对满量程输出的百分比值来表示，其计算公式为

$$\delta_R = \pm \frac{\Delta_{Rmax}}{Y_{max} - Y_{min}} \times 100\% \qquad (1-6)$$

式中　Δ_{Rmax}——正、反行程校准点测量平均值与测量数据间的最大差值。

通常传感器的静态测量精度包含线性度、迟滞、重复性。

2）传感器的动态特性

传感器的动态特性是指传感器在输入随时间变化时它的输出特性。在实际测量中，主要考虑两项指标：即动态响应时间和频率响应范围。

实际上传感器在响应动态信号时总有一定的延迟，即动态响应时间。在测量时总希望延迟时间越短越好。

传感器的频率响应范围是指传感器能够保持输出信号不失真的频率范围。传感器的频率响应特性决定了被测量的频率范围，传感器的频率响应越高，可测的信号频率范围越宽。传感器的频率响应范围主要受传感器结构特性的影响，固有频率低的传感器，其频率响应也较低。

在校验传感器的动态特性时，常用一些标准输入信号的响应来表示，如阶跃信号、正弦信号。向传感器输入标准动态信号，即可求得动态响应时间和频率响应范围。

3. 传感器的一般选择原则

现代传感器在原理与结构上千差万别，如何根据具体的测量目的、测量对象以及测量环境合理地选用传感器，是在组成测量系统时首先要解决的问题。当传感器确定之后，与之相配套的测量方法和测量设备也就确定了。测量结果的成败，在很大程度上取决于传感器的选用是否合理。

要进行一个具体的测量工作，如何选择合适的传感器，需要分析多方面的因素之后才能确定。因为，即使是测量同一物理量，也有多种原理的传感器可供选用，哪一种原理的传感器更为合适，则需要根据被测量的特点和传感器的使用条件具体分析。概括起来，应从以下几方面因素进行考虑。

1）与测量条件有关的因素
（1）测量的目的。
（2）被测量的选择。
（3）测量范围。
（4）输入信号的幅值、频带宽度。
（5）精度要求。
（6）测量所需要的时间。

2）与传感器有关的技术指标
（1）精度。
（2）稳定度。
（3）响应特性。
（4）模拟量与数字量。
（5）输出幅值。
（6）对被测物体产生的负载效应。
（7）校正周期。
（8）超标准过大的输入信号保护。

3）与使用环境条件有关的因素
（1）安装现场条件及情况。
（2）环境条件（湿度、温度、振动等）。
（3）信号传输距离。
（4）现场所需提供的功率容量。
（5）安装现场的电磁环境。

4）与购买和维修有关的因素
（1）价格。
（2）零配件的储备。
（3）服务与维修制度，保修时间。
（4）交货日期。

二、任务实施

任务名称：传感器的选用

1. 训练目的

(1) 熟悉传感器的性能指标。

(2) 掌握传感器的一般选择原则。

2. 训练步骤

(1) 了解传感器的应用场合或检测对象。

(2) 参数分析。

(3) 确定传感器类型。

具体要求及过程如下。

现有3种带数字显示表的温度传感器，它们的量程分别是0℃~500℃、0℃~300℃、0℃~100℃，精度等级分别是0.2级、0.5级和1.0级，若利用它们中的一个实时监测高温箱的温度（测量温度约为80℃），且检测结果的精度要达到1℃，那么为了满足需要，应该如何选择传感器呢？

要实时监测高温箱的温度，在选择温度传感器时，主要从技术指标和成本两方面考虑。技术指标中测量精度是主要因素。应分别计算3种传感器的最大相对误差进行比较。

如果选用0℃~500℃、0.2级的温度传感器，它的最大示值相对误差为

$$\gamma = \frac{\Delta}{A_0} \times 100\% = \pm \frac{500 \times 0.2\%}{80} \times 100\% = \pm 1.25\% \tag{1-7}$$

如果选用0℃~300℃、0.5级的温度传感器，它的最大示值相对误差为

$$\gamma = \frac{\Delta}{A_0} \times 100\% = \pm \frac{300 \times 0.5\%}{80} \times 100\% = \pm 1.875\% \tag{1-8}$$

如果选用0℃~100℃、1.0级的温度传感器，它的最大示值相对误差为

$$\gamma = \frac{\Delta}{A_0} \times 100\% = \pm \frac{100 \times 1.0\%}{80} \times 100\% = \pm 1.25\% \tag{1-9}$$

计算结果表明，0℃~300℃、0.5级温度传感器的示值相对误差较大，0℃~500℃、0.2级的温度传感器与0℃~100℃、1.0级的温度传感器示值相对误差相同。

精度0.2级的温度传感器价格较高，量程为0℃~500℃，80℃输出时灵敏度较小。故选用0℃~100℃、1.0级的温度传感器比较合适。

由此可知，选用传感器时，应兼顾精度、等级和量程，通常应用满量程的2/3左右，以获得最大灵敏度。

3. 任务评价

完成训练任务后，进行任务检查和评价，评价表如下。

任务评价表

序号	内容	评价标准 优	评价标准 良	评价标准 合格	成绩比例/%	得分
1	基本理论	深刻理解并掌握与任务相关的理论知识点	熟悉与任务相关的理论知识点	了解与任务相关的理论知识点	30	
2	实践操作	能够熟练使用各种查询工具收集和查询相关资料，信息收集快速、准确、详细	能够较熟练地使用各种查询工具收集和查询相关资料，信息数据准确、完备	能够使用各种查询工具收集和查询相关资料，信息数据完整	30	
3	职业能力	具有突出的自主学习能力和分析解决问题能力，并具有创新意识	具有较好的学习能力和分析解决问题能力	能参与到学习讨论中，可以分析解决一些简单问题	20	
4	工作态度	具有严谨的科学态度和工匠精神，能够严格遵守"6S"管理制度	具有良好的科学态度和工匠精神，能够自觉遵守"6S"管理制度	具有基本的科学态度，能遵守"6S"管理制度	10	
5	团队合作	具有优秀的团队合作精神和沟通交流能力，热心帮助小组其他成员	具有较好的团队合作精神和沟通交流能力，能帮助小组其他成员	具有一定的团队合作精神，能配合小组完成项目任务	10	（组员互评）
	合计				100	

三、拓展知识

传感器的抗干扰技术

1. 干扰源及防护

在电子测量电路中出现的无用信号称为噪声，又称干扰。当噪声电压影响电路正常工作时，该噪声电压就称为干扰电压。自动检测装置的噪声干扰是一个很棘手的问题，要想有效地抑制干扰，就必须知道干扰的来源及种类，才能找出相应的克服办法。

根据产生干扰的物理原因，干扰可分为以下几种。

1）机械干扰

机械干扰是指由于机械的振动或冲击，导致仪表或装置中的电气元件发生振动、变形，使系统的电气参数发生变化，从而影响仪表和装置的正常工作。对于机械干扰主要是采取减振措施来克服，如应用减振弹簧或减振橡皮垫等。声波干扰类似于机械振动，从效果上看，可以列入这一类中。

2）热干扰

设备和元器件工作时产生的热量所引起的温度波动以及环境温度的变化等都会引起仪表和装置的电气元件参数发生变化，或产生附加的热电势等，从而影响仪表或装置的正常工作。对于热干扰，工程上通常采取以下几种方法进行抑制。

(1) 采用热屏蔽。

将某些对温度变化敏感的元器件或电路中的关键元器件或组件，用导热性能良好的金属材料做成的屏蔽罩包围起来，使罩内温度场趋于均匀和恒定。

(2) 采用恒温措施。

例如，将石英振荡晶体和基准稳压管等与精度有密切关系的元器件置于恒温槽中。

(3) 采用对称平衡结构。

如采用差分放大电路、电桥电路等，使两个与温度有关的元件处于平衡结构两侧的对称位置，因此温度对两者的影响在输出端可互相抵消。

(4) 采用温度补偿元件。

补偿环境温度变化对仪表和装置的影响。

3）光干扰

在检测仪表中广泛使用各种半导体元器件，而半导体材料在光线的作用下会激发出电子－空穴对，使半导体元器件产生电势或引起阻值的变化，从而影响检测仪表的正常工作。对于光的干扰主要是采取屏蔽技术加以克服，将半导体元器件封装在不透光的壳体内。对于具有光敏作用的元件，尤其应该注意光的屏蔽问题。

4）湿度干扰

湿度增加会使绝缘体的绝缘电阻下降、漏电流增加、高值电阻的阻值下降、电介质的介电常数增加、吸潮的线圈骨架膨胀等，这样势必影响检测仪表的正常工作。对于湿度干扰主要考虑潮湿的防护，尤其是用于南方潮湿地带、船舶及锅炉房等地方的仪表，更应注意密封防潮措施，如电气元件和印制电路板的浸漆、环氧树脂封灌和硅橡胶封灌等。

5）化学干扰

化学物品如酸、碱、盐及腐蚀性气体等，一方面会通过化学腐蚀作用损坏仪表元件和部件；另一方面会与金属导体形成化学电势。例如，应用检流计时，手指上的脏物（含有酸、碱、盐等）被弄湿后，与导线形成化学电势，使检流计偏转。对于化学干扰主要采取良好的密封措施和注意清洁来有效地克服。

6）电和磁的干扰

电和磁可以通过电路和磁路对检测仪表产生干扰作用，电场和磁场的变化也会在检测仪表的有关电路中感应出干扰电压，从而影响检测仪表的正常工作。电和磁的干扰是对检测仪表最普遍和影响最严重的干扰。

7）射线辐射干扰

射线会使气体电离、半导体激发出电子－空穴对、金属逸出电子等，从而影响检测仪表的正常工作。射线辐射的防护是一门专业技术，主要用于原子能工业、核武器生产等方面。

2. 干扰的途径

干扰必须通过一定的路径才能进入检测装置，因此要想有效地抑制干扰，必须切断它的路径以消除干扰。

干扰的途径有"路"和"场"两种形式。凡噪声源通过电路的形式作用于被干扰对象的都属于"路"的干扰，如通过漏电阻、电源及接地线的公共阻抗等引入的干扰。凡噪声源通过电场、磁场的形式作用于被干扰对象的都属于"场"的干扰，如通过分布电容、分布互感等引入的干扰。

1）通过"路"的干扰

此种干扰的途径主要有 3 个方面。

（1）通过漏电阻引起的干扰。

它是指元件支架、探头、接线柱、印制电路以及电容器绝缘不良，使噪声源得以通过这些漏电阻作用于有关电路而造成的干扰。被干扰点的等效阻抗越高，由泄漏而产生的干扰影响就越大。

（2）通过共阻抗耦合引起的干扰。

它是指当两个或两个以上的电路共享或使用一段公共的线路，而这段线路又具有一定的阻抗时，这个阻抗就成为这两个电路的共同阻抗。第二个电路的电流流过这个共阻抗所产生的压降就成为第一个电路的干扰电压。

（3）由电源配电回路引入的干扰。

交流供配电线路在工业现场的分布相当于一个吸收各种干扰的网络，而且十分方便地以电路传导的形式传遍各处，并经检测装置的电源线进入仪器内部造成干扰。最明显的是电压突跳和交流电源波形畸变使工频的高次谐波经（从低频延伸至高频）电源线进入仪器的前级电路。

2）通过"场"的干扰

工业现场各种线路上的电压、电流的变化必然反映在其对应的电场、磁场的变化上，而处在这些"场"内的导体将受到感应而产生感应电动势和感应电流。各种噪声源常常通过这种"场"的途径将噪声源的部分能量传递给检测电路，从而造成干扰。通过电场耦合的干扰实质上是电容性耦合干扰，而通过磁场耦合的干扰实质上是互感性耦合干扰。

3. 几种常见的抗干扰技术

（1）屏蔽技术。

利用金属材料制成容器，将需要防护的电路包在其中，可以防止电场或磁场的耦合干扰，此种方法称为屏蔽。屏蔽可以分为静电屏蔽、电磁屏蔽和低频屏蔽等几种。

（2）接地技术。

接地起源于强电技术，它的本意是接大地，主要着眼于安全，这种地线也称为"保安地线"，它的接地电阻值必须小于规定的数值。对于仪器、通信、计算机等来说，"地线"多是指电信号的基准电位，也称为"公共参考端"，它除了作为各级电路的电流通道之外，还是保证电路工作稳定、抑制干扰的重要环节。它可以是接大地的，也可以是与大地隔绝的，如飞机、卫星上的地线。因此，通常将仪器设备中的公共参考端称为信号地线。

（3）滤波技术。

滤波器是抑制交流差模干扰的有效手段之一。主要有 RC 滤波器、交流电源滤波器和直流电源滤波器这 3 种滤波电路。

（4）光电耦合技术。

光电耦合器是一种电—光—电耦合器件，它的输入量是电流，输出量也是电流，可是两者之间从电气上看却是绝缘的，图1-14所示为光电耦合器的结构示意图。当有电流流入发光二极管时，它即发射红外光，光敏元件受此光照射后产生相应的光电流，这样就实现了以光为介质的电信号传输。

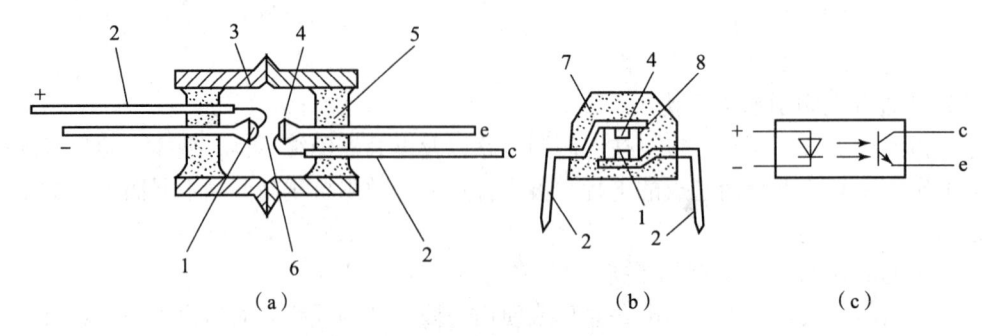

图1-14 光电耦合器的结构示意图

（a）管形轴向封装；（b）双列直插封装剖面图；（c）图形符号
1—发光二极管；2—端子；3—金属外壳；4—光敏元件；5—不透光玻璃绝缘材料；
6—气隙；7—黑色不透光塑料外壳；8—透明树脂

巩固与练习

1. 什么叫仪表的准确度？分为哪几个等级？
2. 反映传感器静态特性的技术指标有哪些？
3. 传感器的一般选择原则是什么？
4. 某压力传感器校准数据见表1-3，传感器的正、反行程没有重合，试解释这是一种什么误差，并计算该误差。

表1-3 某压力传感器校准数据

压力/MPa	0	1	2	3	4	5
正行程/V	0.095	1.502	1.980	2.495	3.000	3.510
反行程/V	0.201	1.750	2.055	2.510	3.010	3.510

项目二

温度检测

本项目知识结构图

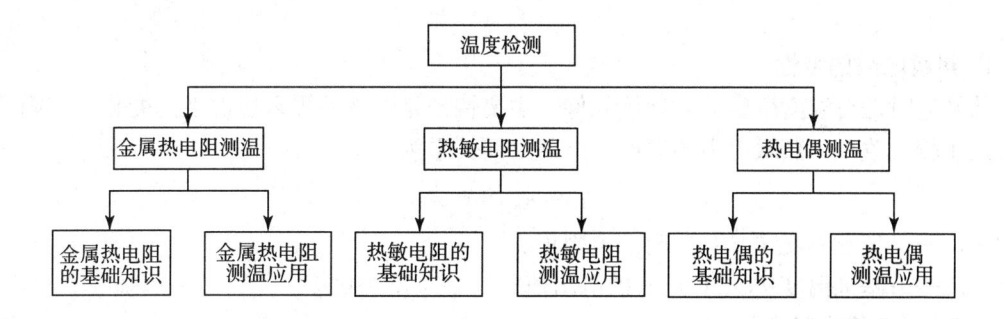

```
                    温度检测
        ┌──────────────┼──────────────┐
   金属热电阻测温      热敏电阻测温       热电偶测温
    ┌─────┴─────┐   ┌─────┴─────┐   ┌─────┴─────┐
  金属热电阻  金属热电阻  热敏电阻的  热敏电阻    热电偶的   热电偶
  的基础知识  测温应用    基础知识   测温应用    基础知识   测温应用
```

知识目标

1. 掌握温度的基本概念
2. 掌握各类温度传感器的工作原理

技能目标

1. 能正确识别常用温度传感器
2. 熟悉各类温度传感器的外部接线、安装及应用情况
3. 掌握各类温度传感器的检测方法

素质目标

1. 培养团队合作精神
2. 培养严谨的科学态度和精益求精的工匠精神
3. 养成工位整理清扫的习惯

温度是工业生产和科学实验中最普遍、最重要的热工业参数之一。物体的许多物理现象和化学性质都与温度有关,许多生产过程是在一定的温度范围内进行的。因此,温度的检测和控制是保证生产正常进行、确保产品质量和安全生产的关键。例如,冰箱冷冻、冷藏室温度检测,空调对室温的检测,精密车床中对车刀温度的控制等。

温度检测传感器的种类很多,目前主要有以下几种。

(1) 利用半导体材料的温度特性制成的热敏电阻。

(2) 以金属为测温材料的金属热电阻。

(3) 由两种不同导体材料组成的热电偶。

任务一　热敏电阻测温

一、基础知识

1. 热敏电阻的特性

热敏电阻是对温度敏感的半导体元件,主要特征是随着外界环境温度的变化,其阻值会相应发生较大改变。热敏电阻的温度－电阻之间关系为

$$R_T = R_0 e^{B\left(\frac{1}{T}-\frac{1}{T_0}\right)} \tag{2-1}$$

式中　R_T——任意温度 T（℃）时的电阻值;

　　　R_0——基准温度 T_0（℃）时的电阻值;

　　　B——热敏电阻常数。

2. 热敏电阻器的分类

常见热敏电阻元件的外形如图2-1所示,将热敏电阻元件进行封装后,即可成为温度传感器,如图2-2所示。

图2-1　常见热敏电阻元件的外形

图2-2　热敏电阻传感器

热敏电阻器是利用某种半导体材料的电阻率随温度变化而变化的性质制成的。

热敏电阻器可按其温度特性分成3类，适用于不同的使用场合，应根据实际需要进行选用。电阻值随温度的升高而升高的，称为正温度系数热敏电阻器（PTC）；电阻值随温度的升高而降低的，称为负温度系数热敏电阻器（NTC）；具有正或负温度系数特性，但在某一温度范围电阻值发生巨大变化的，称为突变型温度系数热敏电阻器（CTR）。热敏电阻器的温度特性曲线如图2－3所示。

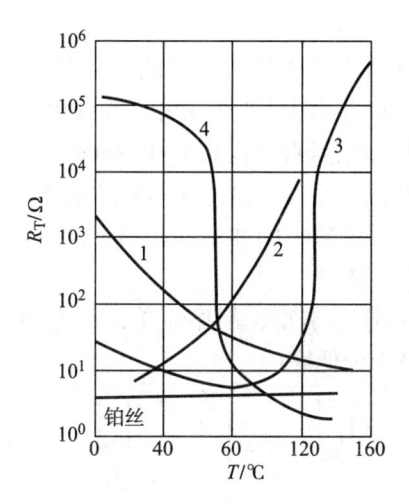

图2－3 热敏电阻器的温度特性曲线
1—NTC；2—PTC；3，4—CTR

正、负温度系数热敏电阻器的温度特性曲线是非线性的，但当测量范围较小时，在某一温度范围内可近似为线性，也可以通过串、并联电阻进行非线性修正，常用于温度测量、温度补偿、温度控制。突变型热敏电阻器的电阻值在某特定温度范围内随温度升高可升高或降低3~4个数量级，即具有很大的温度系数，一般在电子线路中用于抑制浪涌电流，起限流、保护作用。例如，在大功率的白炽灯灯丝回路中串联一只负温度系数的突变型热敏电阻器（如图2－3中的曲线4），通电瞬间，温度较低，突变型热敏电阻器的阻值较大，可减小加电瞬间的冲击电流，待温度升高后，突变型热敏电阻器的阻值迅速减小，消耗在该电阻上的功耗也就变得很小，不会影响白炽灯的正常工作。

3. 热敏电阻器的主要技术指标

在选用热敏电阻器时，要根据使用要求，选择满足相应技术指标要求的热敏电阻器。

（1）标称电阻值（R25）。即热敏电阻器在25℃时的电阻值。多数厂商在热敏电阻器出厂时会给出热敏电阻器在25℃时的电阻值。

（2）温度系数。热敏电阻器的温度系数是指温度变化导致电阻的相对变化。温度系数越大，热敏电阻器对温度变化的反应越灵敏。

（3）时间常数。即温度变化时，热敏电阻器的阻值变化到最终值63.2%时所需的时间。

（4）额定功率。即允许热敏电阻器正常工作的最大功率。

（5）温度范围。即允许热敏电阻器正常工作，且输出特性没有变化的温度范围。

4. 热敏电阻器的优、缺点

热敏电阻器的缺点主要是特性分散性很大，即使同一型号的产品特性参数也有较大差别，互换性差，热电特性的非线性也很严重，电阻与温度的关系不稳定，因而测量误差较大。

热敏电阻器的优点如下。

（1）灵敏度高。其灵敏度比热电阻要大 1~2 个数量级。由于灵敏度高，可大大降低后面调理电路的要求。

（2）热敏电阻器的标称电阻为几欧到十几兆欧，且型号和规格多样，因而不仅能很好地与各种电路匹配，而且远距离测量时几乎无须考虑连线电阻的影响。

（3）体积小（最小珠状热敏电阻直径仅 0.1~0.2mm），可用来测量"点温"。

（4）热惯性小，响应速度快，适用于快速变化的测量场合。

（5）结构简单、坚固，能承受较大的冲击、振动。采用玻璃、陶瓷等材料密封包装后，可应用于有腐蚀性气体等的恶劣环境。

（6）制作热敏电阻的原料资源丰富，制作简单，可方便地制成各种形状（图 2-4），易于大批量生产，成本和价格十分低廉。

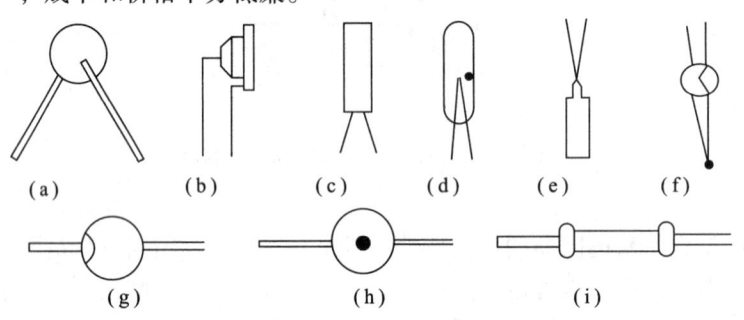

图 2-4 热敏电阻器的外形

（a）圆片形；（b）薄膜形；（c）杆形；（d）管形；（e）平板形；
（f）珠形垫圆形；（g）扁圆形；（h）垫圆形；（i）杆形（金属帽引出）

5. 热敏电阻器的选用

在选择使用热敏电阻器时，一般应根据测温控温的对象，从特性、稳定性、互换性、结构等方面来选择适用不同场合的热敏电阻器。在选择使用时必须注意：除特殊高温热敏电阻器外，绝大多数热敏电阻器仅适合 0℃~150℃ 范围。

随着科学技术的发展和生产工艺的成熟，热敏电阻器的缺点正在逐渐得到改正。目前家用空调、汽车空调、冰箱、冷柜、热水器、饮水机、暖风机、洗碗机、消毒柜、洗衣机、烘干机以及中低温干燥箱、恒温箱等仪器设备中的温度传感器，几乎都是采用热敏电阻器作为敏感元件。

图 2-5 所示为常见的饮水机。温度传感器实时地将温度这一物理量转换成电信号，提供给控制器（一般为比较放大器），以实现温度的自动控制。对饮水机温度传感器的具体要求如下。

温度测温范围在 0℃~100℃，且在 0℃~95℃ 时无须精确测量。当温度在（100±2）℃ 范围内，传感器要为温控器提供信号，切断电源；当温度低于 95℃ 时，传感器要为温控器

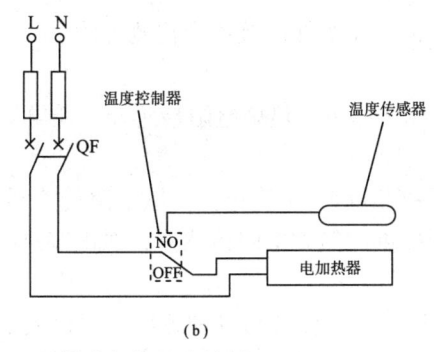

图 2-5 饮水机的温度控制
(a) 饮水机外形；(b) 饮水机温控电路

提供信号，接通电源。为实现此功能，饮水机中就需要装设一个合适的温度控制器。

在进行温度控制、组成温度测量系统之前，首要任务是根据所测介质的温度范围、要求的精度及安装形式、价格来选择温度传感器的种类及结构。

如要实现对饮水机的温度控制要求，先要明确饮水机温控器的温度控制范围及精度，以便确定温度传感器工作范围、测量精度、工作环境及安装要求等因素。

饮水机内空间较大，对温度传感器的尺寸没有特殊要求。产品的价格要低，能适合批量生产，但要求寿命长、不易损坏。

二、任务实施

任务名称：电饭煲温控电路

图 2-6 是简易的电饭煲温控电路。根据电路图选用正确的热敏电阻，并完成电路连接，达到控制要求，其中白灯表示保温功能，红灯表示加热功能。

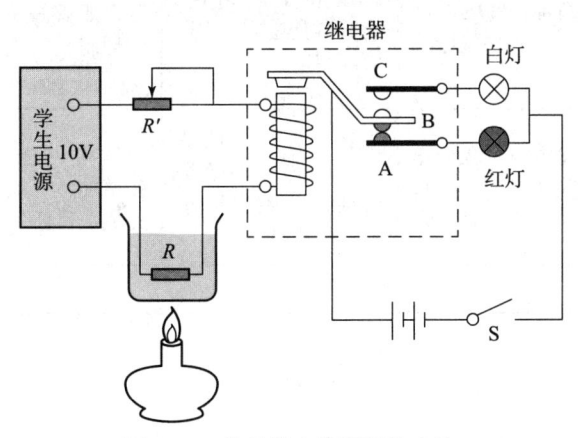

图 2-6 简易的电饭煲温控电路

1. 训练目的

（1）熟悉热敏电阻的特性和分类。

（2）能根据控制要求选用正确的传感器。

（3）掌握温度传感器的外部接线及检测方法。

2. 训练设备

万用表、直流稳压电源、热敏电阻传感器、继电器、红/白灯泡、加热装置等。

3. 训练步骤

（1）根据图2-6所示，正确选择热敏电阻传感器，完成电路连接，实现控制要求。

（2）根据教师提供的热敏电阻传感器，对电路进行修改，实现控制要求。

4. 任务评价

完成训练任务后，进行任务检查和评价，评价表如下。

任务评价表

序号	内容	评价标准 优	评价标准 良	评价标准 合格	成绩比例/%	得分
1	基本理论	深刻理解并掌握与任务相关的理论知识点	熟悉与任务相关的理论知识点	了解与任务相关的理论知识点	30	
2	实践操作	能够熟练使用各种设备和工具，快速、准确地完成任务，并有一定的创新	能够较熟练地使用各种设备和工具，准确、按时地完成任务	能够使用各种设备和工具，基本准确、按时地完成任务	30	
3	职业能力	具有突出的自主学习能力和分析解决问题能力，并具有创新意识	具有较好的学习能力和分析解决问题能力	能参与到学习讨论中，可以分析解决一些简单问题	20	
4	工作态度	具有严谨的科学态度和工匠精神，能够严格遵守"6S"管理制度	具有良好的科学态度和工匠精神，能够自觉遵守"6S"管理制度	具有基本的科学态度，能够遵守"6S"管理制度	10	
5	团队合作	具有优秀的团队合作精神和沟通交流能力，热心帮助小组其他成员	具有较好的团队合作精神和沟通交流能力，能帮助小组其他成员	具有一定的团队合作精神，能配合小组完成项目任务	10	（组员互评）
		合计			100	

三、拓展知识

1. 温度

众所周知，当两个冷热不同的物体相互接触时，热量会从热物体传向冷物体，使热物体变冷，冷物体变热，最后使两物体的冷热程度相同，此时称该两物体达到热平衡。因此，从宏观性质讲，温度表示了物体冷热程度，物体温度的高低确定了热量传递的方向：热量总是从温度高的物体传递给温度低的物体。

工程上测量物体的温度用温度计或温度传感器,就是依据处于热平衡的物体都具有相同的温度这一事实。当温度计与被测物体达到热平衡时,温度计指示的温度就等于被测物体的温度。

2. 温标

为了进行温度测量,需建立温度的标尺,即温标。它规定了温度读数的起点(零点)以及温度的单位。国际上规定的温标有摄氏温标、华氏温标、热力学温标、国际实用温标。

(1) 摄氏温标。摄氏温标把在标准大气压下冰的熔点定为零度(0℃),把水的沸点定为100度(100℃),在这两个温度点间划分100等份,每一等份为1摄氏度。国际摄氏温标的符号为t,温度单位符号为℃。

(2) 华氏温标。华氏温标把一定浓度的盐水凝固时的温度定为0°F,把纯水凝固时的温度定为32°F,把标准大气压下水沸腾的温度定为212°F,用°F代表华氏温度。华氏与摄氏温标的关系式为

$$[\theta]_F = [1.8(t)℃ + 32] \qquad (2-2)$$

(3) 热力学温标。国际单位制(即 SI 制)中,以热力学温标作为基本温标。它所定义的温度称为热力学温度 T,单位为开尔文,符号为 K。热力学温标以水的三相点,即水的固、液、气三态平衡共存时的温度为基本定点,并规定其温度为 273.15K。热力学温度也常沿用"绝对温度"的名称。热力学温标与摄氏温标存在着下述的关系,即

$$[t]_℃ = [T]_K - 273.15 \qquad (2-3)$$

(4) 国际实用温标。它是一个国际协议性温标,与热力学温标基本吻合。它不仅定义了一系列温度的固定点,而且规定了不同温度段的标准测量仪器,因此复现精度高(全世界用相同的方法测量温度,可以得到相同的温度值),使用方便。

国际计量委员会 1990 年开始贯彻实施国际温标 ITS-1990。我国自 1994 年 1 月 1 日起全面实施 ITS—1990 国际温标。

3. 半导体热敏电阻的工作原理

(1) 正温度系数热敏电阻的工作原理。

正温度系数热敏电阻以钛酸钡($BaTiO_3$)为基本材料,再掺入适量的稀土元素,利用陶瓷工艺高温烧结而成。纯钛酸钡是一种绝缘材料,但掺入适量的稀土元素如镧(La)和铌(Nb)等以后,变成了半导体材料,称为半导体化钛酸钡。它是一种多晶体材料,当温度较低时,由于半导体化钛酸钡内电场的作用,电阻值较小;当温度升高到临界温度时(对钛酸钡而言,此温度为 120℃),内电场受到破坏,表现为电阻值急剧增加。这种元件未达到临界温度前,电阻随温度变化非常缓慢。具有恒温、调温和自动控温的功能,只发热、不发红、无明火、不易燃烧、使用寿命长。非常适用于电动机等电器装置的过热探测。

(2) 负温度系数热敏电阻的工作原理。

负温度系数热敏电阻是以氧化锰、氧化钴、氧化镍、氧化铜和氧化铝等金属氧化物为主要原料,采用陶瓷工艺制造而成。这些金属氧化物材料都具有半导体性质,类似于锗、硅晶体材料,体内的载流子(电子和空穴)数目少,电阻较高;温度升高,体内载流子数目增加,电阻值降低。负温度系数热敏电阻类型很多,按工作温度范围,分为低温(-60℃~

300℃)、中温（300℃~600℃）、高温（>600℃）3种，具有灵敏度高、稳定性好、响应快、寿命长、价格低等优点，广泛应用于需要定点测温的温度自动控制电路，如冰箱、空调、温室等的温控系统。

热敏电阻与简单的放大电路结合，就可检测0.001℃的温度变化，与电子仪表组成测温计，能完成高精度的温度测量。普通用途热敏电阻的工作温度大致在低温热敏电阻范围，为-55℃~+315℃，特殊低温热敏电阻的工作温度低于-55℃，甚至可达-273℃。

4. 热敏电阻器的主要参数

各种热敏电阻器的工作条件一定要在其出厂参数允许范围内。热敏电阻的主要参数有10余个，如标称电阻值、使用环境温度（最高工作温度）、测量功率、额定功率、标称电压（最大工作电压）、工作电流、温度系数、材料常数、时间常数等。其中标称电阻值是在25℃零功率时的电阻值。实际上总有一定误差，应在±10%之内。普通热敏电阻的工作温度范围较大，可根据需要在-55℃~+315℃范围内选择。值得注意的是，不同型号热敏电阻的最高工作温度差异很大，如MF11片状负温度系数热敏电阻器的最高工作温度差为+125℃，而MF53-1仅为+70℃，实验时应注意。

任务二　金属热电阻测温

电阻式温度传感器就是以一定方式将温度变化转化为敏感元件的电阻变化，进而通过电路变成电压或电流信号输出的传感器。它结构简单、性能稳定、成本低廉，在许多行业已得到了广泛应用。其敏感元件若按制造材料来分，可分为金属热电阻器（铂、铜、镍）和半导体热电阻器（热敏电阻器）。

工业检测中，在低温时，通常采用热电阻来进行温度的检测，其检测温度范围一般为-200℃~600℃，在特殊情况下，上、下限温度范围可更大。例如，铟热电阻温度计可测到3.4K，铂热电阻温度计可测到1 000℃。

热电阻温度计的最大优点是测温精度高、无冷端温度补偿问题，特别适合于低温检测，所以在工业生产中得到了广泛使用。

一、基础知识

1. 金属热电阻的测温原理

金属热电阻器的阻值随温度的增加而增加，且与温度变化成一定的函数关系，通过检测金属热电阻器阻值的变化量，即可测出相应的温度。常用的金属热电阻器主要有铂电阻器和铜电阻器。铂电阻器的铂丝是绕在云母片制成的片形支架上的，绕组的两面用云母片夹住绝缘，外形有片状、圆柱状，如图2-7所示。铜电阻器的铜漆包线绕在圆形骨架上，为了使热电阻能得到较长的使用寿命，一般铜电阻外加有金属保护套管，如图2-8所示。金属热电阻器可直接加绝缘套管贴

图2-7　铂电阻器

在被测物体表面进行温度测量,也可以外加金属防护套插入各种介质环境进行温度测量,如图 2-9 所示。

图 2-8 铜电阻器

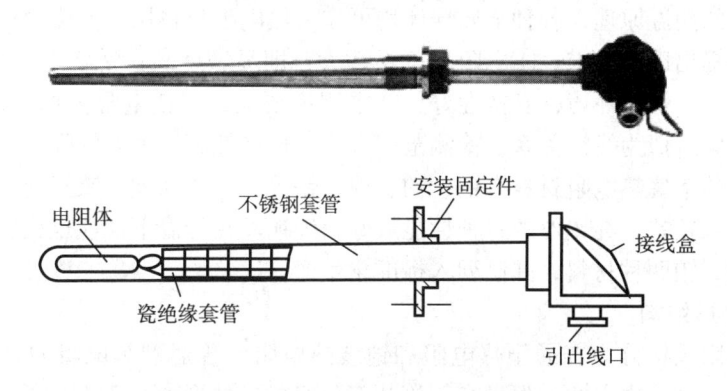

图 2-9 带金属防护套热电阻温度传感器

2. 铂电阻器

铂易于提纯,物理和化学性质稳定,电阻率较大,能耐较高的温度,是制造标准热电阻和工业用热电阻器的最好材料。但铂是贵重金属,价格较高。

按照 ITS-1990 标准,国内统一设计的最常用的工业用铂电阻器为 Pt100 和 Pt1 000,即在 0℃时铂电阻器阻值 R_0 值为 100Ω 和 1 000Ω。铂电阻器的电阻值与温度之间的关系可以查热电阻分度表 Pt100 或 Pt1 000,也可由式(2-4)和式(2-5)计算得出。

在 -200℃~0℃ 的范围内

$$R_t = R_0[1 + At + Bt^2 + C(t-100)t^3] \tag{2-4}$$

在 0℃~850℃ 的范围内

$$R_t = R_0(1 + At + Bt^2) \tag{2-5}$$

式中 R_t——温度为 t℃时的电阻值;
R_0——温度为 0℃时的电阻值;
A,B,C——常数。

在精度要求不高的场合，可以忽略式中的高次项，近似认为 R_t 与 t 成正比例关系，温度系数为 0.003 851。

3. 铜电阻器

铜材料容易提纯，具有较大的电阻温度系数，铜电阻的阻值与温度之间接近线性关系，而且铜的价格比较便宜。因此，在一些测量精度要求不高、测温范围较小（$-50℃\sim150℃$）的情况下，普遍采用铜电阻器。铜电阻的缺点是电阻率较小，所以体积较大，稳定性也较差，容易氧化。

铜电阻与温度间的关系为

$$R_t = R_0(1 + \alpha_1 t + \alpha_2 t^2 + \alpha_3 t^3) \tag{2-6}$$

由于 α_2、α_3 比 α_1 小得多，所以可以简化为

$$R_t \approx R_0(1 + \alpha_1 t) \tag{2-7}$$

其中，$\alpha_1 = (4.25 \sim 4.28) \times 10^{-3}/℃$。

我国常用的铜电阻器为 Cu50 和 Cu100，即在 0℃ 时其阻值为 50Ω 和 100Ω，铜电阻器阻值与温度之间的关系可以查热电阻分度表 Cu50 或 Cu100，见附表 1。

4. 热电阻材料的特性

按照热电阻的测温原理，各种金属导体均可作为热电阻材料用于温度测量，但实际使用中对热电阻材料提出以下要求：①电阻温度系数大，即灵敏度高；②物理和化学性能稳定，能长期适应较恶劣的检测环境，互换性好；③电阻率要大，以使电阻体积小，减少热惯性；④电阻与温度之间近似为线性关系，检测范围广；⑤价格低廉，复制性强，加工方便。

目前，使用的金属热电阻材料有铜、铂、镍、铁等，其中因铁、镍提纯比较困难，其电阻温度的线性关系较差，纯铂丝的各种性能最好，纯铜丝在低温下性能也比较好，所以实际应用最广的是铜、铂两种材料，并已列入标准化生产。

5. 热电阻外形结构

常见的热电阻结构分为普通型热电阻和铠装热电阻。普通型热电阻的外形与热电偶相似，主要由感温元件、内引线、保护套管等几部分组成，外形如图 2-10 所示。

铠装热电阻是由电阻体、引线、绝缘粉末及保护套管组合而成的坚实体，外形如图 2-11 所示，外径尺寸一般为 2～8mm，个别可制成 1mm。与普通型热电阻相比，它的体积小，套管内为实体，响应速度快，抗震，能弯曲，使用方便。

图 2-10 普通型热电阻的外形

图 2-11 铠装热电阻的外形

6. 热电阻的连接方式

热电阻是把温度变化转换为电阻值变化的一次元件，通常需要把电阻信号通过引线传递到计算机控制装置或者其他一次仪表上。工业用热电阻安装在生产现场，与控制室之间存在一定的距离，因此热电阻的引线对测量结果会有较大的影响。热电阻与显示仪表或其他装置一般采用二线制、三线制或四线制连接。

（1）二线制。

如图 2-12（a）所示，在热电阻的两端各连接一根导线来引出电阻信号的方式叫二线制，这种引线方法很简单，但由于连接导线必然存在引线电阻 R，引线电阻 R 的大小与导线的材质和长度等因素有关，因此这种引线方式只适用于测量精度较低的场合。但如果金属电阻本身的阻值很小，那么引线的电阻及其变化也就不能忽视。例如，对于 Pt100 铂电阻，若导线电阻为 1Ω，将会产生 2.5℃ 的测量误差。为了消除或减少引线电阻的影响，通常采用三线制或四线制的接法。

（2）三线制。

如图 2-12（b）所示，在热电阻的根部，一端连接一根引线，另一端连接两根引线的方式称为三线制。这种方式通常与电桥配套使用，与热电阻相接的 3 根导线粗细要相同、长度要相等、阻值要一致，这样可以较好地消除引线电阻的影响。这是工业过程控制中最常用的消除引线电阻对测量结果影响的接线方式。

（3）四线制。

如图 2-12（c）所示，在热电阻的根部两端各连接两根导线的方式称为四线制，其中两根引线为热电阻提供恒定电流 I，把 R_t 转换成电压信号 U，再通过另两根引线把 U 引至二次仪表。可见，这种引线方式可完全消除引线的电阻影响，主要用于高精度的温度检测。

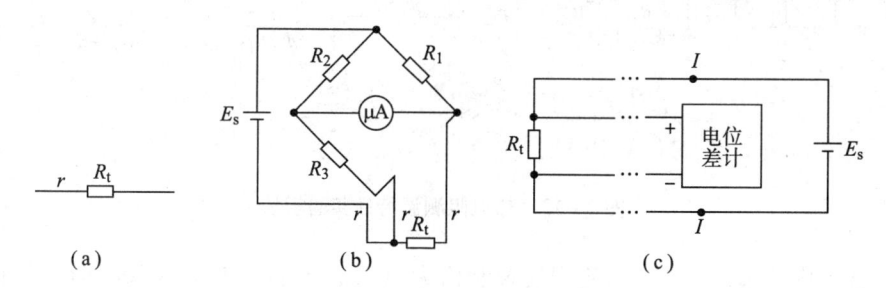

图 2-12 热电阻的连接方式
（a）二线制接法；（b）三线制接法；（c）四线制接法

二、任务实施

任务名称：金属热电阻测温训练

1. 训练目的

（1）熟悉金属热电阻（Cu50 和 Pt100）的特性与应用。

（2）熟悉金属热电阻的外形和测温转换原理。

（3）掌握金属热电阻的测温方法。

2. 训练设备

加热源、K 型热电偶、Cu50 热电阻、Pt100 热电阻、温度控制单元、温度传感器实验模块、数显单元、万用表。

3. 训练步骤

(1) 将温度源模块上的 220V 电源插头插入主控箱两侧配备的 220V 控制电源插座上。

(2) 根据温控仪表型号，按照实验指导书的操作说明，学会基本参数设定（出厂时已设定完毕）。

(3) 选择控制方式为内控方式，将热电偶插入模块加热源的一个传感器安置孔中。将 K（或 E 型）热电偶自由端引线插入温度源模块上的传感器插孔中，红线为正极，它们的热电势值不同，从热电偶分度表中可以判别 K 型和 E 型（E 型热电势大）热电偶。

(4) 将 Cu50 热电阻加热端插入加热源的另一个插孔中，尾部红色线为正端，插入实验模块的 a 端，见图 2 – 13，另一端插入 b 孔，a 端接电源 +4V，b 端与差动运算放大器的一端相接，桥路的另一端和差动运算放大器的另一端相接。

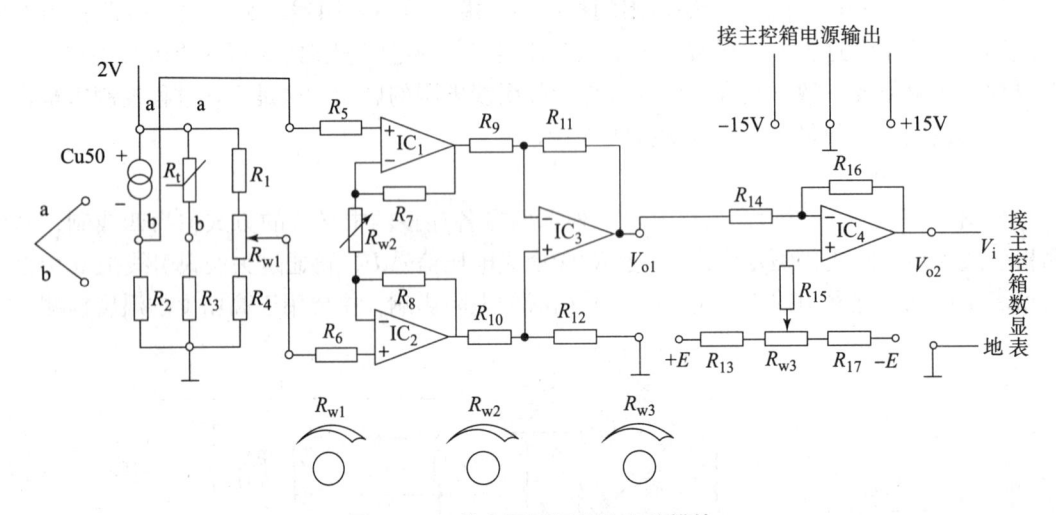

图 2 – 13 热电阻测温特性实验模块

(5) 合上内控选择开关，设定温度控制值为 50℃，当温度控制在 50℃时开始记录电压表读数，重新设定温度值为 50℃ + $n·\Delta t$，建议 Δt = 5℃，n = 1、…、10，每隔 1n 读出数显表输出电压与温度值。记下数显表上的读数，填入表 2 – 1。

表 2 – 1 数据记录表

T/℃										
U/mV										

(6) Pt100 热电阻测温按上述步骤操作，并记录数据。

4. 任务评价

完成训练任务后，进行任务检查和评价，评价表如下。

任务评价表

序号	内容	评价标准			成绩比例/%	得分
		优	良	合格		
1	基本理论	深刻理解并掌握与任务相关的理论知识点	熟悉与任务相关的理论知识点	了解与任务相关的理论知识点	30	
2	实践操作	能够熟练使用各种设备和工具,快速、准确地完成任务,并有一定的创新	能够较熟练地使用各种设备和工具,准确、按时地完成任务	能够使用各种设备和工具,基本准确、按时地完成任务	30	
3	职业能力	具有突出的自主学习能力和分析解决问题能力,并具有创新意识	具有较好的学习能力和分析解决问题能力	能参与到学习讨论中,可以分析解决一些简单问题	20	
4	工作态度	具有严谨的科学态度和工匠精神,能够严格遵守"6S"管理制度	具有良好的科学态度和工匠精神,能够自觉遵守"6S"管理制度	具有基本的科学态度,能够遵守"6S"管理制度	10	
5	团队合作	具有优秀的团队合作精神和沟通交流能力,热心帮助小组其他成员	具有较好的团队合作精神和沟通交流能力,能帮助小组其他成员	具有一定的团队合作精神,能配合小组完成项目任务	10	(组员互评)
合计					100	

三、拓展知识

集成温度传感器

集成温度传感器是近些年来迅速发展起来的一种新型半导体器件,它与传统的温度传感器相比,具有测量精度高、重复性好、线性优良、体积小巧、热容量小、使用方便等优点,具有明显的实用优势。

集成温度传感器是在一块极小的半导体芯片上集成了包括敏感器件、信号放大电路、温度补偿电路、基准电源电路等在内的各个单元,它使传感器与集成电路融为一体,提高了传感器的性能,是实现传感器智能化、微型化、多功能化,提高检测灵敏度,实现大规模生产的重要保证。它可以分为模拟集成温度传感器和数字集成温度传感器。

1. 模拟集成温度传感器

模拟集成温度传感器是将温度传感器集成在一个芯片上、可完成温度测量及模拟信号输出功能的专用IC。模拟集成温度传感器的主要特点是功能单一(仅测量温度)、测温误差小、价格低、响应速度快、传输距离远、体积小、微功耗等,适合远距离测温、控测,不需要进行非线性校准,外围电路简单。它是目前在国内外应用最为普遍的一种集成传感器,典型产品有 AD590（美国）、SL590（国产）等。模拟集成温度传感器的控制器主要包括温控开关、可编程温度控制器。某些增强型集成温度控制器（如 TC652/653）中还包含了 A/D 转换器以及固化好的程序，这与数字温度传感器有某些相似之处。但它自成系统，工作时并不受微处理器的控制，这是两者的主要区别。

2. 数字集成温度传感器

数字集成温度传感器（也称智能温度传感器）是微电子技术、计算机技术和自动测试技术（ATE）的结晶。目前，我国已开发出多种智能温度传感器系列产品。数字集成温度传感器系统框图如图 2-14 所示。

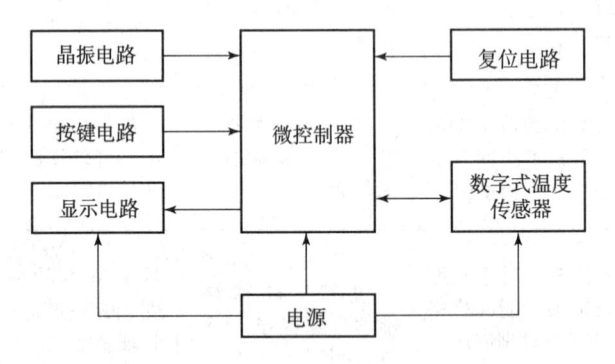

图 2-14 数字集成温度传感器系统框图

复位电路和晶振电路构成微控制器（单片机）的最小系统，保证微控制器能够正常工作。数字式温度传感器把感受到的温度值通过数据接口传输给微控制器，微控制器进行算法处理后，把处理得到的结果值传送到显示电路实时显示出来。按键电路可以修改微控制器中算法的一些参数值，如算法的零点和线性比值。因为当传感器长期工作后，其温度值的稳定性会下降，需要改变相应的参数来重新校正。按键电路还可以使整个传感器系统更加功能化、菜单化和简易化。电源负责给传感器系统的各个模块供给所需要的能源。

3. 智能温度传感器发展趋势

随着新技术、新工艺的发展，多学科的交叉融合，结合现阶段的技术以及基础知识，可以展望未来的智能温度传感器的主要发展方向如下：

（1）提高测温精度和分辨力；
（2）增加测试功能；
（3）总线技术的标准化与规范化；
（4）可靠性及安全性设计；
（5）虚拟温度传感器和网络温度传感器；
（6）单片测温系统。

近年来，全球传感器产业取得了飞速发展。在国内，随着国家加大对电子新兴产业的投资力度，公众对公共安全、健康监测、环保等诸多领域的关注加强，可以预测传感器的市场前景将远远超过计算机、互联网、移动通信等。面对激烈的市场竞争、科技的快速发展以及物联网等新兴市场的崛起，国内传感器企业应把握机遇，着眼于全球市场，以竞争者的姿态去迎接全球市场的挑战，努力发展和规划自有品牌，让中国的传感器企业在市场竞争中占有一席之地。

任务三　热电偶测温

一、基础知识

1. 工作原理

热电偶是由两种不同材料的金属导体丝或半导体组成的。将两根金属丝的一端焊接在一起，作为热电偶的测量端，另一端与测量仪表相连，通过测量热电偶的输出电势，即可推算出所测温度值。其工作原理如图2-15所示。图2-16所示为一种常见热电偶式温度传感器的实物照片。

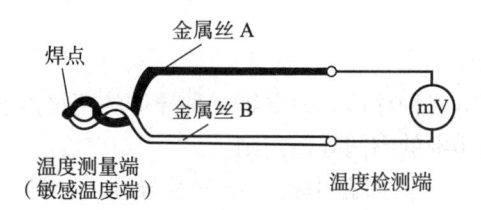

图2-15　热电偶工作原理

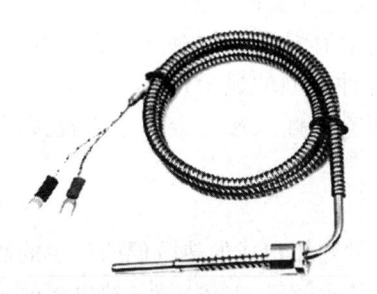

图2-16　一种常见热电偶式温度传感器的实物照片

热电偶的工作原理建立在导体的热电效应上。当有两种不同的导体或半导体A和B组成一个回路，其两端相互连接时（图2-17），只要两接点处的温度不同，回路中将产生一个电动势，该电动势的方向和大小与导体的材料及两接点的温度有关。这种现象称为"热电效应"，一端温度为t，称为工作端或热端；另一端温度为t_0，称为自由端（也称参考端）或冷端，两种导体组成的回路称为"热电偶"，这两种导体称为"热电极"，产生的电动势

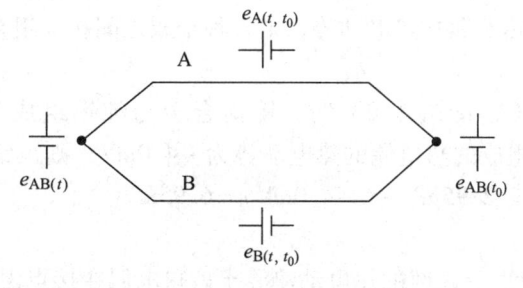

图2-17　热电偶回路

则称为"热电动势"。

根据理论推导和实践经验，可以得出以下结论。

热电偶回路中热电动势的大小，只与组成热电偶的导体材料和两接点的温度有关，而与热电偶的形状尺寸无关。当热电偶两电极材料固定后，热电动势只与两接点的温度有关。当冷端温度恒定，热电偶产生的热电动势只随热端（测量端）温度的变化而变化，即一定的热电动势对应着一定的温度。因此，只要用测量热电动势的方法就可以达到测温的目的。

同时，热电偶还遵循以下几个基本定则。

(1) 均质导体定则。

如果热电偶回路中的两个热电极材料相同，无论两接点的温度如何，热电动势均为零，称为热电偶的均质导体定则。

根据这个定则，可以检验两个热电极材料成分是否相同（称为同名极检验法），也可以检查热电极材料的均匀性。

(2) 中间导体定则。

在热电偶回路中接入第三种导体，只要第三种导体的两接点温度相同，则回路中总的热电动势不变，这就是热电偶中的中间导体定则。

如图 2-18 所示，在热电偶回路中接入第三种导体 C。导体 A 与 B 接点处的温度为 t，A 与 C、B 与 C 两接点处的温度相同都为 t_0，则回路中的总电动势是不变的。

热电偶的这种性质在实用上有着重要的意义，它使我们可以方便地在回路中直接接入各种类型的显示仪表或调节器，也可以将热电偶的两端不焊接而直接插入液态金属中或直接焊在金属表面进行温度测量。

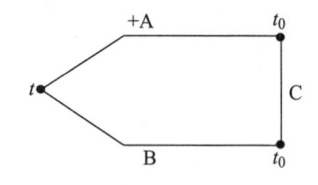

图 2-18 热电偶中接入第三种导体

(3) 标准热电极定则。

如果两种导体分别与第三种导体组成的热电偶所产生的热电动势已知，则由这两种导体组成的热电偶所产生的热电动势也就已知，这就是热电偶的标准热电极定则。

导体 A、B 分别与标准热电极 C 组成热电偶，若它们所产生的热电动势已知，那么导体 A 与 B 组成的热电偶，其热电动势可由式 (2-8) 求得，即

$$E_{AB}(t, t_0) = E_{AC}(t, t_0) - E_{BC}(t, t_0) \quad (2-8)$$

标准热电极定则是一个极为实用的定则。可以想象，纯金属的种类很多，而合金类型更多。因此，要得出这些金属之间组合而成热电偶的热电动势，其工作量是极大的。由于铂的物理、化学性质稳定，熔点高，易提纯，所以通常选用高纯铂丝作为标准热电极，只要测得各种金属与纯铂组成的热电偶的热电动势，则各种金属之间相互组合而成的热电偶的热电动势就可直接计算出来。

例如，热端为 100℃，冷端为 0℃ 时，镍铬合金与纯铂组成的热电偶的热电动势为 2.9mV，而考铜与纯铂组成的热电偶的热电动势为 -4.0mV，则镍铬和考铜组合而成的热电偶所产生的热电动势应为 2.95mV - (-4.0mV) = 6.95mV。

(4) 中间温度定则。

热电偶在两接点温度 t、t_0 时的热电动势等于该热电偶在接点温度为 t、t_n 和 t_n、t_0 时的相应热电动势的代数和，这就是热电偶的中间温度定则。

中间温度定则可以用式（2-9）表示，即

$$E_{AB}(t, t_0) = E_{AB}(t, t_n) + E_{AB}(t_n, t_0) \quad (2-9)$$

中间温度定则为补偿导线的使用提供了理论依据。它表明：若热电偶的热电极被导体延长，只要接入的导体组成热电偶的热电特性与被延长的热电偶的热电特性相同，且它们之间连接的两点温度相同，则总回路的热电动势与连接点温度无关，只与延长以后的热电偶两端的温度有关。

2. 热电偶的结构形式

热电偶的结构形式较多，应用最广泛的主要有普通型热电偶及铠装型热电偶。

（1）普通型热电偶。

普通型热电偶由热电极、绝缘子、保护套管及接线盒 4 部分组成，如图 2-19 所示。

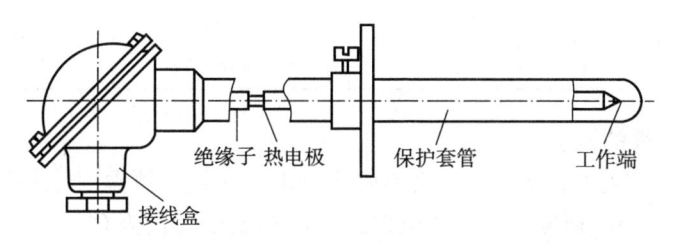

图 2-19 普通型热电偶结构

（2）铠装型热电偶。

铠装型热电偶是将热电偶丝与绝缘材料及金属管经整体复合拉伸工艺加工而成的可弯曲的坚实组合体，如图 2-20 所示。

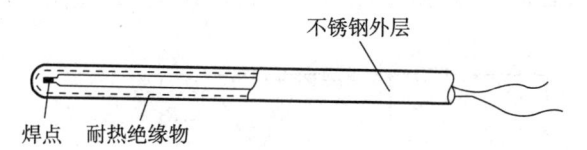

图 2-20 铠装型热电偶结构

铠装型热电偶的优点是动态性能好，适用于对温度变化频繁及热容量较小的对象进行温度检测。由于结构小型化，易于制成特殊用途的形式，挠性好，能弯曲，可适应对象结构复杂的检测场合，因此应用比较普遍。

3. 热电偶类型

常见的热电偶有铂铑-铂热电偶、镍铬-镍铝（镍铬-镍硅）热电偶和铜-康铜热电偶。铂铑-铂热电偶用于测量较高的温度；镍铬-镍铝（镍铬-镍硅）热电偶是贵重金属热电偶中最稳定的一种，用途很广，线性较好，热电势较大；铜-康铜热电偶用于较低温度测量，具有较好的稳定性，尤其在 0℃~100℃ 范围内，误差小于 0.1℃。

表 2-2 列出了分度号为 K、E、J、T、B、R 和 S 的热电偶的使用特性。

表 2-2　热电偶的种类及特性参数

适用范围		测试范围/℃	热电势/mV	优　　点
高温	K	-200 ~ +1200	-5.981 ~ +48.828	工业用最多 适应氧化性环境 线性度好
中温	E	-200 ~ +800	-8.82 ~ +61.02	热电势大
	J	-200 ~ +750	-7.89 ~ +42.28	热电势大 适应还原性环境
低温	T	-200 ~ +350	-5.603 ~ +17.816	最适应于 -200℃ ~ +100℃ 适应弱氧化性环境
超高温	B	+500 ~ +1700	+1.241 ~ +12.426	可用到高温 适应氧化性环境
	R	0 ~ +1600	0 ~ +18.842	
	S	0 ~ +1600	0 ~ +16.771	

4. 热电偶与仪表的连接

热电偶的自由端通过导线与显示仪表或测量电路相连，测温时工作端被置于被测介质（温度场）中。为了提高精度，要求热电偶的自由端温度稳定为0℃。在温度不稳定的情况下，为了节约贵重金属，一般采用补偿导线将热电偶的自由端引到温度相对稳定的环境，采用自由端温度补偿的方法将自由端温度补偿到0℃。

工业实际使用时多采用仪表机械零点调整法及补偿电桥法。机械零点调整法是将仪表零点调整到热电偶冷端处的温度值；而补偿电桥法是将热电偶与一个桥路串联在一起，利用电桥产生的不平衡电压补偿冷端的温度，一般要先将仪表零点调整到电桥平衡时的温度值，如图 2-21 所示。

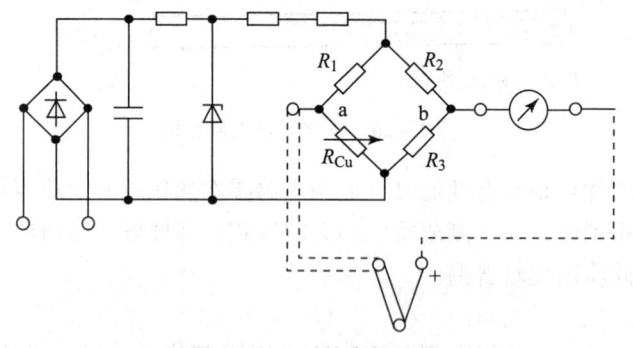

图 2-21　对热电偶补偿

二、任务实施

任务名称：热电偶校准训练

1. 训练目的

（1）理解热电偶的测温原理。

（2）了解校准热电偶温度计的基本方法。

（3）认识热电偶外形。

2. 训练设备

铜-康铜热电偶，校准用的纯金属（铅、锌、锡）或标准热电偶，待测熔点的金属，杜瓦瓶，电位差计或数字电压表，电炉等。

3. 训练步骤

1）了解热电偶校准

在实际测温前，必须知道热电偶的热电势-温度关系曲线，称为校准曲线，以后就可以根据热电偶与未知温度接触时产生的电动势，由曲线查出对应的温度。常用的几种具有标准组分的热电偶，如由含铂90%、铑10%的铂铑丝和纯铂丝组成的铂铑-铂热电偶，由含镍89%、铬9.8%、铁1%、锰0.2%的镍铬丝和含镍94%、铝2%、铁0.59%、硅1%、锰2.5%的镍铝丝组成的镍铬-镍铝热电偶等。它们的校准曲线（或校准数据表）在有关手册中可以查到，不必自己校准，如果实验室自制的热电偶组分并不标准，则校准工作就是不可缺少的了。

校准热电偶的方法有以下两种。

（1）比较法：即用被校热电偶与一标准组分的热电偶去测同一温度，测得一组数据，其中被校热电偶测得的热电势由标准热电偶所测的热电势所校准，在被校热电偶的使用范围内改变不同的温度，进行逐点校准，就可得到被校热电偶的一条校准曲线。

（2）固定点法：这是利用几种合适的纯物质在一定的气压下（一般是标准大气压），将这些纯物质的沸点或熔点温度作为已知温度，测出热电偶在这些温度下对应的电动势，从而得到热电势-温度关系曲线，这就是所求的校准曲线。

2）连接热电偶校准电路

本训练采用固定点法对热电偶进行校准。为此将热电偶的冷端保持在冰水混合物内，其温度在标准大气压下是0℃，这里选择水的沸点，锡、锌和铅的熔点分别作为校准的固定点。

为了使测量结果较为准确，对于金属的熔点不是在加热的过程中进行测量，而是待金属熔解后，撤去热源使其冷却的过程中测量其凝固点（对金属来说凝固点与熔点完全相同），由于金属在凝固和熔解过程中其温度是不变的，可以利用这一特性测定金属的凝固点，为此用电位差计（或数字电压表）测定热电势随时间的变化曲线，如图2-22所示。如果在一定的时间（至少几分钟）内，热电势值基本不变，则该值对应的温度就是所测金属的凝固点。本训练所用的热电偶校准电路如图2-23所示，在热电偶与电位差计的测量端相连时，应注意其正负极性不要接错。

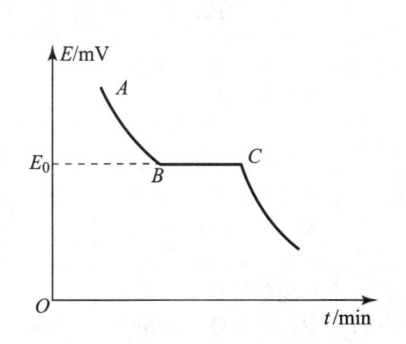

图2-22　热电偶的温度变化曲线

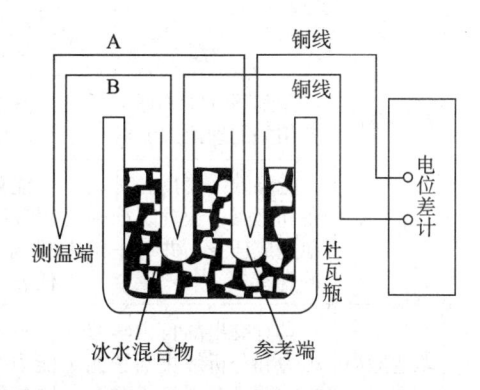

图2-23　热电偶校准电路

3）电位差计校准

对电位差计进行校准，校准完毕再进行测量。

4）测量热电势并绘制其校准曲线

（1）将热电偶的测温端放入盛有冰水混合物的杜瓦瓶中，测量0℃时的热电势（应为零）。

（2）用电炉加热水，待沸腾后将热电偶放入水中测其热电势。

（3）用电炉加热专用容器中的纯锡，待锡全部熔化后切断电炉电源，使其自然冷却，将电偶测温端放入熔化的金属中，测定其热电势–时间关系曲线（1min测一个点）。作图确定与锡的凝固点相对应的热电势的值。

（4）作被校热电偶的校准曲线，以温度为横轴，热电势为纵轴，以所测的4个固定点作热电偶的校准曲线（相邻点间以直线相连。更准确的办法要用到曲线拟合的方法）。

（5）用同样的方法测未知熔点的焊锡的凝固点热电势，从热电偶的校准曲线上查出焊锡的熔点温度。

4. 训练注意事项

（1）为了避免热电偶受熔融的金属玷污，故将热电偶测温端置于一端封闭的铜管中，使其与被测金属隔离。为保持热电偶与铜管良好的接触，测量时应在铜管底部滴入几滴硅油，热电偶测温端应插入硅油中，不能悬空。

（2）除接点外，热电偶丝之间及与铜管之间应保持良好的电绝缘，以免短路而造成测试错误。

（3）掌握电炉加热时间，当金属全部熔融后，应及时切断电源；否则，会因加热时间过长、温度过高，使金属氧化，也会延长金属冷却所用的时间。

（4）由于整个测量过程时间较长，电位差计校准后仍会发生漂移，所以在每次测量前都应重新校准。

（5）每种金属测完后，必须重新升温使金属熔化，取出铜套管，然后切断电源；否则在金属冷却时会收缩而不易取出铜套管。

5. 任务评价

完成训练任务后，进行任务检查和评价，评价表如下。

任务评价表

序号	内容	评价标准 优	评价标准 良	评价标准 合格	成绩比例/%	得分
1	基本理论	深刻理解并掌握与任务相关的理论知识点	熟悉与任务相关的理论知识点	了解与任务相关的理论知识点	30	
2	实践操作	能够熟练使用各种设备和工具，快速、准确地完成任务，并有一定的创新	能够较熟练地使用各种设备和工具，准确、按时地完成任务	能使用各种设备和工具，基本准确、按时地完成任务	30	
3	职业能力	具有突出的自主学习能力和分析解决问题能力，并具有创新意识	具有较好的学习能力和分析解决问题能力	能参与到学习讨论中，可以分析解决一些简单问题	20	

续表

序号	内容	评价标准 优	评价标准 良	评价标准 合格	成绩比例/%	得分
4	工作态度	具有严谨的科学态度和工匠精神,能够严格遵守"6S"管理制度	具有良好的科学态度和工匠精神,能够自觉遵守"6S"管理制度	具有基本的科学态度,能够遵守"6S"管理制度	10	
5	团队合作	具有优秀的团队合作精神和沟通交流能力,热心帮助小组其他成员	具有较好的团队合作精神和沟通交流能力,能帮助小组其他成员	具有一定的团队合作精神,能配合小组完成项目任务	10	(组员互评)
合计					100	

三、拓展知识

红外测温传感器

1. 红外辐射

红外辐射俗称红外线,是一种不可见光。由于它是位于可见光中红色光线以外的光线,所以被称为红外线。凡是存在于自然界的物体,如人体、火焰、冰等都会放射出红外线,只是波长不同而已,它的波长 λ 范围大致为 0.76~1 000 μm,红外线在电磁波谱中的位置如图 2-24 所示。

红外测温仪 1　　红外测温仪 2　　红外测温仪 3

工程上又把红外线所占据的波段分为近红外、中红外、远红外和极远红外 4 部分。人体的温度为 36℃~37℃,所放射的红外线波长为 9~10 μm(属于远红外线区);加热到 400℃~700℃的物体,其放射出的红外线波长为 3~5 μm(属于中红外线区)。红外线传感器可以检测到这些物体发射的红外线,用于测量、成像或控制。红外线人体温度监测仪,就是利用这一原理工作的。它是红外线体温筛选矩阵,具有非接触式测温、超温语音报警等特点,适用于人流量大的公共场合快速监测人体体表温度的专业仪器。在"新冠"疫情发生后,红外线人体温度监测仪得到了广泛的应用。

红外辐射的物理本质是热辐射。一个炽热物体向外辐射的能量大部分是通过红外线辐射出来的。物体的温度越高,辐射出来的红外线越多,辐射的能量就越强。而且红外线被物体吸收时,可以显著地转变为热能。

图2-24 电磁波谱图

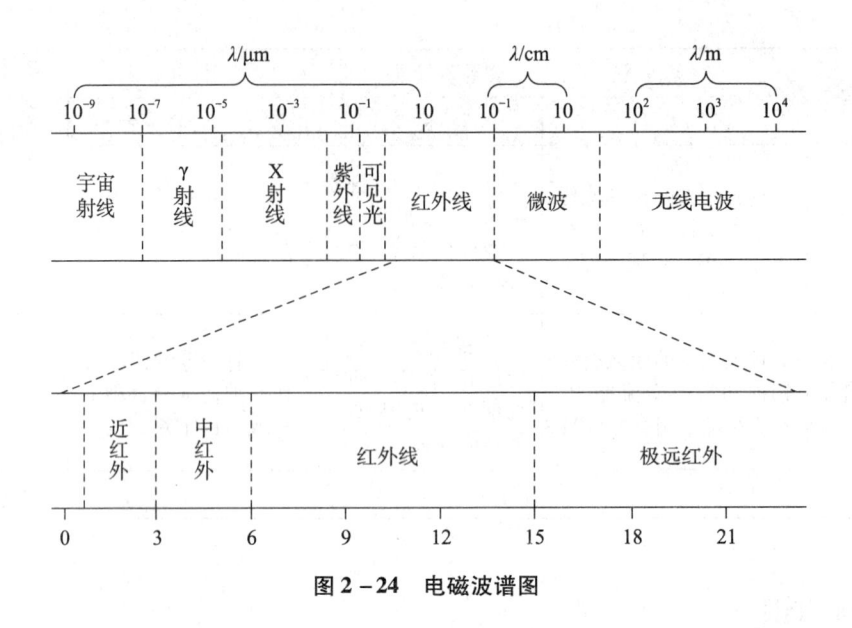

2. 红外传感器

红外传感器又称红外探测器，一般由光学系统、探测器、信号调理电路及显示系统等组成。红外探测器是红外温度传感器的核心。红外探测器常见的有热探测器和光子探测器两大类。

1) 热探测器

热探测器是利用红外辐射的热效应。探测器的敏感元件吸收辐射能量后引起温度升高，进而使有关物理参数发生相应的变化，通过测量物理参数的变化，便可确定探测器所吸收的红外辐射。

与光子探测器相比，热探测器的探测率比光子探测器的峰值探测率低，响应时间长。但热探测器的主要优点是响应波段宽，响应范围可扩展到整个红外区域，可以在室温下工作，使用方便，应用相当广泛。

热探测器的主要类型有热释电型、热敏电阻型、热电偶型和气体型。其中，热释电探测器在热探测器中探测率最高，频率响应最宽，所以这种探测器备受重视，发展很快。下面主要介绍热释电探测器。

热释电红外探测器由具有极化现象的热晶体或称为"铁电体"的材料制作而成。"铁电体"的极化强度（单位面积上的电荷）与温度有关。当红外辐射照射到已极化的铁电体薄片表面上时，引起薄片温度升高，使极化强度降低，表面电荷减少，这相当于释放一部分电荷，所以叫热释电型传感器。如果将负载电阻与"铁电体"薄片相连，则负载电阻上便产生一个电信号输出，而输出信号的强弱取决于薄片温度变化的快慢，从而反映出入射的红外辐射的强弱，热释电型红外传感器的电压响应率正比于入射光辐射率变化的速率。

2) 光子探测器

光子探测器是利用某些半导体材料在红外辐射的照射下，产生光子效应，使材料的电学性质发生变化，通过测量电学性质的变化来确定红外辐射的强弱。其响应速度快，灵敏度具有理论极限，并与波长有关，而且大多数器件需冷却。按照光子探测器的工作原理，一般可分为内光电探测器和外光电探测器两种,外光电探测器又可分为光电导探测器、光电伏探测器和光磁电探测器。光子探测器也称为半导体红外图像传感器,广泛应用于军事领域,如红外制导、空对地导弹、夜视镜等。

巩固与练习

一、填空题

1. 金属热电阻随着温度的升高其阻值_____。
2. 目前常见的热电阻结构分为_____和_____。Cu50表示在_____℃下的阻值为_____。
3. 热电偶是以_____为基础,能将_____变化转换为_____变化。
4. 热电偶产生的热电势由_____和_____两部分组成。

二、选择题

1. 热敏电阻的材料一般为( )。
   A. 金属物　　　　　　B. 绝缘体　　　　　　C. 半导体
2. 金属热电阻将温度信号转换成( )信号,随着温度的增加,该信号( )。
   A. 电压　B. 电流　C. 电阻　D. 增加　E. 减小　F. 不定
3. ( )的数值越大,热电偶的输出电势就越大。
   A. 热端的温度　　　　　　B. 冷端的温度
   C. 热端和冷端的温差　　　D. 热电极的电导率

三、简答题

1. NTC、PTC、CTR的含义分别表示什么?
2. 试比较金属热电阻、热敏电阻以及热电偶3种测温传感器的特点及其对测量线路的要求。
3. 试拟订一个自动测量某温度场的方案,绘出其方框图和线路图。
4. Pt100和Cu50各代表什么传感器?分析热电阻传感器测量电桥的三线、四线连接法的主要作用。

四、计算题

1. 已知铜电阻Cu50在0℃~150℃范围内的电阻可近似表示为

$$R_t = R_0(1 + \alpha t)$$

R_0为50Ω,温度系数α为4.27×10^{-3}/℃,求:
   (1) 当温度为120℃时的电阻值;
   (2) 查附表1中Cu50分度表,记录Cu50在120℃时的电阻值;
   (3) 计算两种方法的相对误差。

2. 用镍铬-镍硅热电偶测量某低温箱温度,把热电偶直接与电位差计相连接。在某时刻,从电位差计测得热电动势为-1.19mV,此时电位差计所处的环境为15℃。试求该时刻温箱的温度是多少摄氏度?(镍铬-镍硅热电偶分度表见表2-3。)

表2-3 镍铬-镍硅热电偶分度表

测量端温度/℃	0	1	2	3	4	5	6	7	8	9
	热电动势/mV									
20	-0.77	-0.81	-0.84	-0.88	-0.92	-0.96	-0.99	-1.03	-1.07	-1.10
-10	-0.39	-0.44	-0.47	-0.51	-0.55	-0.59	-0.62	-0.66	-0.70	-0.74
-0	-0.00	-0.04	-0.08	-0.12	-0.16	-0.20	-0.23	-0.27	-0.31	-0.35
+0	0.00	0.04	0.08	0.12	0.16	0.20	0.24	0.28	0.32	0.36
+10	0.40	0.44	0.48	0.52	0.56	0.60	0.64	0.68	0.72	0.76
+20	0.80	0.84	0.88	0.92	0.96	1.00	1.04	1.08	1.12	1.16

项目三

力和压力的检测

本项目知识结构图

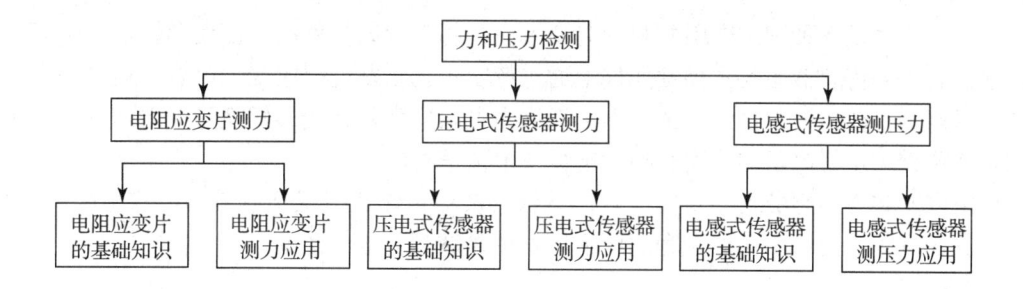

```
                       力和压力检测
         ┌──────────────┼──────────────┐
    电阻应变片测力      压电式传感器测力     电感式传感器测压力
     ┌──────┴──────┐   ┌──────┴──────┐   ┌──────┴──────┐
  电阻应变片    电阻应变片    压电式传感器   压电式传感器   电感式传感器   电感式传感器
  的基础知识    测力应用      的基础知识     测力应用      的基础知识     测压力应用
```

知识目标

1. 理解力的概念和力的测量原理
2. 掌握应变式、压电式、电感式等力传感器的工作原理

技能目标

1. 能正确识别常用的力传感器
2. 熟悉常用力和压力测量元件的外部接线、安装及应用情况
3. 掌握常用的力和压力检测方法

素质目标

1. 培养团队合作精神
2. 培养严谨的科学态度和精益求精的工匠精神
3. 养成工位整理清扫的习惯

在工业生产、科学研究等各个领域，力和压力是需要检测的重要参数之一，它直接影响产品的质量，又是生产过程中一个重要的安全指标。因此，正确测量与控制力和压力是保证生产过程良好运行，达到优质高产、低消耗和安全生产的重要环节。例如，在钢铁工业生产中，安装在大型轧钢机上的力传感器，可以测定轧制力，并提供进轧与自动控制钢板厚度的信号；在运输行业，安装在滑车和大型吊车上的力传感器，一方面可以实现自称重；另一方面可以在超重时发出报警信号，避免事故发生。

检测力的传感器主要有电阻应变式传感器、压电式传感器、电感式传感器、电容式传感器等，本项目主要介绍电阻应变式传感器、压电式传感器、电感式传感器的特性，并练习使用这些传感器。

任务一　电阻应变片测力

电阻应变片是一种利用电阻材料的应变效应，将工程结构件的内部变形转换为电阻变化的传感器，此类传感器主要由弹性元件上通过特定工艺粘贴电阻应变片组成。通过一定的机械装置将被测量转化为弹性元件的变形，然后由电阻应变片将变形转换为电阻的变化，再通过测量电路进一步将电阻的改变转换为电压或电流信号输出。

电阻应变式力传感器在测量完成后，不会对被测物体造成任何影响，拆除也非常容易。这种方法在汽车、建筑、桥梁工程、航天等各种领域都有着广泛的应用。

一、基础知识

1. 电阻应变片的测力原理

导体或半导体材料在外力作用下伸长或缩短时，它的电阻值会相应地发生变化，这一物理现象称为电阻应变效应。将应变片贴在被测物体上，使其随着被测物的应变一起伸缩，这样应变片里面的金属材料就随着外界的应变伸长或缩短，其阻值也就会相应地变化。应变片就是利用应变效应，通过测量电阻的变化而对应变进行测量的。

电阻应变片分为金属电阻应变片和半导体应变片两大类。在力传感器中大多数使用的是金属电阻应变片，其结构如图 3-1 所示。将电阻丝排成栅网状，粘贴在厚度为 15~16μm 的绝缘基片上，电阻丝两端焊出引出线，

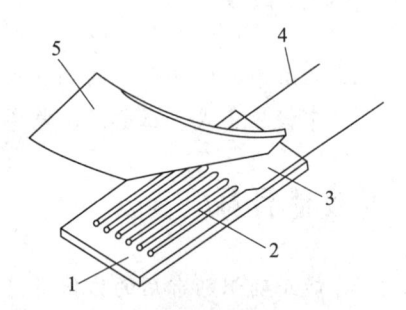

图 3-1　金属电阻应变片结构示意图

1—基底；2—电阻丝；3—粘贴胶；4—引出线；5—覆盖层

最后用覆盖层进行保护，即成为应变片。使用时只要将应变片贴于被测物体上就可构成应变式传感器。

一般金属应变片的电阻变化率为常数，应变片的阻值与应变成正比例关系，即

$$\frac{\Delta R}{R} = K\varepsilon \tag{3-1}$$

式中　　R——应变片原电阻值，Ω；
　　　　ΔR——伸长或压缩所引起的电阻变化值，Ω；
　　　　K——比例常数（应变片常数）；
　　　　ε——应变，单位长度内的形变，应变分为拉伸和压缩两种，可用正负号加以区别，拉伸→正（+），压缩→负（-）。

不同的金属材料有不同的比例常数 K，比如铜铬合金的 K 值约为 2。这样，应变的测量就通过应变片转换为对电阻变化量的测量。由于应变是相当微小的变化，所以产生的电阻变化也是极其微小的。金属电阻应变片按结构形式的不同，可分为丝式、箔式和薄膜式 3 种。其特点及适用环境见表 3-1。

表 3-1　各种金属电阻应变片的特点及适用环境

种类	外形	结构	特点	适用环境
丝式		将金属丝按一定形状弯曲后用黏结剂贴在衬底上，再用覆盖层保护，形成应变片	丝式应变片结构简单，价格低，强度高，电阻阻值较小，一般为 120~360Ω，允许通过的电流较小，测量精度较低	适用于测量要求不高的场合
箔式		将厚度为 0.003~0.01mm 的箔材通过光刻、腐蚀等工艺制成敏感栅，形成应变片	箔式应变片与丝式应变片相比其面积大，散热性好，允许通过较大的电流。而且由于它的厚度薄，因此具有较好的可绕性，其灵敏度系数较高	箔式应变片可以根据需要制成任意形状，适合批量生产
薄膜式		采用真空蒸镀或溅射式阴极扩散的办法，在薄的绝缘基底材料制成金属薄膜，通过光刻、腐蚀等工艺，形成应变片	薄膜式应变片有较高的灵敏度系数，电阻阻值较大，一般为 1~1.8kΩ，允许通过的电流较大，工作温度范围较广，测量精度高	薄膜式应变片的电阻丝长度可以较长，应变电阻较大，适合批量生产

2. 电阻应变片的测量电路

电阻应变式传感器应变电阻的变化是极其微弱的，电阻相对变化率仅为 0.2% 左右。要精确地测量这么微小的电阻变化是非常困难的，一般的电阻测量仪表无法满足要求。通常采用惠斯通电桥电路进行测量，将电阻相对变化 $\Delta R/R$ 转换为电压或电流的变化，再用测量仪表或电阻应变式传感器专用测量电路便可以简单方便地进行测量。

惠斯通电桥电路如图 3-2 所示。R_1、R_2、R_3、R_4 为 4 个桥臂的电阻，电桥的供电电压

为 U，电桥输出电压为 U_0。在被测物体未施加作用力时，应变为零，应变电阻没有变化，4个桥臂的初始电阻满足 $R_1/R_2 = R_3/R_4$ 时，桥路输出电压 U_0 为零，即桥路平衡。

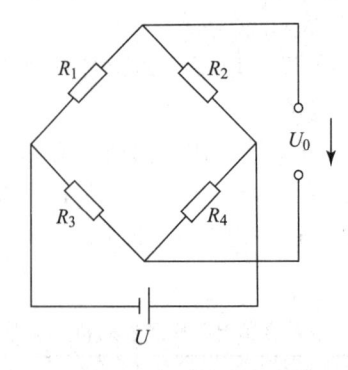

图 3-2 惠斯通电桥电路

如果电桥电压 U 保持不变，电桥的输出电压 U_0 可以用式（3-2）近似表示，即

$$U_0 \approx \frac{R_1 R_2}{(R_1+R_2)^2}\left(\frac{\Delta R_1}{R_1}-\frac{\Delta R_2}{R_2}-\frac{\Delta R_3}{R_3}+\frac{\Delta R_4}{R_4}\right)U \quad (3-2)$$

如果 4 个桥臂的初始电阻满足 $R_1 = R_2 = R_3 = R_4$，则式（3-2）可转化为

$$U_0 \approx \frac{U}{4}\left(\frac{\Delta R_1}{R_1}-\frac{\Delta R_2}{R_2}-\frac{\Delta R_3}{R_3}+\frac{\Delta R_4}{R_4}\right)$$

$$U_0 \approx \frac{U}{4}K(\varepsilon_1-\varepsilon_2-\varepsilon_3+\varepsilon_4) \quad (3-3)$$

式中　ε——应变；

　　　K——比例常数（应变片常数），不同的金属材料有不同的比例常数 K。

在测量电路中，应变片接入电桥可以有以下几种形式。

（1）单臂半桥电桥电路。

如图 3-3 所示，R_1 为应变片，其余各桥臂电阻为固定电阻，称为单臂半桥电桥电路。其输出有

$$U_0 \approx \frac{U \Delta R_1}{4R_1} = \frac{U}{4}K\varepsilon \quad (3-4)$$

式（3-4）中除了 ε，其余均为已知量，如果测出电桥的输出电压就可以计算出应变的大小，进而推算出力的大小，有

$$\sigma = E\varepsilon \quad (3-5)$$

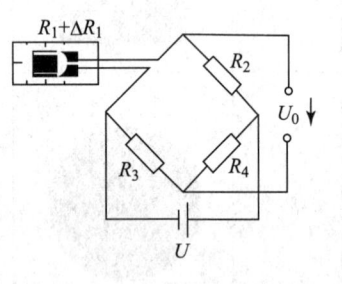

图 3-3 单臂半桥电桥电路

式中　σ——应力，N；

　　　E——弹性系数或杨氏模量，不同的材料有固定的杨氏模量。

（2）双臂半桥电桥电路。

如图 3-4 所示，在电桥中接入了两片应变片，其余桥臂为固定电阻，称为双臂半桥电桥电路。这种电路可以有两种接入方式。

当接入方式如图 3-4（a）所示时，其输出有

$$U_0 = \frac{U}{4}\left(\frac{\Delta R_1}{R_1}-\frac{\Delta R_2}{R_2}\right) = \frac{U}{4}K(\varepsilon_1-\varepsilon_2) \quad (3-6)$$

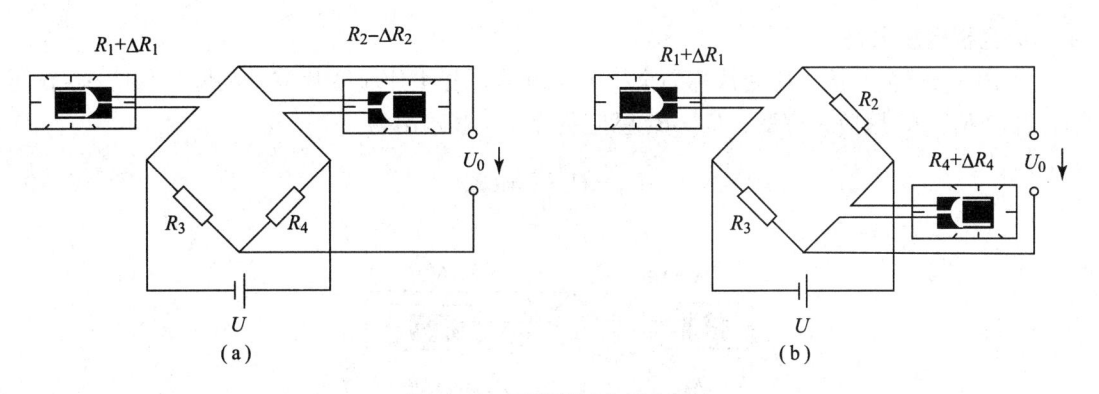

图 3-4 双臂半桥电桥电路
(a) 接入方式一；(b) 接入方式二

当接入方式如图 3-4（b）所示时，其输出有

$$U_0 = \frac{U}{4}\left(\frac{\Delta R_1}{R_1} + \frac{\Delta R_4}{R_4}\right) = \frac{U}{4}K(\varepsilon_1 + \varepsilon_4) \qquad (3-7)$$

也就是说，当接入两片应变片时，根据连入方式的不同，两片应变片上产生的应变或加或减。

例如，有一圆柱形拉力传感器，如图 3-5 所示。R_1、R_2、R_3、R_4 是 4 个完全相同的应变片，其中 R_1、R_4 竖粘，为轴向贴片，感应正应变；R_2、R_3 横粘，为径向贴片，感应负应变。如果用 R_1、R_2 组成双臂半桥电桥电路，应按图 3-4（a）所示进行连接，其输出为两应变相减，但 R_2 为负应变，则输出为

$$U_0 = \frac{U\Delta R}{2R} = \frac{U}{2}K\varepsilon \qquad (3-8)$$

如此可获得较大灵敏度，便于测量。如果用 R_1、R_4 组成双臂半桥电路，应按图 3-4（b）所示进行连接，其输出为两应变相加，也可获得较大灵敏度。

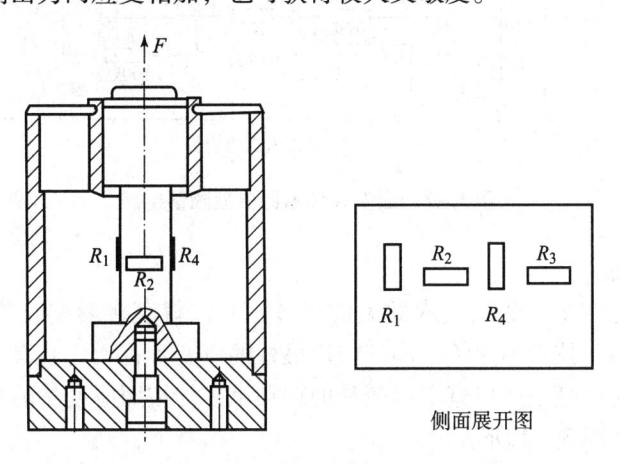

图 3-5 圆柱形拉力传感器

在实际工程中更多采用图 3-4（a）所示的连接方式，其输出为相邻两桥臂应变相减，R_1 为正应变，R_2 为负应变，在灵敏度提高的同时，可以将应变片的温度误差和非线性误差相互抵消，提高测量精度。

3. 全桥电桥电路

电桥的四臂全部接入应变片称为全桥电桥电路。若4片应变片完全相同，如图3-6所示，其中 R_1、R_4 感应正应变；R_2、R_3 感应负应变。其输出为

$$U_0 = U\frac{\Delta R}{R} = UK\varepsilon \tag{3-9}$$

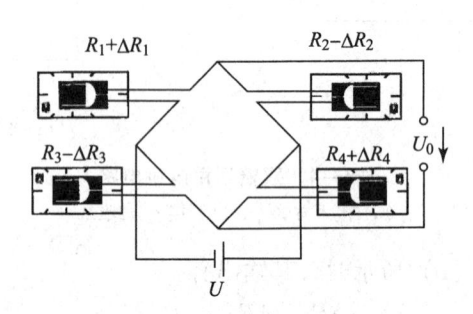

图 3-6 全桥电桥电路

这种情况下，应变所产生的输出电压是单臂电桥应变片所产生电压的4倍，灵敏度最高。此时应变片的温度误差和非线性误差相互抵消，测量精度较高。

将应变片接成全桥电路时，要特别注意：相邻桥臂的应变片所感受的应变必须相反；否则式（3-9）不成立。应变式传感器典型测量电路如图3-7所示。

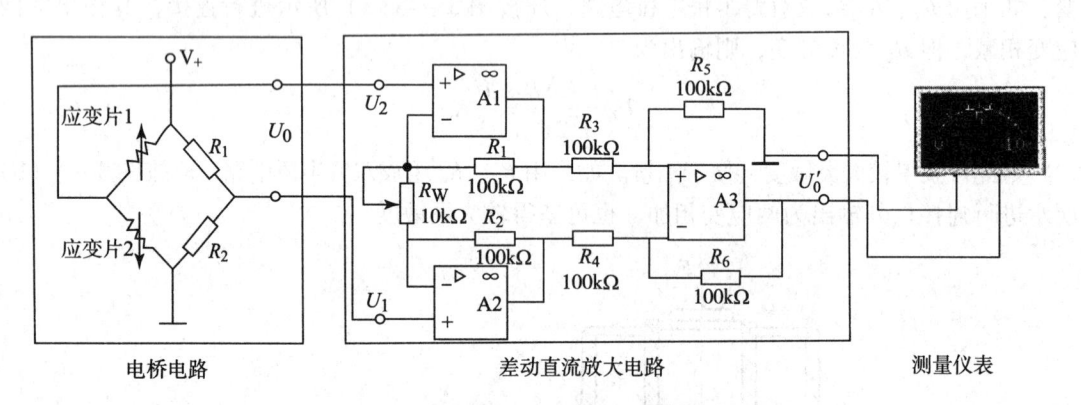

图 3-7 应变式传感器典型测量电路

4. 应变片的粘贴

应变片的粘贴是应变片测量技术的关键环节之一，将直接影响胶的黏结质量及测量精度，如果贴片不严格、技术不熟练，即使使用最好的应变片也无法获得很高的精度。

在粘贴应变片时，必须严格遵守应变片的粘贴工艺，按照应变片的粘贴工艺步骤逐步完成，具体工作步骤如图3-8所示。

（1）应变片的选择与检查。

应变片的种类较多。首先要根据被测物体及环境选择应变片；其次对采用的应变片进行外观检查，观察应变片的敏感栅是否整齐、均匀，是否有锈斑以及短路和折弯等现象；最后测量应变片的阻值，在采用全桥或半桥时，应配对选用，以便于电桥的平衡调试。

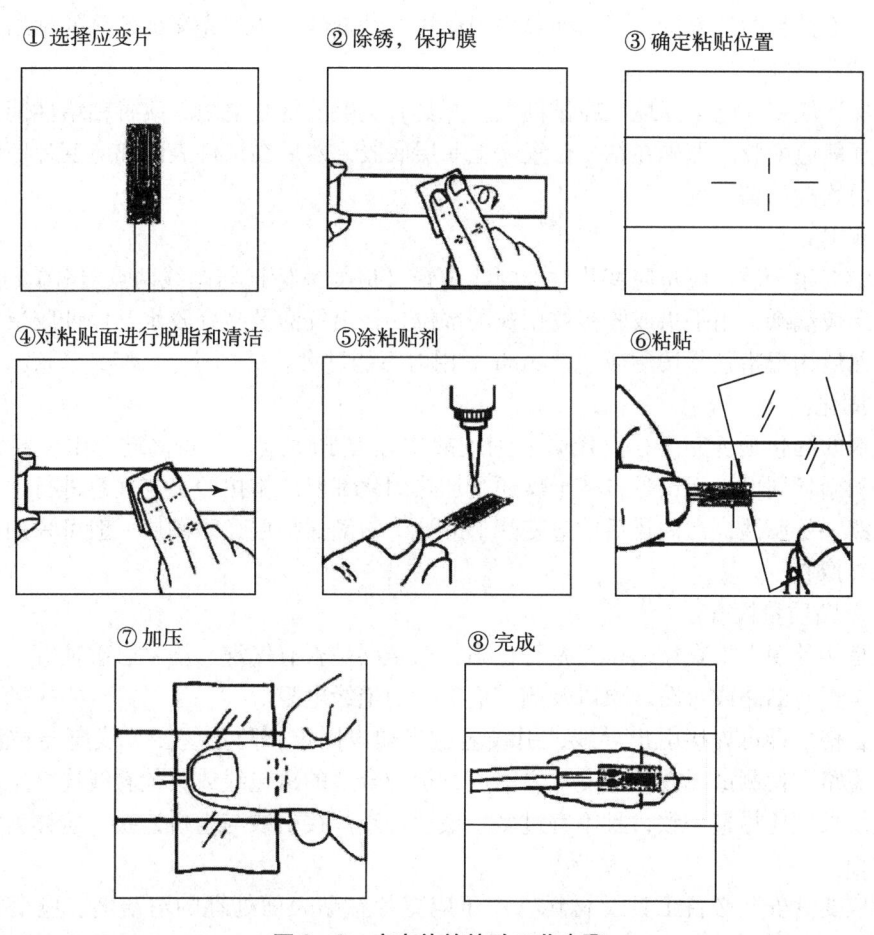

① 选择应变片　　② 除锈，保护膜　　③ 确定粘贴位置

④ 对粘贴面进行脱脂和清洁　　⑤ 涂粘贴剂　　⑥ 粘贴

⑦ 加压　　⑧ 完成

图 3-8　应变片的粘贴工艺步骤

（2）试件的表面处理。

为了获得良好的黏结强度，必须对试件表面进行处理，清除试件表面杂质、油污、油漆、锈迹及疏松层等。一般可采用砂纸打磨的处理办法，较好的处理方法是采用无油喷砂法，这样不但能得到比抛光更大的表面积，而且可以使试件粘贴处的质量均匀。试件的表面处理范围要大于应变片的面积。

（3）做粘贴标记。

在需要测量应变的位置沿着应变的方向做好记号。可以使用 4H 以上的硬质铅笔或画线器进行标注。要特别注意的是，无论使用什么方法画线，都不要留下深的刻痕。

（4）底层处理。

为了表面的彻底清洁，可用化学清洗剂如氯化碳、丙酮、甲苯等进行反复清洗。正确的清洁方法是，用工业用薄纸蘸丙酮溶液沿着一个方向用力擦拭。值得注意的是，为避免粘贴面氧化，表面清洁后应尽快粘贴应变片。如果不立刻贴片，可涂上一层凡士林暂作保护。

（5）点胶。

点胶前首先要确认应变片的正、反面，一般光滑的绝缘面为反面。然后将应变片反面用清洁剂清洗干净，再将胶水滴在应变片的反面。由于应变胶流动性较好，会自动摊开，所以通常不采用涂抹粘贴的方法，因为如果采用涂抹粘结剂的方法，先涂抹部分的粘结剂会出现硬化，使粘性下降。

为了保证应变片能牢固地贴在试件上，并具有足够的绝缘电阻，改善粘结性能，也常使用双组分环氧应变胶。即先在粘贴位置涂上一层底胶，然后在试件表面和应变片底面再各涂上一层薄而均匀的粘结剂。

（6）贴片。

待粘结剂稍干后，应将应变片对准画线位置（应变片标记与画线两点对齐）迅速贴上，然后盖一层玻璃纸，用手指或胶辊按压被测部位，挤出气泡及多余胶水，保证胶层尽可能薄而均匀。然后用拇指紧紧按住应变片3min，用力不能过大。

（7）固化。

粘结剂的固化是否完全，直接影响到胶的物理力学性能。在固化过程中，要掌握好温度、时间和循环周期。无论是自然干燥还是加热固化都要严格按照工艺规范进行。为了防止应变片吸潮、受腐蚀，在固化后的应变片上应涂上防潮保护层，防潮层一般可采用稀释的粘结剂，如硅橡胶。

（8）粘贴质量检查。

首先是从外观上检查粘贴位置是否正确，粘结层是否有气泡、漏粘、破损等；然后是测量应变片是否有断路或短路现象以及测量应变片的绝缘电阻。

检查合格后即可焊接引出导线，引线应适当加以固定，防止应变片线脚与被测工件接触，导致短路，使测试无效。应变片之间通过粗细合适的漆包线或其他软线连接组成电桥回路。连接线长度应尽量一致，且不宜过多。最后检查焊接引线与组桥连线。这样就完成了整个粘贴过程。

电阻应变片安装必备工具及材料有用于应变片粘贴表面处理的清洁剂、应变片粘结剂（胶）、保护应变片的涂层材料（胶）、电阻丝或应变片引线、接线端子、电缆及附件、焊锡、助焊剂和焊机以及必要的安装工具。

二、任务实施

任务名称：金属箔丝电阻应变片训练

1. 训练目的

（1）了解电阻应变片传感器的基本结构、特性及工作原理。

（2）熟悉应变片单臂电桥、半桥、全桥的输出特性及相互之间的关系。

（3）了解电桥的补偿作用。

2. 仪器设备及器材

直流稳压电源、差动放大器、电桥、测微头、应变式传感器实验模板、应变式传感器、砝码、数字显示表、万用表。

3. 训练步骤

（1）根据图3-9所示应变式传感器已装于应变传感器模块上。传感器中各应变片已接入模块左上方的 R_1、R_2、R_3、R_4。加热丝也接于模块上，可用万用表进行测量判别，$R_1 = R_2 = R_3 = R_4 = 350\Omega$，加热丝阻值为$50\Omega$左右。

单臂电桥实验

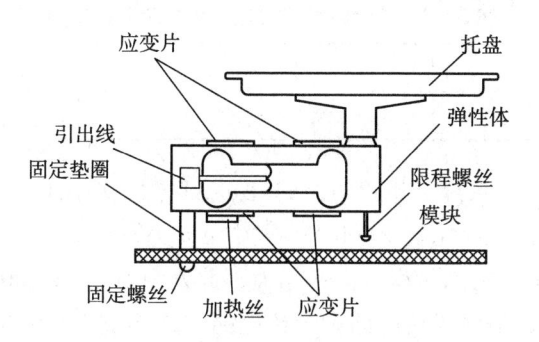

图3-9 应变式传感器安装示意图

（2）接入模块电源±15V（从主控箱引入），检查无误后，合上主控箱电源开关，将实验模块调节增益电位器 R_{w3} 顺时针方向调节大致到中间位置，再进行差动放大器调零，方法为将差放的正、负输入端与地短接，输出端与主控箱面板上的数显表电压输入端 V_i 相连，调节实验模块上调零电位器 R_{w4}，使数显表显示为零（数显表的切换开关打到2V挡）。关闭主控箱电源。

（3）将应变式传感器的其中一个应变片 R_1（即模块左上方的 R_1）接入电桥作为一个桥臂与 R_5、R_6、R_7 接成直流电桥（R_5、R_6、R_7 模块内已连接好），接好电桥调零电位器 R_{w1}，接上桥路电源±4V（从主控箱引入），如图3-10所示。检查接线无误后，合上主控箱电源开关。调节 R_{w1}，使数显表显示为零。

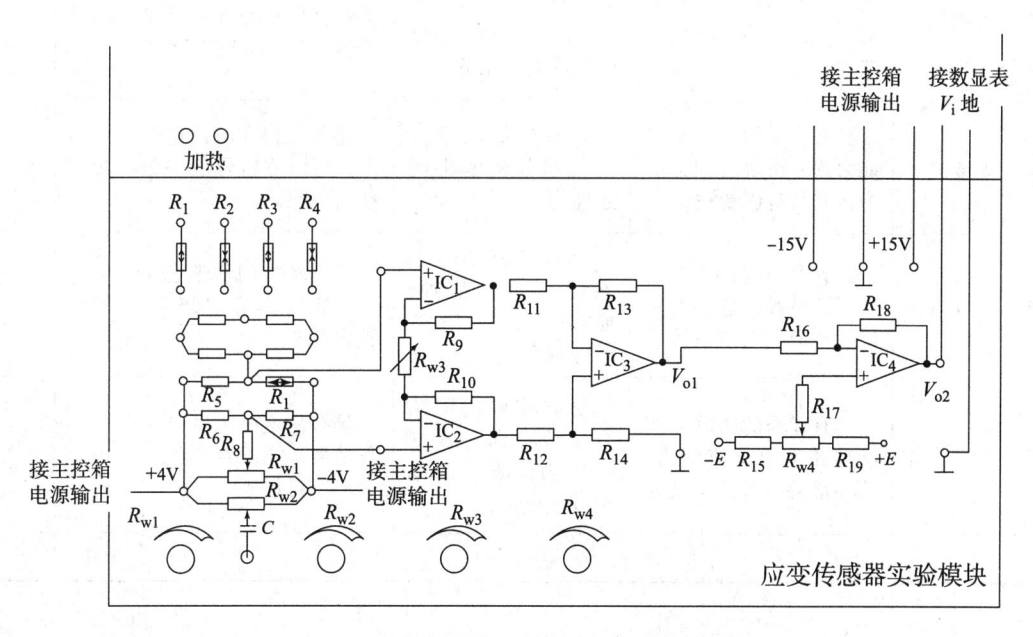

图3-10 应变式传感器单臂电桥实验接线图

（4）在电子秤上放置一只砝码，读取数显表数值，依次增加砝码和读取相应的数显表数值，直到500g（或200g）砝码加完。记下实验结果填入表3-2中，关闭电源。

表 3-2　单臂电桥输出电压与加负载重量值

重量/g									
电压/mV									

（5）根据表 3-2 计算系统灵敏度 S，$S = \Delta u / \Delta W$（Δu 输出电压变化量；ΔW 重量变化量）。计算线性误差：$\delta_{fl} = \Delta m / y_{F.s} \times 100\%$，式中 Δm 为输出值（多次测量时为平均值）与拟合直线的最大偏差；$y_{F.s}$ 为满量程输出平均值，此处为 500g 或 200g。

（6）按照以上步骤，搭建半桥电路和全桥电路，并测量出输出电压值。比较单臂电桥、半桥、全桥电路的灵敏度和非线性度，得出相应的结论。

4. 任务评价

完成训练任务后，进行任务检查和评价，评价表如下。

任务评价表

序号	内容	评价标准 优	评价标准 良	评价标准 合格	成绩比例/%	得分
1	基本理论	深刻理解并掌握与任务相关的理论知识点	熟悉与任务相关的理论知识点	了解与任务相关的理论知识点	30	
2	实践操作	能够熟练使用各种查询工具收集和查询相关资料，信息收集快速、准确、详细	能够较熟练地使用各种查询工具收集和查询相关资料，信息数据准确、完备	能够使用各种查询工具收集和查询相关资料，信息数据完整	30	
3	职业能力	具有突出的自主学习能力和分析解决问题能力，并具有创新意识	具有较好的学习能力和分析解决问题能力	能参与到学习讨论中，可以分析解决一些简单问题	20	
4	工作态度	具有严谨的科学态度和工匠精神，能够严格遵守"6S"管理制度	具有良好的科学态度和工匠精神，能够自觉遵守"6S"管理制度	具有基本的科学态度，能够遵守"6S"管理制度	10	
5	团队合作	具有优秀的团队合作精神和沟通交流能力，热心帮助小组其他成员	具有较好的团队合作精神和沟通交流能力，能帮助小组其他成员	具有一定的团队合作精神，能配合小组完成项目任务	10	（组员互评）
			合计		100	

三、拓展知识

压力传感器与航天航空

在现代科技高速发展的今天，压力传感器因为稳定可靠的特点而被应用于各个工艺生产过程。航空航天行业对压力传感器的需求就体现在测量精度、快速响应、温度特性和静压特性、长期稳定性4个方面。科技含量更高的航空航天业，对压力传感器的要求自然要更高一层。往往一个小小的错误造成的损失将是无法挽回的。

通常，压力传感器的测量会随着工作环境和静压的变化而发生漂移。在一些微小的压力或者差压测量场合，这个漂移很可能是比较严重的。在不同的工作条件下，得到相对最正确的测量，从而维护生产的稳定和保证工艺的一致，是压力传感器稳定性的体现，也是航空航天行业对压力传感器稳定性的要求。在稳定性和可靠性基础上，高精度是航空航天行业对压力传感器的更高需求。控制的准确度取决于控制过程中测量的精度。测量精度越高，控制准确度也就越高。目前，多数压力传感器的精度达到0.075%，这都很难满足航空航天行业对测量精度的要求。此外，航空航天行业对压力传感器还有许多其他需求。例如，增加量程比能够增加压力传感器使用的灵活性，给设计和应用带来方便。当工艺流程中某些反应条件的设计发生变化时，如果传感器具有较大的量程比，意味着具有很好的通用性，工艺条件的变化基本不影响传感器的型号，大大减少了设计修改的工作量。同时，大量程比可以减少工程中所用传感器的种类，减少备品备件库存量，也减少了资金的积压。

2008年9月25日，当"神舟七号"划过天际进入预定轨道时，所有中国人都为之欢呼。如果把整个"神舟七号"飞船系统比作一个人的肌体，那么众多的元器件就如同肌体组织中的细胞，尽管微小，却至关重要不容忽视。应用在航天飞行器上的产品，其性能指标要求非常严格，一些条件甚至近乎苛刻，对可靠性的要求更是非常高，必须做到万无一失，技术难度相当大。

载人航天

在"神舟七号"7大系统中，航天员系统是和航天员接触最密切的系统，直接关乎航天员的生命安全，任何一个零部件的瑕疵都可能造成无可挽回的损失。中国电子科技集团公司研制的"FTH403气瓶压力传感器"和"FTH401服装压力传感器"，成功解决了"神舟七号"航天员翟志刚舱外航天服压力传感器所需耐高压、耐氧化、不泄漏、小体积、高可靠性等难题，保障了太空行走的安全。"FTH403气瓶压力传感器"安装在舱外航天服的背包和挂包内，用于测量服装背包和挂包中高压氧气瓶内的压力变化，为供气子系统及氧气瓶的使用提供依据，确保有足够的高压氧气支持航天员遨游太空；"FTH401服装压力传感器"安装在舱外航天服的背包内，用于测量服装内航天员呼吸压力，从而保障服装内环境压力以满足航天员工作需求和生命安全需求。

另外，"神舟七号"载人航天工程舱外航天服系统用的气瓶压力传感器、服装压力传感器，两项产品都采用了完全自主知识产权的离子束溅射镀膜工艺制作敏感芯片，并采用全焊接方式与压力接口连接，填补了我国舱外航天服在压力传感器领域的空白，打破了国外对我国的技术封锁，成功替代俄罗斯进口压力传感器，满足了我国载人航天的迫切需求，此外也为将来"神舟八号"类似产品的研制提供了技术支持。

2011年9月29日"天宫一号"成功发射，这与运载火箭的运转正常密不可分。"天宫一号"的装载火箭上配置了8个压力传感器，分别安装在捆绑式助推器和整流罩上，专门记录火箭在飞行过程中压力变化，为火箭飞行提供修正建议。

在火箭发射到进入轨道逾500s里，随着整流罩的脱落，压力传感器的工作时间只有400s左右，但是发挥的作用可不小。火箭在飞行过程中受到的各种压力由传感器实时地记录下来，再由控制系统传送到地面遥感中心，地面的模拟软件会根据飞行高度以及其他参数，计算出现在的压力理论值有多少，再和传感器传回来的数据进行比对，以此来了解火箭的飞行状态。传感器的数据是实时采集的，遥感中心每隔一段时间观测一次。这个数据对于下一次设计火箭飞行非常重要，比如火箭进入平流层以后，传回的压力数据与理论数据相差比较大，可能就是火箭箭体在飞行过程中出现了问题，受到的气压发生改变，下一次飞行时就要进行修正。

压力传感器的原理就是外部压力作用于硅芯片，通过集成电路将力信号改变成电信号输出。压力传感器就是将芯片内置在不锈钢外包装里，再通过焊接电路板进行封装，经过数百道精细工序，使这个传感器的直径达到 26mm，高度十几厘米，重几十克，体积小，重量轻。经过各种环境的考验，确保传感器能在 $-20℃\sim60℃$ 以及各种强磁场、真空环境中运行，保证火箭起飞高速运行后也能够正常工作。

对空间站的建造来说，任何一枚微小的部件、任何一个不起眼的细节，都凝聚了无数航天人的心血和汗水，也正是他们的付出，成就了今日中国航天事业的辉煌。

任务二　压电式传感器测力

压电式传感器是利用压电材料受力后在其表面产生电荷的压电效应为转换原理的传感器，即当有力作用在压电材料上时，传感器就有电荷（或电压）输出，是一种典型的自发电式传感器。它可以测量最终能变换为力的各种物理量，如力、压力、加速度等。

压电式传感器具有体积小、重量轻、频带宽、灵敏度高等优点。近年来，压电测量技术迅速发展，已可以将测量转换电路与压电探头安装在同一壳体中，使用起来十分方便。

一、基础知识

1. 压电效应

某些物质（物体），如石英、铁酸钡等，当受到外力作用时，不仅几何尺寸会发生变化，而且其内部也会被极化，表面会产生电荷；当外力去掉时，又重新回到原来的状态，这种现象称为压电效应。相反，如果将这些物质（物体）置于电场中，其几何尺寸也会发生变化，这种由外电场作用导致物质（物体）产生机械形变的现象，称为逆压电效应。具有压电效应的物质（物体）称为压电材料（或称为压电元件）。常见的压电材料可分为两类，即压电单晶体和多晶体压电陶瓷。

1）石英晶体的压电效应

石英晶体是一种应用广泛的压电晶体。它是二氧化硅单晶体，图 3-11（a）所示是天然石英晶体的外形，它为规则的正六角棱柱体。石英晶体有 3 个相互垂直的晶柱：z 轴——光轴，它与晶体的纵轴线方向一致，该方向上没有压电效应；x 轴——电轴，它通过六面体相对的两个棱线并垂直于光轴，垂直于该轴晶面上的压电效应最明显；y 轴——机械轴，它垂直于两个相对晶柱棱面，在电场作用下，沿此轴方向的机械形变最明显。

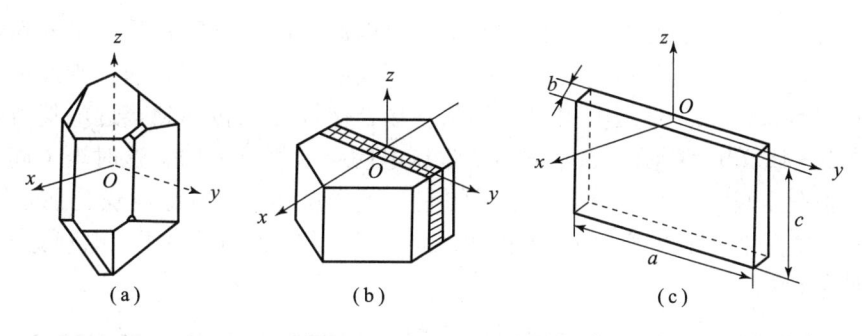

图 3-11 石英晶体结构
(a) 石英晶体外形；(b) 坐标轴；(c) 石英晶体切片

从晶体上沿 xyz 轴线切下一片平行六面体的薄片称为晶体切片，如图 3-11（c）所示。当沿着 x 轴对压电晶片施加作用力时，将在垂直于 x 轴的表面上产生电荷，这种现象称为纵向压电效应。沿着 y 轴施加作用力时，电荷仍出现在与 x 轴垂直的表面上，这称为横向压电效应。当沿着 z 轴施加作用力时不产生压电效应。

纵向压电效应产生的电荷为

$$q_{xx} = d_{xx} F_{xx} \tag{3-10}$$

式中　q_{xx}——垂直于 x 轴平面上的电荷；

　　　d_{xx}——压电系数，下标的意义为产生电荷的面的轴向以及施加作用力的轴向；

　　　F_{xx}——沿晶轴 x 方向施加的压力。

由式（3-10）看出，当晶片受到 x 向的压力作用时，q_{xx} 与作用力 F_{xx} 成正比，而与晶片的几何尺寸无关。如果作用力 F_{xx} 改为拉力时，则在垂直于 x 轴的平面上仍出现等量电荷，但极性相反。

横向压电效应产生的电荷为

$$q_{xy} = d_{xy} \frac{a}{b} F_y \tag{3-11}$$

式中　q_{xy}——y 轴向施加压力，垂直于 x 平面上的电荷；

　　　d_{xy}——y 轴向施加压力，在垂直于 x 平面上产生电荷时的压电系数；

　　　F_y——沿晶轴 y 方向施加的压力。

根据石英晶体的对称条件 $d_{xy} = -d_{xx}$，有

$$q_{xy} = -d_{xx} \frac{a}{b} F_y \tag{3-12}$$

由式（3-12）看出，沿机械轴方向向晶片施加压力时，产生的电荷是与几何尺寸有关的，式中负号表示沿 y 轴的压力产生的电荷与沿 x 轴施加压力所产生的电荷是相反的。

石英晶体的介电常数和压电常数的温度稳定性好，机械强度很高，弹性系数较大，适合于测大量程的力和加速度，可以作为标准传感器、高精度传感器的压电元件，但价格比较高。

2）压电陶瓷的压电效应

压电陶瓷是人工制造的一种多晶压电体，它由无数的单晶组成，各单晶的自发极化方向是任意排列的，如图 3-12（a）所示。因此，虽然每个单晶具有强的压电效应，但组

成多晶后，各单晶的压电效应却互相抵消了，所以原始的压电陶瓷是一个非压电体，不具有压电效应。为了使压电陶瓷具有压电效应，就必须进行极化处理。所谓极化处理就是在一定的温度条件下，对压电陶瓷施加强电场，使极性轴转动到接近电场方向，规则排列，如图3-12（b）所示。这个方向就是压电陶瓷的极化方向，这时压电陶瓷具有了压电性，在极化电场去除后，留下了很强的剩余极化强度。当压电陶瓷受到力的作用时，极化强度就发生变化，在垂直于极化方向的平面上就会出现电荷。对于压电陶瓷，通常取它的极化方向为z轴。

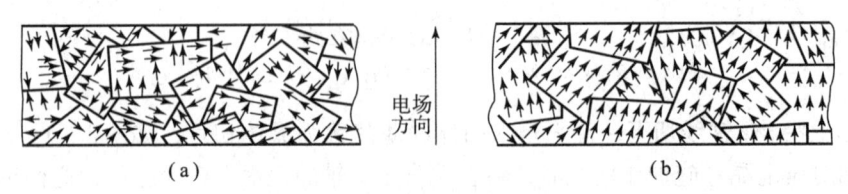

图3-12 压电陶瓷的极化
(a) 极化前；(b) 极化后

当压电陶瓷在沿极化方向受力时，则在垂直于z轴的表面上将会出现电荷，如图3-13(a)所示。电荷量q与作用力F_z成正比，即

$$q = d_{zz}F_z \tag{3-13}$$

式中 d_{zz}——纵向压电系数。

d_{zz}数值比石英晶体的压电系数大得多，所以采用压电陶瓷制作的压电式传感器灵敏度较高。

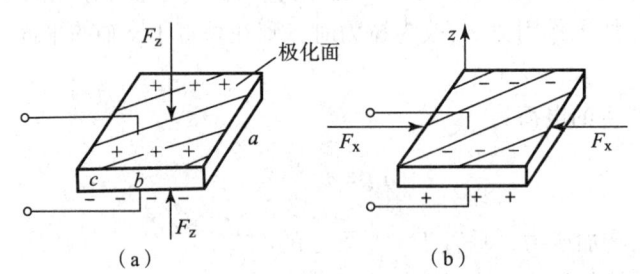

图3-13 压电陶瓷的等效电路
(a) z向施力；(b) x向施力

当沿x轴方向施加作用力F_x时，如图3-13(b)所示，产生的电荷同样出现在垂直于z轴表面上，大小为

$$q = \frac{A_z}{A_x}d_{zx}F_x \tag{3-14}$$

同理，当沿y轴方向施加作用力F_x时，在垂直于z轴表面上产生的电荷量为

$$q = \frac{A_z}{A_y}d_{zy}F_y \tag{3-15}$$

其中，A_x，A_y，A_z分别为垂直于x轴、y轴、z轴的晶片面积；d_{zx}，d_{zy}为横向压电系数，均为负值。

2. 压电材料的特性

选用合适的压电材料是压电式传感器的关键，一般应考虑以下主要特性进行选择。

①具有较大的压电常数。

②压电元件的机械强度高、刚度大，并具有较高的固有振动频率。

③具有高的电阻率和较大的介电常数，以便减少电荷的泄漏以及外部分布电容的影响。

④具有较高的居里点。所谓居里点是指压电性能破坏时的温度转变点。居里点高可以得到较宽的工作温度范围。

⑤压电材料的压电特性不随时间而改变，有较好的时间稳定性。

所以在压电式传感器中常用的压电元件材料主要有压电晶体（单晶体，主要是石英晶体）、经过极化处理的压电陶瓷（多晶体）和高分子压电材料。

（1）石英晶体。

石英晶体是一种性能良好的压电晶体，它的突出优点是性能非常稳定。在20℃~200℃的范围内压电常数的变化率只有 $-0.0001/℃$。此外，它还具有重复性好、固有频率高、动态特性好、线性范围宽等优点。石英晶体的不足之处是压电常数较小（$d = 2.31 \times 10^{-12}$C/N），因此石英晶体大多只在标准传感器、高精度传感器或使用温度较高的传感器中使用，而在一般要求的测量中，基本上采用压电陶瓷。

（2）压电陶瓷。

压电陶瓷制造工艺成熟，通过改变配方或掺杂微量元素可使材料的技术性能有较大改变，以适应各种要求。它具有良好的工艺性，可以方便地加工成各种需要的形状，在多数情况下，它比石英晶体的压电系数高得多，而制造成本较低，因此目前国内外生产的压电元件绝大多数都采用压电陶瓷。常用的压电陶瓷主要有以下几种。

①钛酸钡（$BaTiO_3$）压电陶瓷。具有较高的压电系数和介电常数，机械强度不如石英。

②锆钛酸铅 $Pb(Zr \cdot Ti)O_3$ 压电陶瓷（PZT）。压电系数较高，各项机电参数随温度、时间等外界条件的变化小，在锆钛酸铅的基方中添加一两种微量元素，可以获得不同性能的PZT材料。

③铌镁酸铅 $Pb(MgNb)O_3 - PbTiO_3 - PbZrO_3$ 压电陶瓷（PMN）。具有较高的压电系数，在压力大至70MPa仍能继续工作，可作为高温下的力传感器。

（3）高分子压电材料。

高分子压电材料是近年来发展很快的一种新型材料。典型的高分子压电材料有聚偏二氟乙烯（PVF_2）、聚氟乙烯（PVF）、改性聚氟乙烯（PVC）等。其中聚偏二氟乙烯的压电系数最高。

高分子压电材料是一种柔软的压电材料，可根据需要制成薄膜或电缆管等形状。它不易破碎，具有防水性，可以大量连续拉制，制成较大面积或较长的尺寸，因此价格便宜。其测量动态范围可达80dB，频率响应范围可从0.1Hz至10^9Hz。这些优点都是其他压电材料所不具备的。因此，在一些不要求测量精度的场合，如水声测量，防盗、振动测量等领域中获得应用。

3. 测量转换电路

（1）压电元件的等效电路。

压电元件在承受沿敏感轴方向的外力作用时，就产生电荷，因此相当于一个电荷发生器，当压电元件表面聚集电荷时，它又相当于一个以压电材料为介质的电容器，两电极板间的电容 C_a 为

$$C_a = \frac{\varepsilon_r \varepsilon_0 A}{d} \tag{3-16}$$

式中 A——压电元件电极面面积；

d——压电元件厚度；

ε_r——压电材料的相对介电常数；

ε_0——真空的介电常数。

压电元件可以等效为一个电压源和一个电容相串联的等效电路，又可以把压电元件等效为一个电荷源和一个电容相并联的等效电路，如图3-14所示。其中

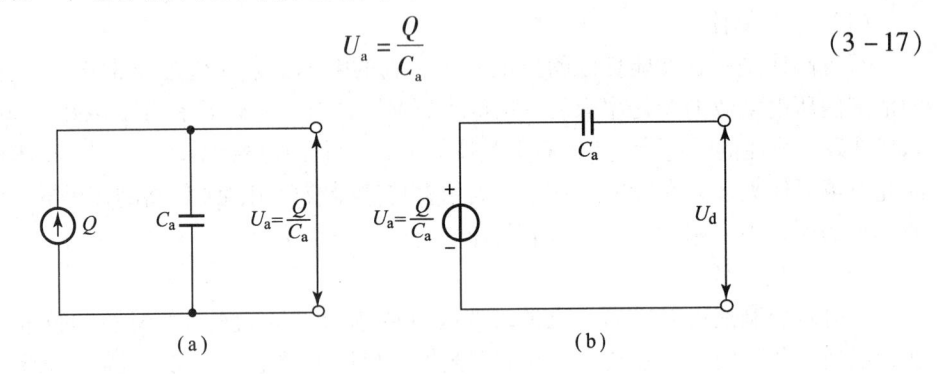

$$U_a = \frac{Q}{C_a} \tag{3-17}$$

图3-14 压电元件的等效电路

(a) 电荷源；(b) 电压源

压电传感器在实际使用时总要与测量仪器或测量电路相连接，因此还需考虑连接电缆的等效电容 C_c、放大器的输入电阻 R_i、输入电容 C_i 以及压电传感器的泄漏电阻 R_a。这样，压电传感器在测量系统中的实际等效电路如图3-15所示。

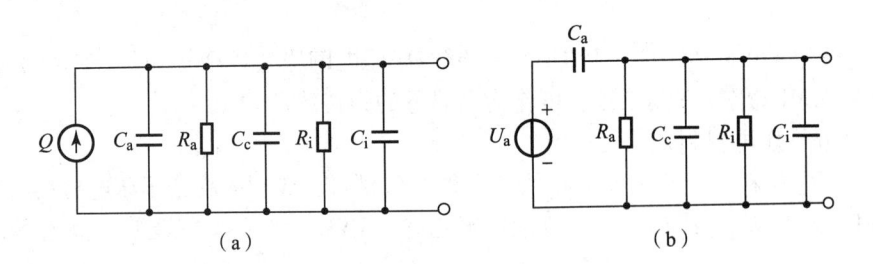

图3-15 压电传感器实际的等效电路

(a) 电荷源；(b) 电压源

(2) 压电式传感器的测量电路。

压电式传感器要求负载电阻 R_L 必须有很大的阻值，才能使测量误差小到一定的可以接受的数值以内。因此，常先接入一个高输入阻抗的前置放大器，然后再接一般的放大电路及其他电路。测量电路关键在高阻抗的前置放大器。前置放大器有两个作用：一是把压电式传感器的微弱信号放大；二是把传感器的高阻抗输出变换为低阻抗输出。根据压电式传感器的工作原理和等效电路，压电式传感器的输出可以是电压信号，也可以是电荷信号。因此，前置放大器也有两种形式，即电压放大器和电荷放大器。

①电压放大器。压电式传感器接电压放大器的等效电路如图3-16（a）所示。

图 3-16（b）所示为简化后等效电路，其中，u_i 为放大器输入电压。

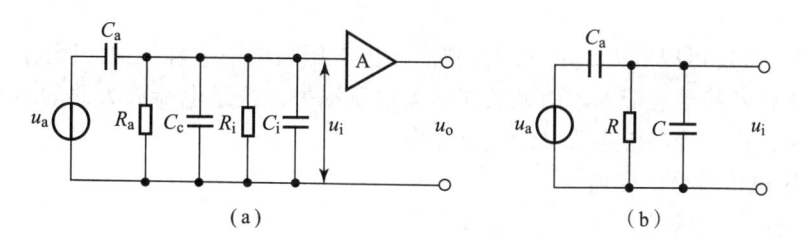

图 3-16　电压放大器电路原理图及其等效电路
(a) 电压放大器；(b) 放大器输入等效电路

在等效电路图 3-16（b）中，等效电阻 R 为

$$R = \frac{R_a R_i}{R_a + R_i} \tag{3-18}$$

等效电容 C 为

$$C = C_i + C_c \tag{3-19}$$

理想情况下放大器的输入电压 u_i 为

$$u_i = \frac{Q}{C + C_a} = \frac{Q}{C_c + C_i + C_a} \tag{3-20}$$

所以，电压放大器的输出与电缆线的电容 C_c、放大器的输入电容 C_i 有关，会影响测量效果。

②电荷放大器。电荷放大器是一种输出电压与输入电荷量成正比的前置放大器。它实际上是一个具有反馈电容的高增益运算放大器。图 3-17（a）所示是压电传感器与电荷放大器连接的等效电路。图中 C_f 为放大器的反馈电容，其余符号的意义与电压放大器相同。由于放大器的输入阻抗高达 $10^{10} \sim 10^{12} \Omega$，放大器输入端几乎没有分流，实际的等效电路如图 3-17（b）所示，电荷 Q 只对反馈电容 C_f 充电，充电电压接近放大器的输出电压。

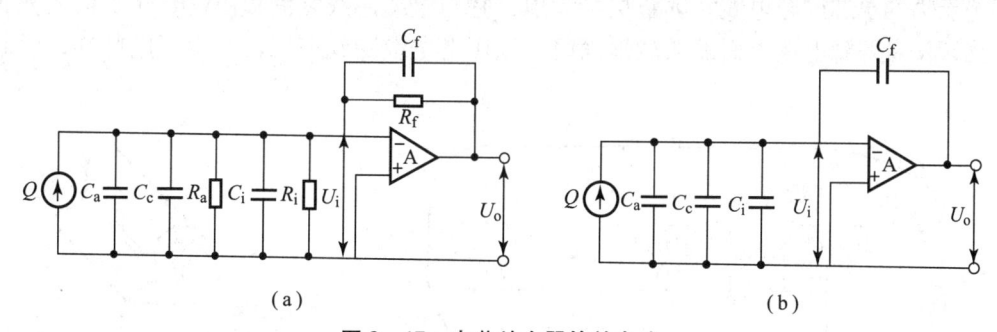

图 3-17　电荷放大器等效电路
(a) 电荷放大器；(b) 电荷放大器等效电路

电荷放大器的输出电压为

$$U_o = \frac{-AQ}{C_i + C_c + C_a + (1+A)C_f} \tag{3-21}$$

式中　A——开环放大倍数，常为 $10^4 \sim 10^6$。

因为 $A \gg 1$，在 $(1+A)C_f \gg C_i + C_c + C_a$ 时，放大器的输出电压可以表示为

$$U_\circ \approx -\frac{Q}{C_f} \qquad (3-22)$$

由式（3-22）可以看出，电荷放大器的输出电压与电缆电容无关。因此，电缆可以很长，可长达数百米甚至上千米，而灵敏度却无明显损失，这是电荷放大器的一个突出优点。因此在测量时，放大器与传感器可以任意互换。

4. 分析压电传感器的应用

（1）玻璃打碎报警装置。

玻璃破碎时会发出几千赫兹超声波（高于20kHz）的振动。将高分子压电薄膜粘贴在玻璃上，可以感受到这一振动，并将电压信号传送给集中报警系统，图3-18所示为某公司生产的高分子压电薄膜振动感应片示意图。使用时，用瞬干胶（502等）将其粘贴在玻璃上，当玻璃遭暴力打碎的瞬间，压电薄膜感受到剧烈振动，表面产生电荷 Q。在两个输出引脚之间产生窄脉冲电压 $u_\circ = Q/C_a$，C_a 是两电极之间的电容量。脉冲信号经放大后，用电缆输送到集中报警装置，产生报警信号。

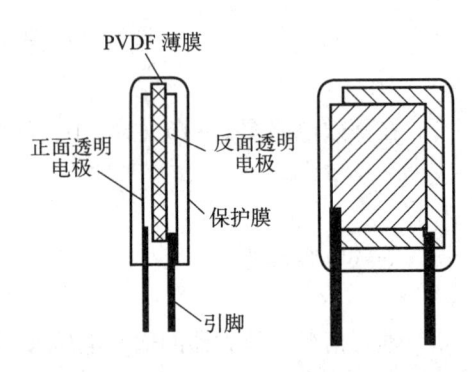

图3-18 高分子压电薄膜振动感应片

由于感应片很小，且透明，不易察觉，所以可安装于贵重物品柜台、展览橱窗、博物馆及家庭等玻璃窗角落处。

（2）压电式周界报警系统。

周界报警系统又称线控报警系统，它警戒的是一条边界包围的重要区域。当入侵者进入防范区内时，系统就会发出报警信号。

周界报警器最常见的是安装有报警器的铁丝网，但民用部门常使用隐蔽的传感器，如高分子压电电缆周界报警系统，如图3-19所示。在警戒区域的四周埋设多根以高分子压电材料为绝缘物的单芯屏蔽电缆。屏蔽层接大地，它与电缆芯线之间以PVDF介质构成分布电容。当入侵者踩到电缆上面的柔软地面时，该压电电缆受到挤压，产生压电脉冲，引起报

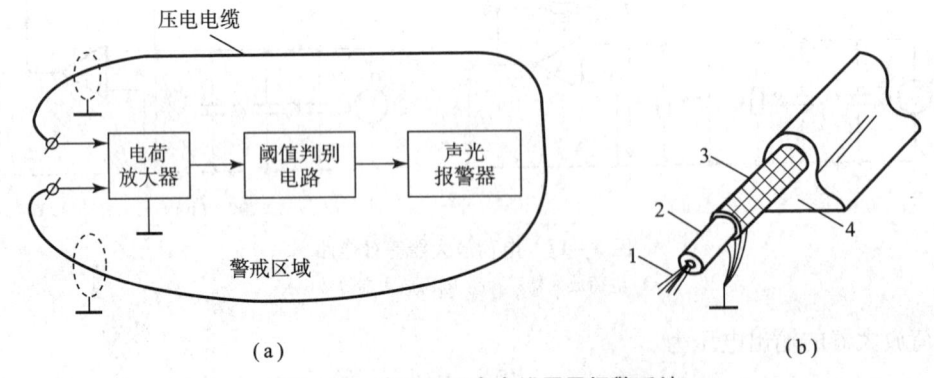

图3-19 高分子压电电缆周界报警系统

(a) 电缆周界报警系统框图；(b) 电缆内部结构

1—铜芯线（分布电容内电极）；2—管状高分子压电塑料绝缘层；
3—铜网屏蔽层（分布电容外电极）；4—橡胶保护层（承压弹性元件）

警。通过编码电路，还可以判断入侵者的大致方位。压电电缆可长达数百米，可警戒较大的区域，不易受电、光、雾、雨水等干扰，费用也较低。

（3）压电陶瓷用于动态力的检测。

图3-20所示为压电单向动态力传感器的结构。利用单向动态力传感器测量刀具切削力时，将压电动态传感器安装于车刀前端的下方，如图3-20所示。切削前，虽然车刀压紧在传感器上，压电晶片在压紧的瞬间也产生很多电荷，但在几秒后正、负电荷通过外电路的泄漏电阻中和了。在切削过程中，车刀在切削力的作用下，上下振动，将脉动力传递给单向动态力传感器。经电荷放大装置转换成电压信号，在记录仪上记录下切削力的变化，如图3-21所示。

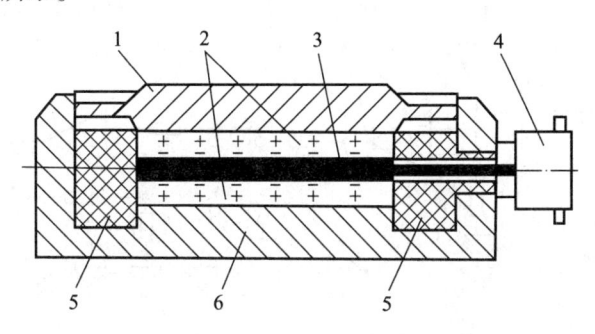

图3-20 压电式单向动态力传感器
1—传力上盖；2—压电晶片；3—电极；4—电极引出插头；5—绝缘材料；6—底座

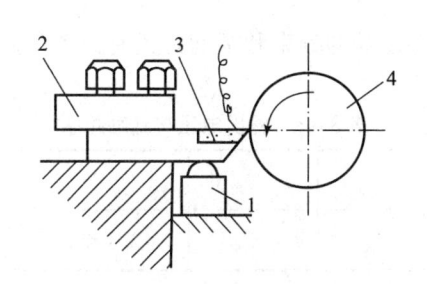

图3-21 刀具切削力测量示意图
1—单向动态力传感器；2—刀架；3—车刀；4—工件

二、任务实施

任务名称：压电式传感器测力训练

1. 训练目的

（1）了解压电式传感器的基本原理、结构及性能特点。

（2）掌握压电式传感器的测量转换电路。

（3）了解压电式传感器测量振动的原理和方法。

2. 训练设备

YL实验台、振动台、压电式传感器、检波器、移相器、低通滤波器模板、压电式传感器实训模板、双踪示波器。

3. 训练步骤

（1）观察压电式传感器的结构外形。

仔细观察压电式传感器的结构外形，它主要由压电陶瓷片及惯性质量块组成。

（2）线路安装。

①将压电式传感器安装于振动台面上。

②将压电式传感器输出两端插入压电式传感器实训模板两输入端，如图 3-22 所示，与传感器外壳相连的接线端接地，另一端接 R_1。将压电式传感器实训模板电路输出端 u_{o1} 接 R_6，u_{o2} 接入低通滤波器输入端 u_1，低通滤波器输出 u_o 与示波器相连。

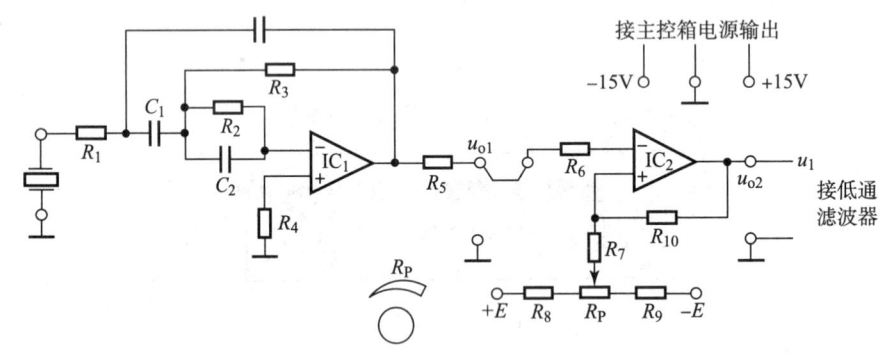

图 3-22 压电式传感器性能实验接线图

（3）测量及记录。

①接通电源，调节低频振荡器的频率和幅度旋钮使振动台振动，观察示波器波形。将观察结果记入表 3-3 中。

表 3-3 输出电压与激励频率

F/Hz						
峰-峰值/V						

②改变低频振荡器的频率，观察输出波形变化。

③用示波器的两个通道同时观察低通滤波器输入端和输出端波形。

4. 任务评价

完成训练任务后，进行任务检查和评价，评价表如下。

任务评价表

序号	内容	评价标准 优	评价标准 良	评价标准 合格	成绩比例/%	得分
1	基本理论	深刻理解并掌握与任务相关的理论知识点	熟悉与任务相关的理论知识点	了解与任务相关的理论知识点	30	
2	实践操作	能够熟练使用各种查询工具收集和查询相关资料，信息收集快速、准确、详细	能够较熟练地使用各种查询工具收集和查询相关资料，信息数据准确、完备	能够使用各种查询工具收集和查询相关资料，信息数据完整	30	

续表

序号	内容	评价标准 优	评价标准 良	评价标准 合格	成绩比例/%	得分
3	职业能力	具有突出的自主学习能力和分析解决问题能力,并具有创新意识	具有较好的学习能力和分析解决问题能力	能参与到学习讨论中,可以分析解决一些简单问题	20	
4	工作态度	具有严谨的科学态度和工匠精神,能够严格遵守"6S"管理制度	具有良好的科学态度和工匠精神,能够自觉遵守"6S"管理制度	具有基本的科学态度,能够遵守"6S"管理制度	10	
5	团队合作	具有优秀的团队合作精神和沟通交流能力,热心帮助小组其他成员	具有较好的团队合作精神和沟通交流能力,能帮助小组其他成员	具有一定的团队合作精神,能配合小组完成项目任务	10	(组员互评)
			合计		100	

三、拓展知识

微型传感器

1. 微机电系统

微机电系统（Micro-Electro Mechanical Systems，MEMS）是当今高科技发展的热点之一，欧洲称为微系统（Microsystem），日本称为微机械（Micromachine）。MEMS 系统主要包括微型传感器、执行器和相应的处理电路三部分。图 3-23 所示是一个典型 MEMS 系统与外部世界的相互作用示意图，作为输入信号的自然界各种信息，首先通过微型传感器转换成电信号，然后进行信号处理，微执行器则根据信号处理电路发出的指令自动完成人们所需要的操作。

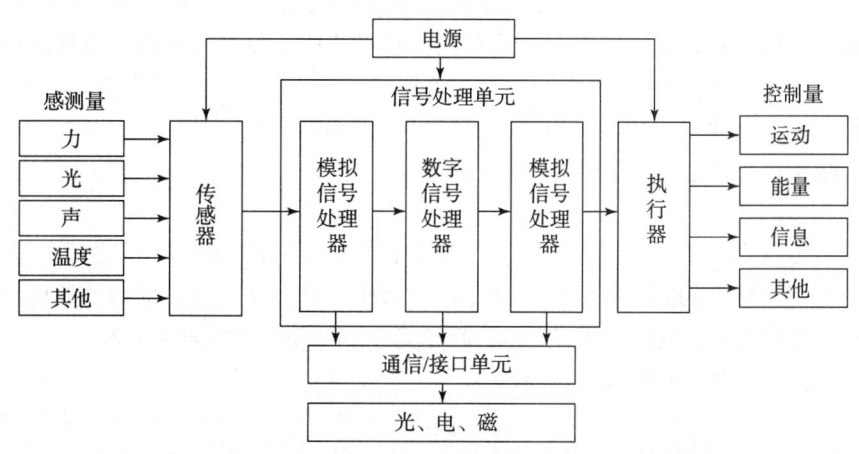

图 3-23 典型 MEMS 系统与外部世界的相互作用示意图

系统还能够以光、电等形式与外界通信，输出信号以供显示，或者与其他系统协同工作，构成一个更大的系统。

MEMS 系统的技术基础包括微系统设计技术、微机械材料、复杂可动结构微细加工、微装配和封装、微测量、微系统的集成与控制、微观与宏观接口等技术。微传感器、微致动器、微控制器是微系统的基础单元。

MEMS 系统的主要特征之一是它的微型化结构尺寸。因此，对系统零部件的加工通常采用微电子技术中对硅的加工工艺和精密制造与微细加工技术中对非硅材料的加工工艺，如刻蚀法、沉积法、腐蚀法、微加工法等。

当前，大量的新型微机电系统，如 MEMS DNA 探测器、测量生物细胞和大分子的微型流量计、微马达制作的直肠内窥镜、细小管道微机器人、微飞行器、掌上无人机、纳米机器人、隐形导弹等都在研制中。

2. 微型传感器

第一个硅微机械压力传感器于 1962 年问世。目前已经形成产品和正在研究的微型传感器有压力、温度、湿度、加速度、微陀螺、光学、电量、磁场、质量流量、气体成分、生物、浓度、触觉传感器等，主要用于汽车电子、医疗、工业控制系统和军事领域。

微型传感器（Micro Sensor）的敏感结构的尺寸非常微小，典型尺寸在微米级或亚微米级，体积只有传统传感器的几十分之一乃至几百分之一，重量也只有几十克乃至几克。但微传感器绝不是传统传感器按比例缩小的产物。这里简要介绍两种常见的微型传感器。

（1）压阻式微型压力传感器。

与金属的电阻应变效应相似，当对半导体施加外力时，除产生变形外，同时也改变了其载流子的运动状态，导致材料电阻率发生变化，这种现象叫做半导体压阻效应。由半导体压阻效应引起的电阻值的变化远远大于半导体几何尺寸变化引起的电阻值的变化，在数值上大约要高两个数量级。沿不同的方向施加压力，电阻的变化率也不同。半导体应变片的灵敏度系数一般为金属丝应变片的数十倍。

在图 3-24 所示的压阻式微型压力传感器测试单元中，硅片有压力作用时将产生弯曲，其上、下表面会发生伸展和压缩现象。在这些会出现伸长和压缩的位置上通过扩散和离子植入进行掺杂，从而形成相应的电阻，这些电阻随之伸长和压缩。有时还在同一硅片上形成温度补偿电阻，与工作电阻一起接到电桥电路中，以补偿受温度影响而产生的阻值变化。图 3-24（e）所示为用于测量管道和容器的压力，其中硅微型传感器被置于油室中，被测压力经过一个钢弹性膜片传至内室中，由微型传感器测试。

压阻式微型传感器还可用于测量加速度。

（2）电容式微型压力传感器。

电容式微型压力传感器由弹性敏感元件和电容变换器两部分组成，如图 3-25 所示。利用微机械加工工艺制作的圆形硅膜片，既是弹性敏感元件，又是电容变换器的可动极板。设圆形硅膜片的半径为 a，铝电极半径为 b，膜厚为 h，两极板初始间隙为 δ_0。

零压力作用时，即 $p=0$，初始电容为

$$C_0 = \frac{\varepsilon_0 \pi b^2}{\delta_0} \qquad (3-23)$$

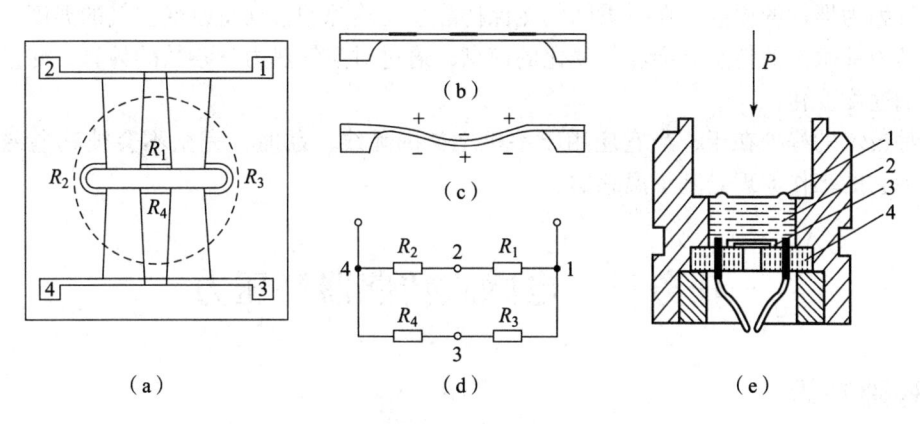

图 3-24 压阻式微型压力传感器测试单元
(a) 具有掺杂电阻的硅片;(b) 硅片未受力作用时;(c) 硅片受力作用时;
(d) 掺杂电阻组成的电桥;(e) 传感器结构截面
1—钢膜片;2—油室;3—硅片;4—电连续

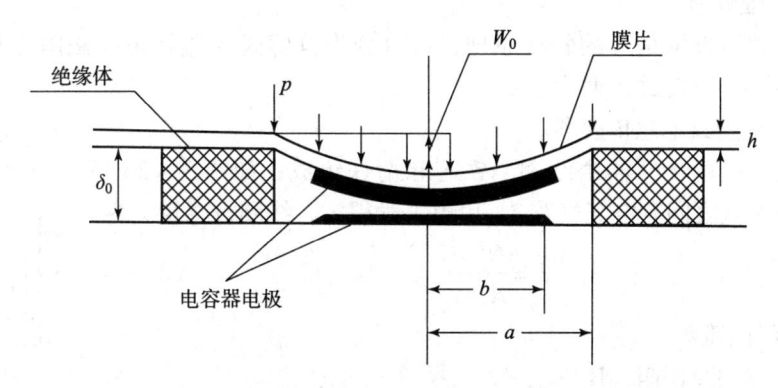

图 3-25 圆膜片电容式压力传感器示意图

膜片两侧压力差 $p \neq 0$,膜片产生弯曲,膜片中心最大位移量为

$$W_0 = \frac{3a^4(1-\mu^2)}{16Eh^3}p \tag{3-24}$$

当 $W_0 \ll \delta_0$ 时,电容量为

$$C = C_0\left[1 + \left(1 - \frac{b^2}{a^2} + \frac{b^4}{3a^4}\right)\frac{3a^4(1-\mu^2)}{16Eh^3\delta_0}p\right] \tag{3-25}$$

式(3-25)表明,电容量 C 与被测压力差 p 呈线性关系。

由微机械加工工艺制作的微米尺寸的电容变换器电容值很小,在压力作用下的变化更小,这时要采用集成电路工艺技术与微机械加工工艺技术,将信号调理电路与压敏电容变换器做在同一芯片上,连接导线的杂散电容小,并且稳定,在这样的条件下微小尺寸的电容变换器才具有实际的使用价值。

(3) 热感应式微型压力传感器。

这种传感器的芯片采用热力学原理来测量速度的变化。芯片中的测量介质是空气,被密封在芯片中,芯片的中间有一个热源,当被检物体受到外力作用产生运动或者加速度的时候，空气因为惯性的原因，在一瞬间仍然保持静止，热源的移动将改变空气的温度、密度及压强，其内部敏感的传感器会收集变化的信息，通过对空气热力学参数的计算，测量出当前物体的加速度变化。

这种技术的好处在于，当它应用于手机之类的无线产品时，完全不会被其电磁波所干扰，因为它的工作原理是基于温感的。

任务三　电感式传感器测压力

一、基础知识

电感式传感器的基本原理是电磁感应原理，即利用电磁感应将被测量（如压力、位移等）转换为电感量的变化输出，再经测量转换电路，将电感量的变化转换为电压或电流的变化，以此来实现非电量检测。

1. 工作原理分析

电感式传感器根据信号的转换原理，可以分为自感式（包括可变磁阻式和电涡流式）和互感式（差动变压器式）两大类。

（1）可变磁阻式电感传感器。

可变磁阻式电感传感器由线圈、铁芯和衔铁组成，如图3-26所示，在铁芯与衔铁之间有空气气隙 δ。由电工学得知，线圈自感量 L 为

$$L = \frac{N^2}{R_m} \qquad (3-26)$$

式中　N——线圈匝数；

R_m——磁路总磁阻，H^{-1}。

如果空气气隙 δ 较小，不考虑磁路的铁损，且铁芯磁阻远小于空气气隙的磁阻，则总磁阻为

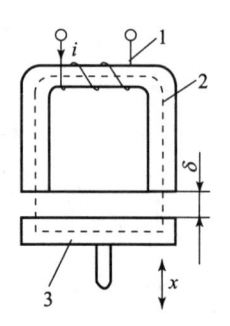

$$R_m = \frac{2\delta}{\mu_0 A_0} \qquad (3-27)$$

图3-26　可变磁阻式传感器

1—线圈；2—铁芯；3—衔铁

将式（3-27）代入式（3-26）中，则

$$L = \frac{N^2 \mu_0 A_0}{2\delta} \qquad (3-28)$$

式中　μ_0——空气磁导率，$\mu_0 = 4\pi \times 10^{-7} H/m$；

A_0——空气气隙导磁截面积，m^2。

由式（3-28）可以看出，改变 N、A_0、δ 可以改变自感量 L 的值。可变磁阻式传感器的典型结构有可变导磁面积型、变间隙型、螺线管型，如图3-27所示。

图3-27（a）所示为可变导磁面积型可变磁阻式传感器，其自感 L 与 A_0 呈线性关系，但这种传感器灵敏度较低。

图3-27（b）所示为差动型可变磁阻式传感器，衔铁移动时可以使两个线圈的间隙分别按 $\delta_0 + \Delta\delta$、$\delta_0 - \Delta\delta$ 变化。一个线圈的自感增加，另一个线圈的自感减小。将两个线圈接

于电桥的相邻桥臂时,其输出灵敏度可提高 1 倍,并改善了线性特性。

图 3-27(c)所示为单螺管线圈型可变磁阻式传感器。当铁芯在线圈中运动时,将改变磁阻,使线圈自感发生变化。这种传感器结构简单、制造容易,但灵敏度低,适用于较大位移(毫米级)测量。

图 3-27(d)所示为双螺管线圈差动型可变磁阻式传感器,较之单螺管型有较高灵敏度及线性,被用于电感测微计上,常用测量范围为 $0\sim300\mu m$,最小分辨力为 $0.5\mu m$。

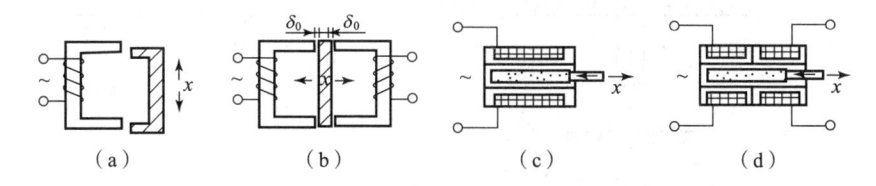

图 3-27 可变磁阻式电感传感器典型结构
(a)可变导磁面积型;(b)差动型;(c)单螺管线圈型;(d)双螺管线圈差动型

(2)电涡流式传感器。

电涡流式传感器是利用金属导体在交流磁场中的电涡流效应工作的传感器。图 3-28 所示为电涡流式传感器的工作原理图,当激励线圈中有交变电流存在时,线圈周围空间必然产生交变磁场,若此时将金属导体靠近线圈,就会在金属导体中感应电涡流,电涡流的存在又产生新的交变磁场,该磁场与激励线圈产生的磁场方向相反,从而消耗一部分磁场能量,导致激励线圈阻抗发生变化。根据线圈阻抗的变化,完成表面为金属导体物体的多种物理量(如位移、振动、厚度、应力、硬度等参数)的测量。这种传感器也可用于无损探伤。

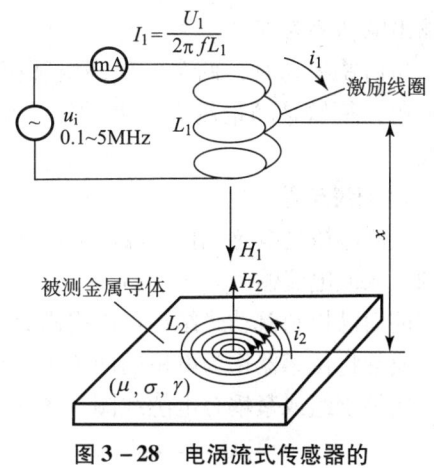

图 3-28 电涡流式传感器的工作原理示意图

电涡流线圈需要采用高频信号电压源作为激励源。这是因为金属感应的电涡流在纵深方向上并不均匀,主要集中在金属表面,这种现象称为集肤效应。而激励源频率越高,集肤效应越严重,越有利于检测。

电涡流式传感器结构简单,频率响应宽,灵敏度高,测量范围大,抗干扰能力强,特别是具有非接触测量的优点,因此得到广泛应用。

(3)差动变压器。

差动变压器的工作原理类似变压器的工作原理。这种类型的传感器主要包括衔铁、一次绕组和二次绕组等。一次、二次绕组间的互感量能随衔铁的移动而变化。由于在使用时采用两个二次绕组反向串接,以差动方式输出,所以把这种传感器称为差动变压器式电感传感器,通常简称差动变压器。图 3-29(a)所示为差动变压器的结构示意图,图 3-29(b)所示为其原理图。

对于差动变压器,当衔铁处于中间位置时,两个二次绕组与一次绕组间的互感相同,即 $M_1=M_2$,因而由一次侧激励引起的感应电动势相同。由于两个二次绕组反向串接,所以差

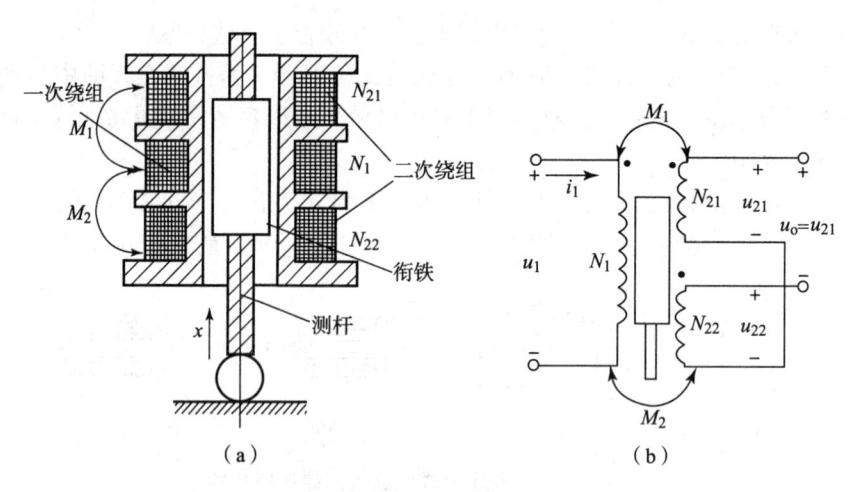

图 3-29 螺线管式差动变压器
(a) 结构图；(b) 原理图

动输出电动势为零。

当衔铁移动时，两个二次绕组感应电动势不同，差动输出电动势不为零。在传感器的量程内，衔铁移动量越大，差动输出电动势就越大。移动方向不同，输出的电动势方向相反。

2. 测量电路

交流电桥是电感式传感器的主要测量电路，它的作用是将线圈电感的变化转换成电桥电路的电压或电流输出。

前面已提到差动式结构可以提高灵敏度、改善线性，所以交流电桥也多采用半桥工作形式。通常将传感器作为电桥的两个工作臂，电桥的平衡臂可以采用纯电阻，也可以是变压器的二次侧绕组或紧耦合电感线圈。图 3-30 所示为交流电桥的几种常用形式。

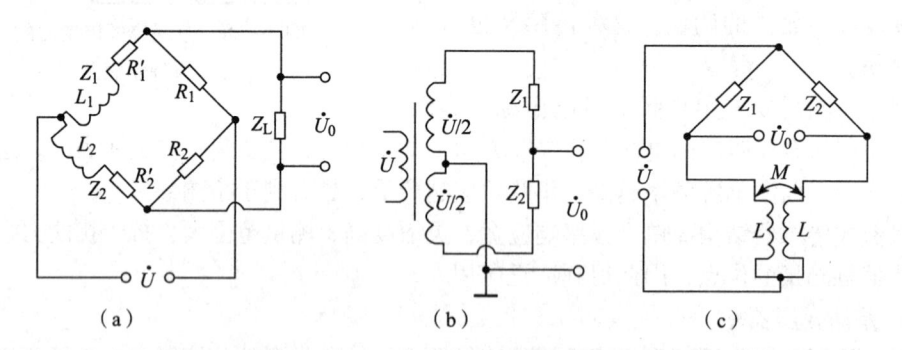

图 3-30 交流电桥的几种常用形式
(a) 电阻平衡臂电桥；(b) 变压器式电桥；(c) 紧耦合电感臂电桥

3. 电感式传感器的压力检测

在电感式传感器中，常用于压力检测的大都是采用变间隙式电感作为检测元件，它和弹性元件组合在一起构成电感式压力传感器。图 3-31 所示是气隙电感式压力传感器的结构图，它由膜盒、铁芯、衔铁及线圈等组成，衔铁与膜盒的上端连在一起。

当压力进入膜盒时，膜盒顶端在压力 P 的作用下产生与压力 P 大小成正比的位移，于是衔铁也发生移动，从而使气隙 δ 发生变化，流过线圈的电流也发生相应的变化。电流指示值就反映出被测压力的大小。

生产中用于控制或远程显示压力和压差检测的还有差压变送器，图 3-32 所示是差压变送器的工作原理图。差压变送器的中间膜片在压力 $\Delta P = P_1 - P_2$ 的作用下产生变形，通过连杆带动铁芯移动，改变其在差压变送器中的位置。差压变送器两个二次绕组上的感应电压不同，将差压信号转换成电压信号输出。

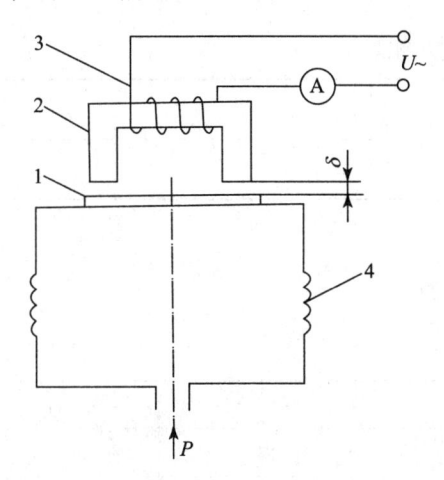

图 3-31 气隙电感式压力传感器的结构
1—衔铁；2—铁芯；3—线圈；4—膜盒

图 3-32 差压变送器的工作原理

二、任务实施

任务名称：电感式压力变送器测压力训练

1. 训练目的

（1）了解电感式压力变送器的基本原理、结构。
（2）掌握二线制变送器与显示仪表、负载等的连接方法。
（3）掌握压力变送器的应用。
（4）了解电感式传感器对微小位移的检测方法。

2. 训练设备

24V 电源箱、YSG-3 型电感式压力变送器（也可以采用 YSG-2 型/220V 交流供电）、电流表、YL 系列实验台。

3. 训练步骤

（1）观察电感式压力变送器。
观察电感式压力变送器的外形及接线方式。
（2）接线并测量记录。
①按照图 3-33 所示接线示意图完成接线。压力变送器通过气动减压阀接气源。

图 3-33 YSG-3 型电感式压力变送器接线示意图

②通电通气后，从小到大改变气源压力，分别从压力指示表和电流表上读出压力和电流值，并填入表 3-4 中。

表 3-4 压力变送器压力测试

压力/MPa									
输出电流/mA									

4. 任务评价

完成训练任务后，进行任务检查和评价，评价表如下。

任务评价表

序号	内容	评价标准			成绩比例/%	得分
		优	良	合格		
1	基本理论	深刻理解并掌握与任务相关的理论知识点	熟悉与任务相关的理论知识点	了解与任务相关的理论知识点	30	
2	实践操作	能够熟练使用各种查询工具收集和查询相关资料，信息收集快速、准确、详细	能够较熟练地使用各种查询工具收集和查询相关资料，信息数据准确、完备	能够使用各种查询工具收集和查询相关资料，信息数据完整	30	
3	职业能力	具有突出的自主学习能力和分析解决问题能力，并具有创新意识	具有较好的学习能力和分析解决问题能力	能参与到学习讨论中，可以分析解决一些简单问题	20	
4	工作态度	具有严谨的科学态度和工匠精神，能够严格遵守"6S"管理制度	具有良好的科学态度和工匠精神，能够自觉遵守"6S"管理制度	具有基本的科学态度，能够遵守"6S"管理制度	10	
5	团队合作	具有优秀的团队合作精神和沟通交流能力，热心帮助小组其他成员	具有较好的团队合作精神和沟通交流能力，能帮助小组其他成员	具有一定的团队合作精神，能配合小组完成项目任务	10	（组员互评）
			合计		100	

三、拓展知识

微压力变送器

图 3-34（a）所示是微压力变送器的结构示意图。它将差动变压器和弹性敏感元件（膜片、膜盒和弹簧管等）相结合组成了压力传感器。在无压力作用时，膜盒在初始状态，与膜盒连接的衔铁位于差动变压器线圈的中部。当压力输入膜盒后，膜盒的自由端产生位移并带动衔铁移动，差动变压器产生正比于压力的输出电压。其应用电路如图 3-34（b）所示，由相敏检波电路和滤波电路组成。

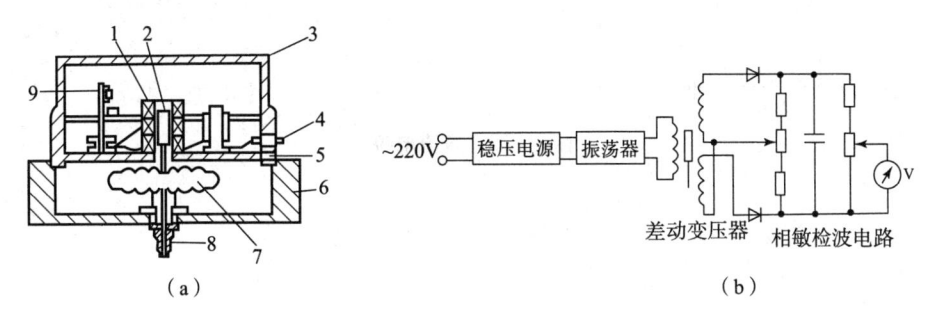

图 3-34 微压力变送器
（a）结构示意图；（b）应用电路
1—差动变压器；2—衔铁；3—罩壳；4—插头；5—通孔；6—底座；
7—膜盒；8—接头；9—线路板

巩固与练习

一、填空题

1. 电阻应变片是利用金属和半导体材料的_____工作的，它将材料的应变转换为_____变化。
2. 某自感式传感器线圈的匝数为 N，磁路的磁阻为 R_m，则其自感为_____。
3. 使直流电桥输出电压为零的条件是_____。
4. 压电式传感器中的压电材料主要有_____、_____和_____。
5. 自感式传感器通过改变_____、_____和_____从而改变线圈的自感量，可将该类传感器分为_____、_____和_____。

二、简答题

1. 直流测量电桥和交流测量电桥有什么区别？
2. 应变片的温度补偿方法有哪些？其各自特点是什么？
3. 什么是应变效应？什么是压电效应？什么是涡流效应？
4. 为什么电感式传感器一般都采用差动形式？

三、计算题

图 3-35 所示为一直流电桥，供电电源电动势 $E=3V$，$R_3=R_4=100\Omega$，R_1 和 R_2 为相同

型号的电阻应变片,其电阻均为 100Ω,灵敏度系数 $K=2.0$。两只应变片分别粘贴于等强度梁同一截面的正、反两面。设等强度梁在受力后产生的应变为 $5\,000\mu\varepsilon$,试求此时电桥输出端电压 U_0。

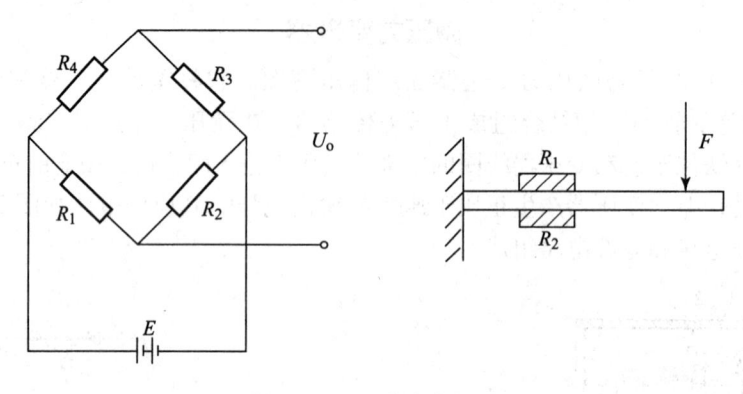

图 3-35 直流电桥

项目四

位置检测

本项目知识结构图

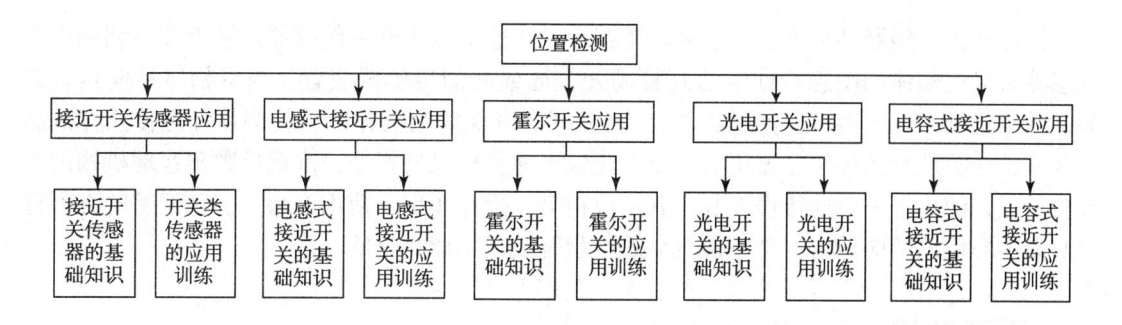

```
                          位置检测
    ┌──────────┬──────────┬──────────┬──────────┬──────────┐
接近开关传感器应用  电感式接近开关应用  霍尔开关应用   光电开关应用   电容式接近开关应用
  ┌────┬────┐    ┌────┬────┐    ┌────┬────┐   ┌────┬────┐   ┌────┬────┐
接近开  开关类   电感式  电感式   霍尔开  霍尔开   光电开  光电开   电容式  电容式
关传感  传感器   接近开  接近开   关的基  关的应   关的基  关的应   接近开  接近开
器的基  的应用   关的基  关的应   础知识  用训练   础知识  用训练   关的基  关的应
础知识  训练    础知识  用训练                                    础知识  用训练
```

知识目标

1. 了解各类接近开关传感器的作用
2. 掌握各类接近开关传感器的基础知识

技能目标

1. 能正确识别常用接近开关传感器
2. 熟悉各类接近开关传感器的外部接线、安装及应用情况
3. 掌握各类接近开关传感器位置检测的方法

素质目标

1. 培养团队合作精神
2. 培养严谨的科学态度和精益求精的工匠精神
3. 养成工位整理清扫的习惯

在自动化生产装置、机床以及其他工业生产过程中常要对某可动部件的动作位置进行检测定位，或者判断是否有工件存在。此时只需用开关形式判断其位置或状态即可，提供这类检测主要是用接近开关传感器。

接近开关传感器具有使用寿命长、工作可靠、重复定位精度高、无机械磨损、无火花、无噪声、抗振能力强等特点。因此，到目前为止，接近开关传感器的应用范围日益广泛，其自身的发展和创新的速度也极其迅速。

接近开关类传感器主要有电感式接近开关、霍尔开关、光电开关、电容式接近开关、热释电式接近开关等，本模块主要介绍电感式接近开关、霍尔开关、光电开关、电容式接近开关的工作原理，并练习使用这些传感器。

任务一　接近开关传感器应用

接近开关传感器又称无触点接近传感器，是理想的电子开关传感器。接近开关利用位移传感器对接近物体的敏感特性来达到控制开关通或断的传感器装置。当有物体移向接近开关，并接近到一定距离时，传感器才有"感知"，开关才会动作。被检测体接近传感器的感应区域，开关就能无接触、无压力、无火花地迅速发出电气指令，准确反映出运动机构的位置和行程，使用于一般的行程控制。其定位精度、操作频率、使用寿命、安装调整的方便性和对恶劣环境的适应能力，是一般机械式行程开关所不能相比的。

一、基础知识

1. 接近开关传感器的类型

接近开关传感器种类较多，按供电形式的不同可分为直流型和交流型两大类；按使用的方法不同可分为接触式和非接触式两大类；按输出形式可分为直流两线制、直流三线制、直流四线制、交流两线制和交流三线制；按传感器的工作原理又可分为电感式接近开关、电容式接近开关、霍尔开关、光电开关等，见表4-1。

表4-1　按工作原理分类的各类接近开关

类　型	外　形　图	特　点
电感式接近开关		利用电涡流原理制成的非接触式开关元件，被测物必须是导体，有效监测距离非常近
电容式接近开关		利用变介电常数电容传感器原理制成的非接触开关式元件，被测物不限于导体，可以是绝缘的液体或粉状物，有效检测距离较电感式远

续表

类　型	外　形　图	特　点
霍尔开关		利用霍尔效应原理制成的非接触式开关元件，被测物必须是磁性物体，灵敏度高，定位准确
光电开关		利用被测物对光束的遮挡或反射，加上内部选通电路，来检测无粉尘物体的有无，被测物需对光的反射能力好，且对环境要求严格

2. 接近开关传感器的接线方式

接近开关传感器输出多由 NPN、PNP 型晶体管输出，输出状态有常开（NO）和常闭（NC）两种形式。PNP 输出接近开关一般应用在 PLC 或计算机中作为控制指令较多，NPN 输出接近开关用于控制直流继电器较多，在实际应用中要根据控制电路的特性选择其输出形式。外部接线常见的是二线制、三线制、四线制和五线制，连接导线多采用 PVC 外皮、PVC 芯线，芯线颜色多为棕色（brown）-电源线、蓝色（blue）-地线、黑色（black）-信号输出线、黄色（yellow）-信号输出线。不同的产品芯线颜色可能不同，使用时应仔细查看说明书。表 4-2 所示为接近开关的主要接线方式。

表 4-2　接近开关的主要接线方式

线制	NPN 输出	PNP 输出
交流二线制	NO 型	NC 型
直流二线制	NO 型	NC 型

续表

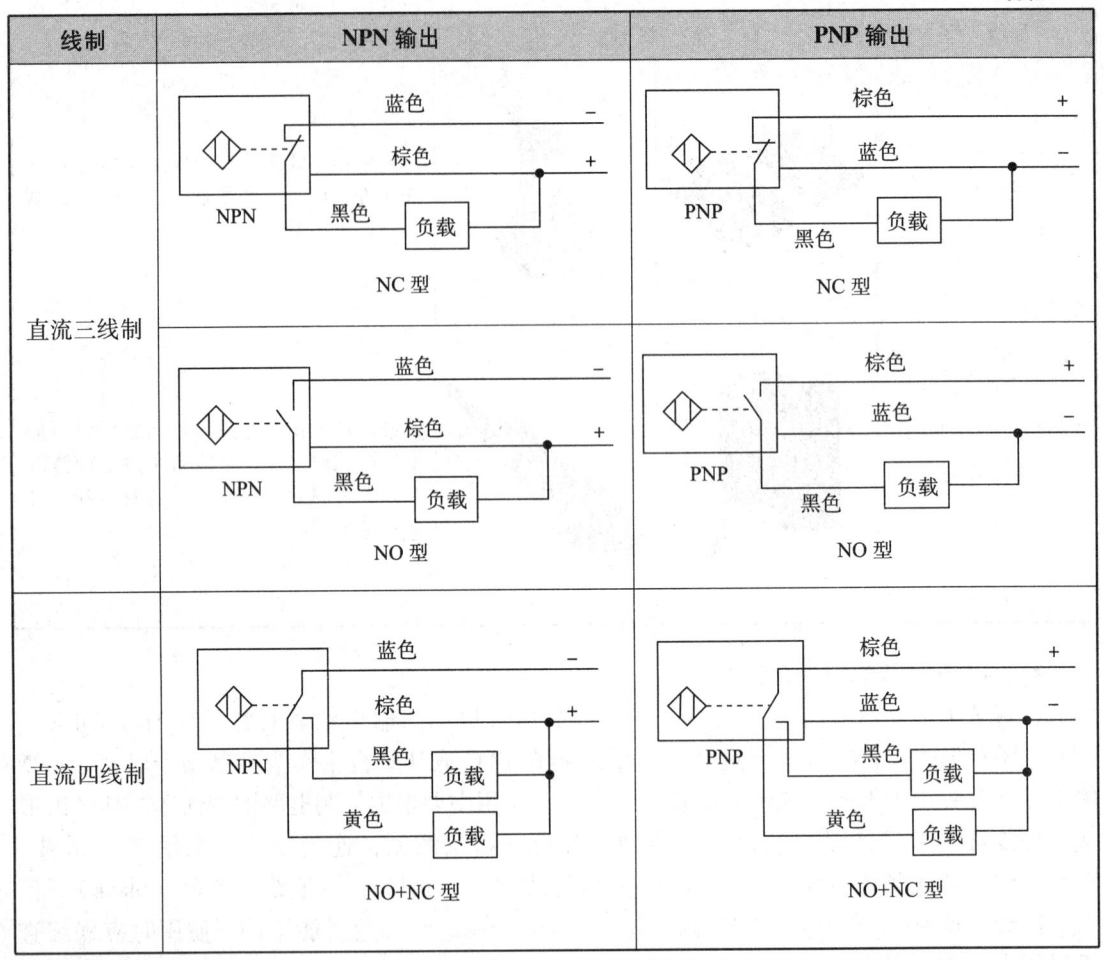

线制	NPN 输出	PNP 输出
直流三线制	NPN，蓝色(−)、棕色(+)、黑色接负载 NC 型；NPN，蓝色(−)、棕色(+)、黑色接负载 NO 型	PNP，棕色(+)、蓝色(−)、黑色接负载 NC 型；PNP，棕色(+)、蓝色(−)、黑色接负载 NO 型
直流四线制	NPN，蓝色(−)、棕色(+)、黑色接负载、黄色接负载 NO+NC 型	PNP，棕色(+)、蓝色(−)、黑色接负载、黄色接负载 NO+NC 型

(1) NPN 类。

NPN 是指当有信号触发时，信号输出线和地线连接，相当于输出低电平。

对于 NPN – NO 型，在没有信号触发时，信号输出线是悬空的，就是地线和信号输出线断开；有信号触发时，输出线与地线具有相同的电压，也就是地线和信号输出线连接，输出低电平。

对于 NPN – NC 型，在没有信号触发时，信号输出线输出与地线相同的电压，也就是地线和信号输出线连接，输出低电压；当有信号触发时，信号输出线是悬空的，就是地线和信号输出线断开。

(2) PNP 类。

PNP 是指当有信号触发时，信号输出线和电源线连接，相当于输出高电平的电源线。

对于 PNP – NO 型，在没有信号触发时，信号输出线是悬空的，就是电源线和信号输出线断开；有信号触发时，信号输出线输出与电源相同的电压，也就是电源线和信号输出线连接，输出高电平。

对于 PNP – NC 型，在没有信号触发时，信号输出线输出与电源相同的电压，也就是电源线和信号输出线连接，输出高电平；当有信号触发时，信号输出线是悬空的，也就是电源线和信号输出线断开。

对于 NPN – NO + NC 型和 PNP – NO + NC 型类似，仅多出一个输出线，可根据需要取舍。

3. 接近开关传感器的选型

对于不同材质的检测体和不同的检测距离，应选用不同类型的接近开关，以使其在系统中具有高的性价比，为此在选型中应遵循以下原则。

（1）当检测体为金属材料时，应选用高频振荡型接近开关，该类型接近开关对铁、镍、钢类检测体最灵敏；对铝、黄铜和不锈钢类检测体，其检测灵敏度就低。

（2）当检测体为非金属材料时，如木材、纸张、塑料、玻璃和水等，应选用电容型接近开关。

（3）金属和非金属要进行远距离检测与控制时，应选用光电型接近开关或超声波型接近开关。

（4）对于检测体为金属时，若检测灵敏度要求不高时，可选用价格低廉的磁性接近开关或霍尔式接近开关。

4. 接近开关传感器的应用

接近开关传感器广泛地应用于机床、冶金、化工、轻纺和印刷等行业。以下给出接近开关传感器的应用实例。

（1）生产线工件计数。

图 4-1 所示为生产线工件计数装置的示意图。产品在传送带上运行时，不断地遮挡光源到光敏器件间的光路，使光电脉冲电路随着产品的有无产生一个个电脉冲信号。产品每遮光一次，光电脉冲电路便产生一个脉冲信号。因此，输出的脉冲数即代表产品的数目。该脉冲数经计数电路计数并由显示电路显示出来。

（2）机械手限位。

在自动化生产线中使用着各种各样的机械手，它们不停地从事着搬运

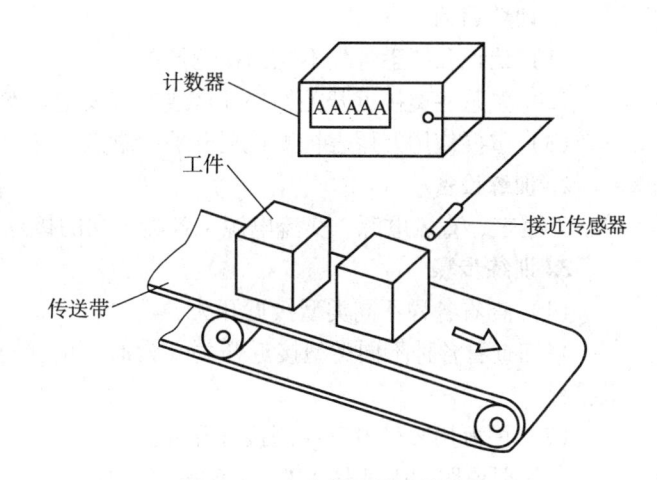

图 4-1　生产线工件计数装置

工件的工作。为保证机械手抓取及放置工件的准确性，往往采用接近开关传感器对它们的运动进行定位。图 4-2 所示为机械手左右运动限位的控制示意图。传感器分别设置在机械手需要限位的位置，当机械手臂左右靠近接近开关传感器时，传感器感知到机械手臂的接近，并在其达到规定的检出距离时输出控制信号，经执行机构使机械手停止运行或反方向退回。

（3）生产工件加工定位。

在机械加工自动生产线上，也可以使用接近开关传感器进行零件的加工定位，如图 4-3 所示。当传送机构将加工的零部件运送到靠近传感器位置时，传感器根据规定的检出距离发出控制信号，使传送机构停止运行，此时刀具对零部件进行加工。

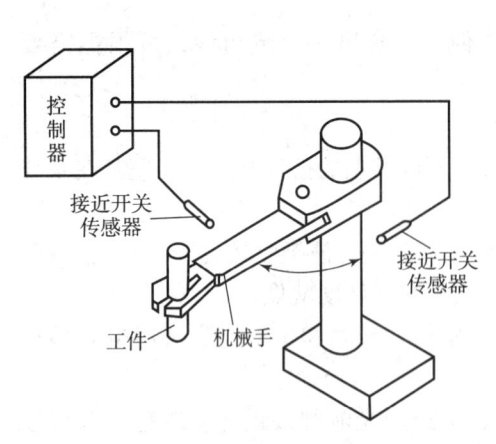

图 4-2　机械手运动限位的控制示意图　　　图 4-3　生产线工件加工定位

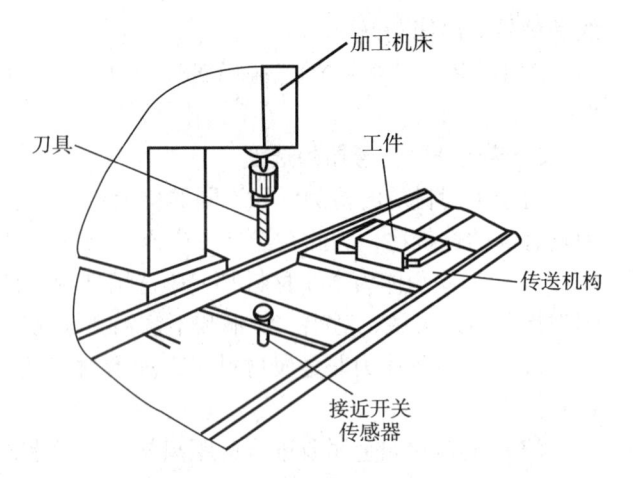

二、任务实施

任务名称：接近开关接线训练

1. 训练目的

（1）认识和熟悉各类不同的接近开关。

（2）熟悉各类接近开关的外部接线方式及主要参数指标。

（3）掌握使用万用表检测接近开关的触点好坏。

2. 训练设备

万用表、直流电源、交流电源、各类不同的接近开关、信号灯、白炽灯、继电器。

3. 训练步骤

（1）查看各种不同类型接近开关。

仔细查看各种不同类型接近开关（含有坏的接近开关）的外部接线方式及主要技术参数指标。

（2）用万用表检测三线制接近开关。

①根据说明判断其是 NPN 型还是 PNP 型。

②使用万用表检测三线制接近开关输出信号线的电压。

③比较 NO 与 NC 的电压输出。

（3）交流二线制和直流二线制接近开关的应用。

选用交流二线制和直流二线制接近开关，根据使用说明图及其主要技术参数指标，设计完成图 4-4 所示的控制电路图。要求在没有物体接近时灯泡不亮，当有物体接近时灯泡亮。

4. 任务评价

完成训练任务后，进行任务检查和评价，评价表如下。

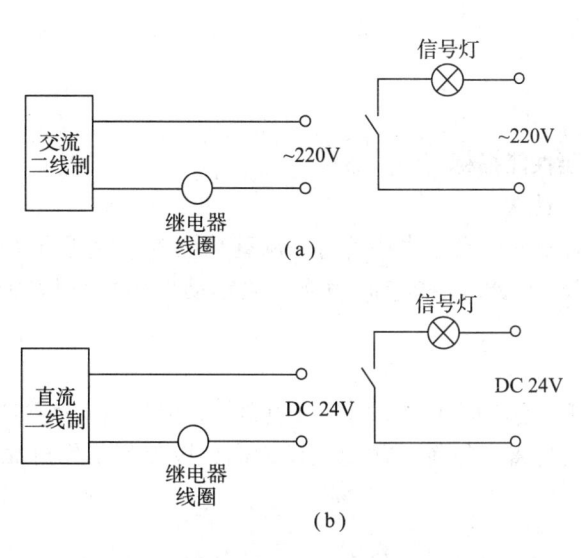

图 4-4 交流二线制和直流二线制接近开关的应用

(a) 交流二线制；(b) 直流二线制

任务评价表

序号	内容	评价标准 优	评价标准 良	评价标准 合格	成绩比例/%	得分
1	基本理论	深刻理解并掌握与任务相关的理论知识点	熟悉与任务相关的理论知识点	了解与任务相关的理论知识点	30	
2	实践操作	能够熟练使用各种设备和工具，快速、准确地完成任务，并有一定的创新	能够较熟练地使用各种设备和工具，准确、按时地完成任务	能够使用各种设备和工具，基本准确、按时地完成任务	30	
3	职业能力	具有突出的自主学习能力和分析解决问题能力，并具有创新意识	具有较好的学习能力和分析解决问题能力	能参与到学习讨论中，可以分析解决一些简单问题	20	
4	工作态度	具有严谨的科学态度和工匠精神，能够严格遵守"6S"管理制度	具有良好的科学态度和工匠精神，能够自觉遵守"6S"管理制度	具有基本的科学态度，能够遵守"6S"管理制度	10	
5	团队合作	具有优秀的团队合作精神和沟通交流能力，热心帮助小组其他成员	具有较好的团队合作精神和沟通交流能力，能帮助小组其他成员	具有一定的团队合作精神，能配合小组完成项目任务	10	（组员互评）
			合计		100	

三、拓展知识

1. 接近开关的主要性能指标

（1）动作（检测）距离。

动作距离是指检测体按一定方式移动时，从基准位置（接近开关的感应表面）到开关动作时测得的基准位置到检测面的空间距离。额定动作距离是指接近开关动作距离的标称值。

（2）设定距离。

设定距离指接近开关在实际工作中的整定距离，一般为额定动作距离的0.8倍。被测物与接近开关之间的安装距离一般等于额定动作距离，以保证工作可靠。安装后还须通过调试，然后紧固。

（3）复位距离。

接近开关动作后，又再次复位时的与被测物的距离，它略大于动作距离。

（4）回差值。

动作距离与复位距离之间的绝对值。回差值越大，对外界的干扰以及被测物的抖动等的抗干扰能力就越强。

（5）响应频率 f。

按规定，在1s的时间间隔内，接近开关动作循环的最大次数，重复频率大于该值时接近开关无反应。

（6）响应时间 t。

接近开关检测到物体时刻到接近开关出现电平状态翻转的时间之差。可用公式换算：$t = \frac{1}{f}$。

接近开关的检测距离与回差如图4-5所示，响应频率及响应时间示意图如图4-6所示。

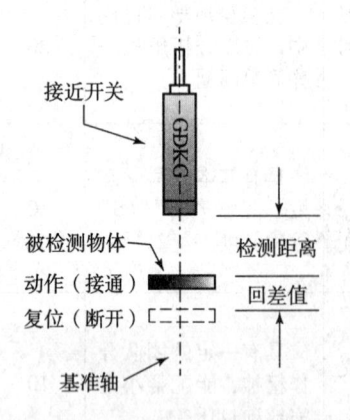

图4-5 接近开关的检测距离与回差

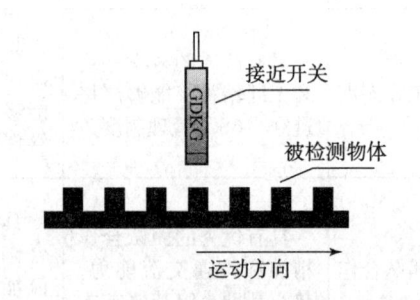

图4-6 响应频率及响应时间示意图

2. 接近开关行业现状与前景

接近开关最早出现于工业生产领域，主要用于提高生产效率。随着集成电路以及科技信息的不断发展，接近开关逐渐迈入多元化，成为现代信息技术的三大支柱之一，也被认为是最具发展前景的高技术产业。

我国接近开关制造行业发展始于20世纪60年代。进入21世纪，接近开关制造行业开始由传统型向智能型发展。智能型接近开关带有微处理机，具有采集、处理、交换信息的能力，是接近开关集成化与微处理机相结合的产物。由于智能型接近开关在物联网等行业具有重要作用，我国将接近开关制造行业发展提到新的高度，从而催生研发热潮，市场地位凸显。同时，受到汽车、物流、煤矿安监、安防、RFID标签卡等领域的需求拉动，接近开关市场也得到快速扩张。

到2017年，中国接近开关制造行业规模以上企业销售收入总额达到747.78亿元，同比增长10.02%。尽管中国接近开关制造行业取得长足进步，但与发达国家相比仍存在明显差距。美国、日本、德国占据全球接近开关市场近七成份额，而中国仅占到10%左右。同时中国接近开关市场七成左右的份额被外资企业占据。而我国接近开关制造行业多以中小企业为主，主要集中在长三角地区。2017年，我国规模以上接近开关制造企业数量为298家，比上年增加7家。其中中小型企业数量占据绝大部分，大型企业数量较少。

虽然暂时处于落后，但中国企业并非毫无追赶机会。例如，在世界范围内接近开关增长最快的汽车领域，中国就已占据一定地位。有数据显示，中国占全球汽车接近开关市场份额达到14.20%，仅次于欧洲，超过了美国和日本。

总体来说，接近开关系统向着微小型化、智能化、多功能化和网络化的方向发展。我国企业仍有弯道超车的机会，未来有望出现产值超过10亿元的行业龙头和产值超过5 000万元的"专精特新"企业。

任务二　电感式接近开关应用

在实际的制造工业流水线上，电感式接近开关有着较为广泛的应用。它不与被测物体接触，依靠电磁场变化检测，大大提高了检测的可靠性，也保证了电感式接近开关的使用寿命，因此机床、汽车等行业使用频繁。

一、基础知识

1. 电感式接近开关的工作原理

电感式接近开关属于一种有开关量输出的位置传感器，它由LC高频振荡器、检波电路、放大电路、整形电路及输出电路组成，如图4-7所示。当检测线圈通以交流电时，在检测线圈的周围产生一个交变磁场，当金属物体接近检测线圈时，金属物体内部就会产生涡流，而这个涡流反作用于检测线圈使其电感L发生变化，从而使振荡电路的振荡频率减小，以至停振。振荡和停振这两种状态经检测电路转换为开关信号输出。

由上述的电感式接近开关的工作原理可知，电感式接近开关是利用振荡电路的衰减来判断有无物体接近的。被测物体要有能够影响电磁场使接近开关的振荡电路产生涡流的能力，所以一般来说电感式接近开关只能用于检测金属物体。

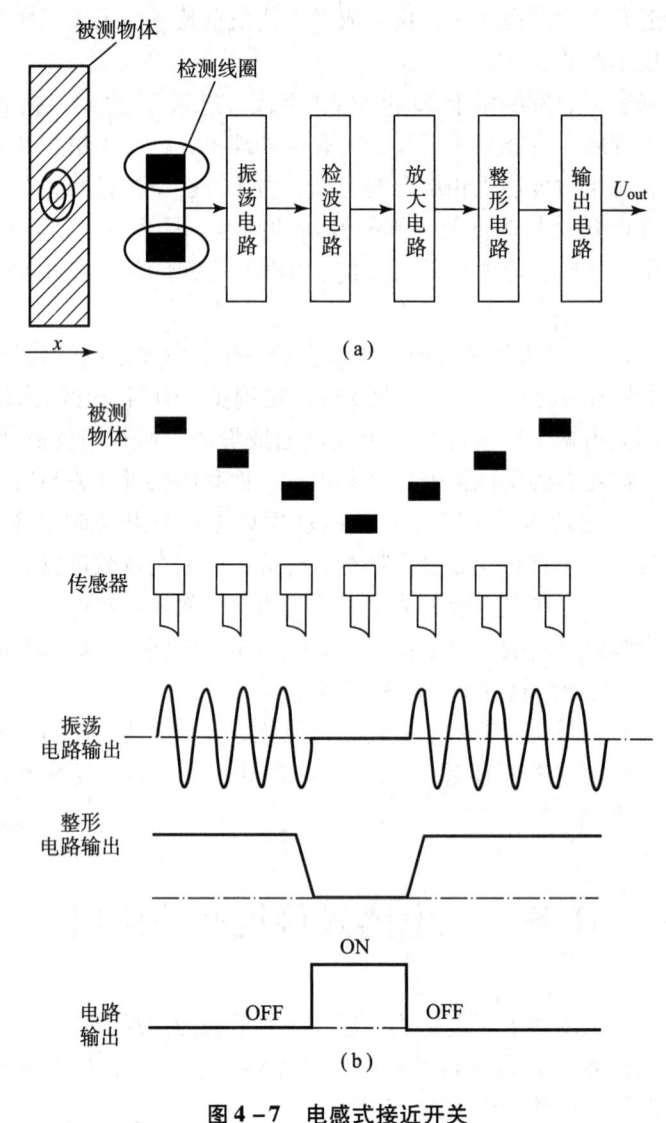

图 4-7 电感式接近开关

(a) 电感式接近开关工作原理框图；(b) 电感式接近开关的工作过程

2. 电感式接近开关的技术参数

（1）额定动作距离。

在规定的条件下所测定到的接近开关的动作距离。

（2）工作距离。

接近开关在实际使用中被测定的安全距离。在此距离内，接近开关不应受温度变化、电源波动等外界干扰而产生误动作。

（3）动作滞差。

动作距离与复位距离之差的绝对值。滞差越大，对外界的干扰以及被测物的抖动等的抗干扰能力就越强。

（4）动作频率。

每秒连续不断地进入接近开关的动作距离后又离开的被测物个数或次数。若接近开关的动作频率太低而被测物又运动太快时，接近开关就来不及响应物体的运动状态，有可能造成漏检。

常见电感式传感器的应用如图 4-8 所示。

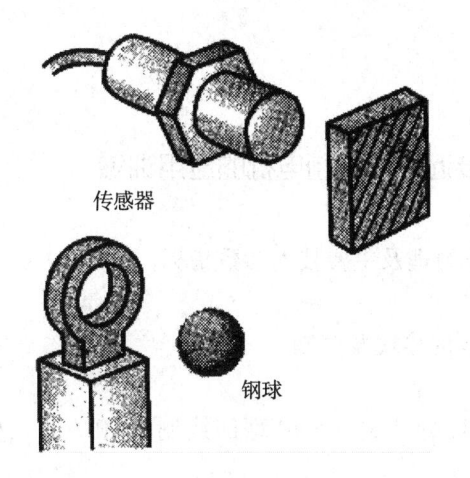

图 4-8　电感式传感器检测铁质物体　　　　动态图金属检测

3. 影响检测距离的因素

（1）被测物体尺寸。

当被测物体厚度确定且尺寸较小时，电感式接近开关的检测距离受尺寸影响较大；当被测物体边长大于 30mm 时，检测距离基本不再受被测物体边长的影响。

（2）被测物体材料。

电感式接近开关是利用电磁原理工作的，因此只对金属导电物敏感，对木块、塑料、陶瓷等非金属物体不起作用。其检测距离也随被测金属的不同而差距较大，表 4-3 以 Fe 为参照物列出常用金属被测物对电感式接近开关动作距离的影响情况。

表 4-3　被测物体材料对动作距离的影响

材料	铁	镍-铬合金	不锈钢	黄铜	铝	铜
动作距离的变化率	100%	90%	85%	30%~45%	20%~35%	15%~30%

（3）被测物体厚度。

被测物体的厚度对检测距离有较大影响。对铜、铝等非磁性材料，随着被测物体厚度增大，检测距离明显减小；而对铁、镍等磁性材料，物体厚度超过 1mm 时，检测距离稳定。

（4）金属表面镀层。

金属材料表面镀层对检测距离的影响见表 4-4。可以看出，多数情况下，镀层会使电感式接近开关的检测距离缩小，因此在选用传感器时要考虑镀层的影响，允许的情况下可以事先清除检测位置的镀层。

表4-4 金属材料表面镀层对检测距离的影响

镀层种类	厚度	检测距离变化率（%）
锌(Zn)	5~15μm	90~120
铜(Cu)	10~20μm	70~95
铜(Cu)+镍(Ni)	5~10μm，10~20μm	75~95

二、任务实施

任务名称：电感式接近开关控制电机的应用训练

1. 训练目的

（1）了解电感式接近开关的基本工作原理及主要技术参数指标。

（2）熟悉电感式接近开关的外部接线。

（3）熟练掌握电感式接近开关与PLC的接线及调制。

2. 训练设备

直流电源、交流电源220V、电感式接近开关（PNP型四线制）、PLC、三相异步电动机、信号灯、蜂鸣器、24V直流继电器。

3. 训练步骤

在电动机正常运行时，当被测物体接近传感器时，接近开关动作，发出控制信号，电动机停止运转。

（1）观察直流四线制接近开关。

观察电感式接近开关的外部结构，仔细阅读说明材料，熟悉接近开关的主要技术指标。

（2）接线及确定I/O分配。

①根据控制要求确定PLC的I/O分配表，并将编写好的PLC程序写入PLC。

②根据图4-9（a）所示的原理图完成PLC控制电动机主电路接线。

③根据图4-9（b）所示接线图完成PLC的外部接线。

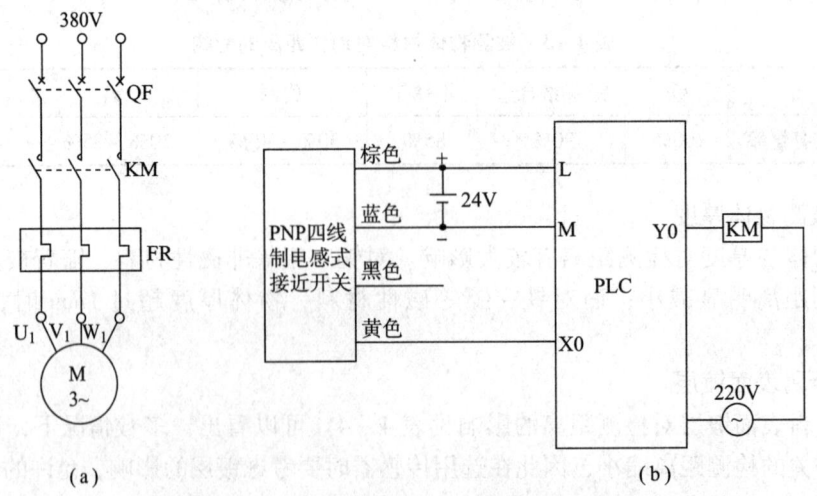

图4-9 电感式接近开关控制电机实训图

（a）电动机主电路接线；（b）PLC外部接线

(3) 控制电动机的停转。

①完成电路的接线后，按下启动按钮，使电动机正常运转。

②将被测物逐渐接近传感器，直至开关动作，PLC 控制电动机，电动机停止转动。

③移走被测物，电动机又正常运转。

4. 任务评价

完成训练任务后，进行任务检查和评价，评价表如下。

任务评价表

序号	内容	评价标准			成绩比例/%	得分
		优	良	合格		
1	基本理论	深刻理解并掌握与任务相关的理论知识点	熟悉与任务相关的理论知识点	了解与任务相关的理论知识点	30	
2	实践操作	能够熟练使用各种设备和工具，快速、准确地完成任务，并有一定的创新	能够较熟练地使用各种设备和工具，准确、按时地完成任务	能够使用各种设备和工具，基本准确、按时地完成任务	30	
3	职业能力	具有突出的自主学习能力和分析解决问题能力，并具有创新意识	具有较好的学习能力和分析解决问题能力	能参与到学习讨论中，可以分析解决一些简单问题	20	
4	工作态度	具有严谨的科学态度和工匠精神，能够严格遵守"6S"管理制度	具有良好的科学态度和工匠精神，能够自觉遵守"6S"管理制度	具有基本的科学态度，能够遵守"6S"管理制度	10	
5	团队合作	具有优秀的团队合作精神和沟通交流能力，热心帮助小组其他成员	具有较好的团队合作精神和沟通交流能力，能帮助小组其他成员	具有一定的团队合作精神，能配合小组完成项目任务	10	（组员互评）
		合计			100	

三、拓展知识

探雷器

探雷器（图 4-10）是一种工兵器材，用于探测地雷和地雷场的地雷战器材，通常由探头、信号处理单元和报警装置三大部分组成。其最基本的类型是通过辐射的电磁场在埋藏的金属物体中产生涡流，再感应到这种涡流以发现和定位地雷，这和电感式接近开关的工作原理相同，都是利用电涡流效应工作的。探雷器除了用于探测地雷外，还被广泛运用在机场安检用的金属安检门、探钉器、手持金属探测器、考古用的地下金属探测器等。虽然这些探测器并不叫探雷器，但是它的工作原理和用途都与探雷器一样。现代探雷器还有其他的原理，如雷达波探雷、土壤介电常数异常探雷等手段。

探雷器按携带和运载方式不同，分为便携式、车载式和机载式3种类型。便携式探雷器供单兵搜索地雷使用，又称单兵探雷器，多以耳机声响变化作为报警信号；车载式探雷器以吉普车、装甲输送车作为运载车辆，用于道路和平坦地面上探雷，以声响、灯光和屏幕显示等方式报警，能在报警的同时自动停车，适用于伴随和保障坦克、机械化部队行动；机载式探雷器使用直升机作为运载工具，用于在较大地域上对地雷场实施远距离快速探测。

图 4-10　探雷器

20世纪70年代，我国被迫开始了一场长达10年严酷无比的对越自卫反击战。而在这场长达10年的边境战争中，中越双方均埋下大量地雷。据不完全统计，边境线上双方埋设地雷超过200万颗，雷场面积达到400km^2，形成了中国最复杂的161雷场。为此，中国扫雷部队无数先烈前仆后继，耗费了无数人力物力乃至牺牲也在所不惜，为的就是彻底清除这些战争毒瘤。而这样恐怖的雷场，也只有在雷场警示牌倒下的那一刻，才能说明这片土地算是彻底安全了。

因此，我国不断加强排雷装备的研发，研制出先进的排雷探测器，以满足特种部队的特殊需求，为排雷士兵的生命安全提供有效保障。

任务三　霍尔开关应用

霍尔传感器是利用半导体材料的霍尔效应将被测物理量转换成电动势输出的一种传感器。它可以直接测量磁场及微位移量，也可以间接测量液位、压力等工业生产参数。目前霍尔传感器已从分立元件发展到集成电路的阶段，正越来越受到人们的重视，应用日益广泛。

一、基础知识

1. 霍尔效应

霍尔效应的原理如图4-11所示。将半导体置于垂直的磁场 B 中，有电流流过时，在半导体的两侧会产生电动势，电动势的大小与电流和电磁感应强度的乘积成正比，这个电动势称为霍尔电势 E_H，该电动势的大小为

$$E_H = K_H BI \tag{4-1}$$

式中　K_H——霍尔灵敏度，表示在单位磁感应强度和单位控制电流时输出霍尔电势的大小。

图 4-11　霍尔效应原理图

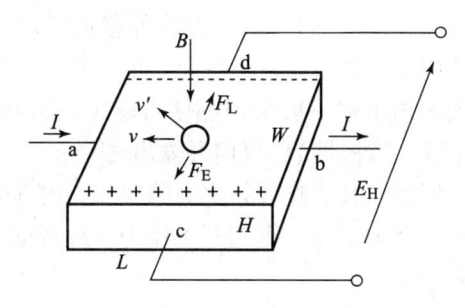

霍尔效应

2. 霍尔元件

如图 4-12（a）所示，霍尔元件是一种四端型器件，由霍尔片、4 根引线和壳体组成。通常 a、b 两根引线称为控制电流端引线，一般为红色导线；c、d 两根绿色引线为霍尔电势输出线。图 4-12（b）、图 4-12（c）分别为霍尔元件的符号及外形。

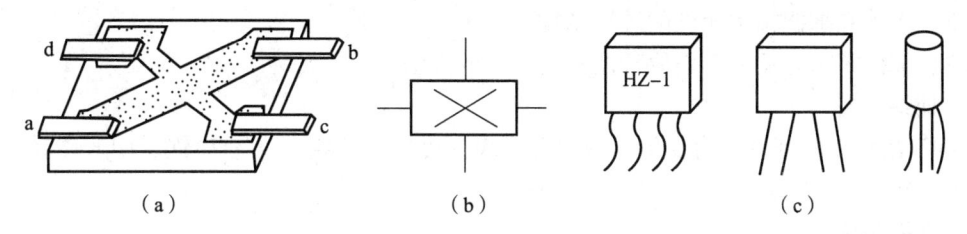

图 4-12　霍尔元件
（a）霍尔元件结构；（b）霍尔元件符号；（c）霍尔元件外形

3. 霍尔开关

如图 4-13 所示，霍尔开关是把霍尔元件、放大器、施密特整形电路和 OC 门等电路集成做在同一个芯片上的集成电路。当有磁场作用在霍尔开关上时，根据霍尔效应，霍尔元件输出霍尔电势，该电压经放大器放大后，送至施密特整形电路。当放大后的霍尔电势大于"开启"阈值时，施密特电路翻转，输出高电平，使晶体管导通，整个电路处于开状态。当磁场减弱时，霍尔元件输出的电压很小，经放大器放大后其值仍小于施密特的"关闭"阈值时，施密特整形电路又翻转，输出低电平，使晶体管截止，电路处于关状态。

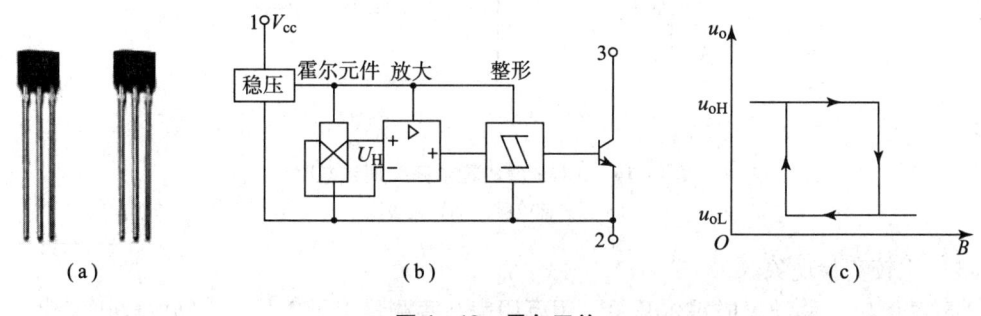

图 4-13　霍尔开关
（a）外形；（b）内部结构；（c）输出特性

霍尔开关的输入端是以磁感应强度 B 来表征的，当磁性物件移近霍尔开关时，开关检测面上的霍尔元件因霍尔效应而使开关内部电路状态发生变化，由此识别附近有磁性物体存在，进而控制开关的通或断。霍尔开关的输出端一般采用晶体管输出，和其他传感器类似，有 NPN、PNP、常开型、常闭型、锁存型（双极性）、双信号输出之分。

霍尔开关具有无触点、低功耗、使用寿命长、响应频率高等特点，内部采用环氧树脂封灌成一体化，所以能在各类恶劣环境下可靠地工作。霍尔开关作为一种新型的电器配件可应用于接近传感器、压力传感器、里程表等。

二、任务实施

任务名称：霍尔开关位置检测训练

1. 训练目的

（1）了解霍尔效应的概念及霍尔元件的结构。

（2）熟悉和掌握霍尔元件的外形结构。

（3）掌握霍尔开关的工作原理及检测位置的方法。

2. 训练设备

A44E 集成霍尔开关、直流电压源、万用表、磁性被测物（大号磁铁、中号磁铁、小号磁铁各一个）等。

3. 训练步骤

（1）仔细查看 A44E 集成霍尔开关。

仔细阅读 A44E 集成霍尔开关说明材料，A44E 集成霍尔开关的外部引脚如图 4 – 14（a）所示，引脚 1、2、3 分别为 V_{CC}、GND、OUT。

（2）连接训练电路。

按图 4 – 14（b）所示接线，通过霍尔开关控制发光二极管的亮灭。

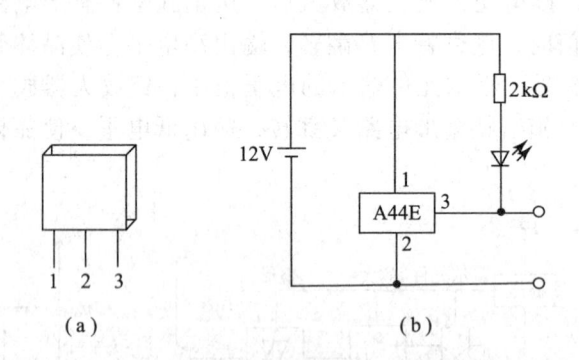

图 4 – 14 A44E 集成霍尔开关训练电路
（a）外部引脚；（b）接线图

（3）比较实验现象。

①磁铁圈定，移动集成霍尔开关，用万用表观察测量引脚 2 与 3 之间的电压变化。

②分别用大号磁铁、中号磁铁、小号磁铁，移动集成霍尔开关，观察集成霍尔开关的移动距离的变化。

4. 任务评价

完成训练任务后，进行任务检查和评价，评价表如下。

任务评价表

序号	内容	评价标准 优	评价标准 良	评价标准 合格	成绩比例/%	得分
1	基本理论	深刻理解并掌握与任务相关的理论知识点	熟悉与任务相关的理论知识点	了解与任务相关的理论知识点	30	
2	实践操作	能够熟练使用各种设备和工具，快速、准确地完成任务，并有一定的创新	能够较熟练地使用各种设备和工具，准确、按时地完成任务	能够使用各种设备和工具，基本准确、按时地完成任务	30	
3	职业能力	具有突出的自主学习能力和分析解决问题能力，并具有创新意识	具有较好的学习能力和分析解决问题能力	能参与到学习讨论中，可以分析解决一些简单问题	20	
4	工作态度	具有严谨的科学态度和工匠精神，能够严格遵守"6S"管理制度	具有良好的科学态度和工匠精神，能够自觉遵守"6S"管理制度	具有基本的科学态度，能够遵守"6S"管理制度	10	
5	团队合作	具有优秀的团队合作精神和沟通交流能力，热心帮助小组其他成员	具有较好的团队合作精神和沟通交流能力，能帮助小组其他成员	具有一定的团队合作精神，能配合小组完成项目任务	10	（组员互评）
			合计		100	

三、拓展知识

1. 霍尔计数装置

霍尔开关传感器具有较高的灵敏度，能感受到很小的磁场变化，因而可对黑色金属零件进行计数检测。图 4-15 所示为对钢球进行计数的工作示意图和电路图。当钢球通过霍尔开关传感器时，传感器可输出峰值 20mV 的脉冲电压，该电压经放大器放大后，驱动半导体晶体管 VT 工作，VT 输出端便可接计数器进行计数，并由显示器显示检测数值。

2. 霍尔测速装置

轨道交通中的速度传感器的主流是霍尔传感器，霍尔速度传感器可以感知齿轮转动时产生的磁场变化，并通过内部电路将周期变化的信号换算为齿轮的转动速度，进而完成速度的检测。

相关数据显示，中国铁路网规模将从 2020 年的 15×10^4 km，增长至 2025 年的 17.5×10^4 km。预计"十四五"期间，新增城市轨道交通运营里

中国速度

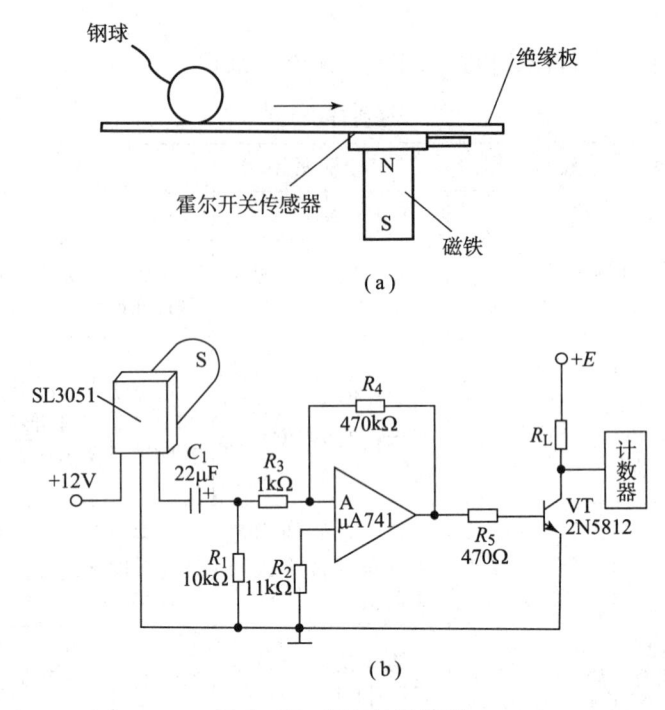

图 4-15 霍尔计数装置

(a) 工作示意图；(b) 电路图

程将达到 3 000km。在规模增长的同时，中国轨道交通也在追求更高的发展质量，以期提升整个轨道交通系统的智能化水平和运营效率。在此过程中，交通智能化的趋势不可避免，这其中便需要大量的传感器。

目前，在轨道交通领域，传感器技术的应用场景包括：收集列车的运行状态信息；集成化的高速综合检测列车；列车综合性能全面检测；传感器用于钢轨探伤；轨道状态远程监测；室内外环境综合传感。以轨道交通领域应用最广泛的速度传感器为例，在轨道主推进系统、车轮防滑保护（WSP）、列车控制系统（轨道信令）、转向架等系统中，都会看到速度传感器的身影，图 4-16 所示为轨道车辆轮对上的霍尔测速装置，图 4-17 是霍尔测速装置的结构示意图。

图 4-16 轨道车辆轮对上的霍尔测速装置

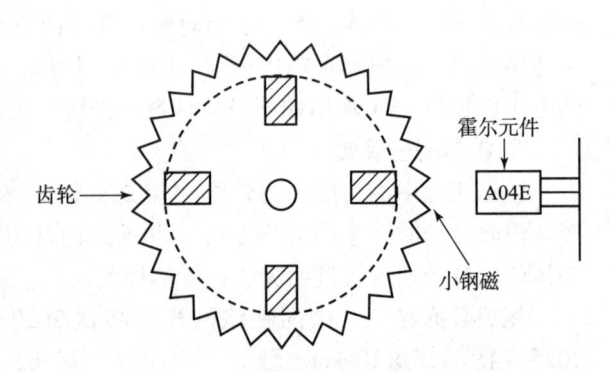

图 4-17 霍尔测速装置的结构示意图

未来，传感器和人工智能技术将在轨道交通领域实现深度融合，系统根据各种感知传感器，捕捉甚至预判交通体系的各种变化。但轨道交通信息化的核心价值仍然是安全、可靠、高效、便捷和经济性。

任务四　光电开关应用

光电传感器是采用光电器件作为检测元件的传感器。它首先把被测量的变化转换成光信号的变化，然后借助光电器件进一步将光信号转换成电信号。光电传感器一般由光源、光学通路和光电器件3部分组成。光电传感器具有结构简单、精度高、响应速度快、非接触等优点，故广泛应用于各种检测技术中。

光电开关是用来检测物体的靠近、通过等状态的光电式传感器，它把发光器和接收器之间光的强弱变化转化为开关信号的变化以达到探测的目的。

一、基础知识

1. 光电效应

光电传感器工作的物理基础是光电效应，光电效应分为外光电效应、内光电效应和光生伏特效应。在光线作用下使物体的电子逸出表面的现象称为外光电效应，如光电管、光电倍增管等属于这类光电器件。在光线的作用下能使物体电阻率改变的现象称为内光电效应，如光敏电阻等属于这类光电器件。在光线的作用下能使物体产生一定方向电动势的现象称为光生伏特效应，如光电池、光电晶体管等属于这类器件。

2. 光电器件

光电器件是将光能转换为电能的一种传感器件，它是光电传感器的主要部件。光电器件工作的基础是光电效应。

（1）光电管与光电倍增管。

光电管有真空光电管和充气光电管或称电子光电管和离子光电管两类。两者结构相似，如图4-18所示。它们由一个阴极和一个阳极构成，并且密封在一只真空玻璃管内。阴极装在玻璃管内壁上，其上涂有光电发射材料。阳极通常用金属丝弯曲成矩形或圆形，置于玻璃管的中央。阴极受到适当波长的光线照射时便发射电子，电子被带正电位的阳极所吸引，在光电管内就有电子流，在外电路中便产生了电流。

充气光电管和真空光电管基本相同，优点是灵敏度高，所不同的仅仅是在玻璃管内充以少量的惰性气体。

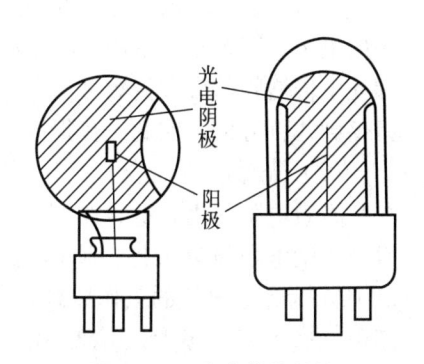

图4-18　光电管的结构

从图4-19所示的两种光电管的伏安特性可以看出，充气光电管的灵敏度、随电压变化的稳定性、频率特性都比真空光电管差。

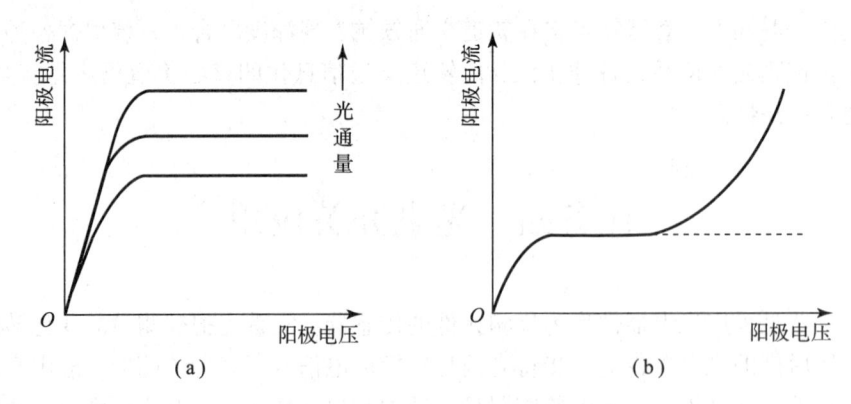

图 4-19　两种光电管内部的伏安特性
(a) 真空光电管的伏安特性；(b) 充气光电管的伏安特性

当入射光很微弱时，普通光电管产生的光电流很小，只有零点几微安，很不容易探测。这时常用光电倍增管对电流进行放大，图 4-20 所示为其内部结构示意图。

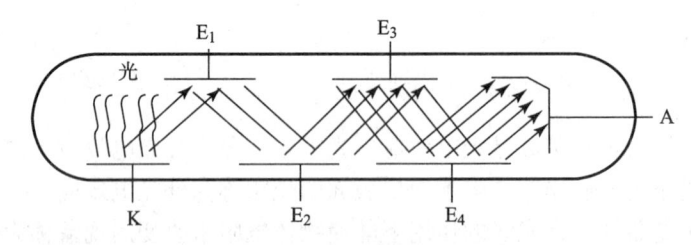

图 4-20　光电倍增管内部结构示意图

光电倍增管由光电阴极、倍增极及阳极 3 部分组成。光电阴极是由半导体光电材料锑铯做成，入射光在它上面打出光电子。倍增极是在镍或铜-铍的衬底上涂上锑铯材料而形成的。工作时，各个倍增极上均加上电压，阴极 K 电位最低，从阴极开始，各倍增极 E_1，E_2，E_3，E_4（或更多，多的可达 30 极）电位依次升高，阳极 A 电位最高。光电阴极上所激发的电子，由于各倍增极有电场存在，所以阴极激发电子被加速，经过各极倍增管后，能放出更多的电子。阳极是最后用来收集电子的，收集到的电子数是阴极发射电子数的 $10^5 \sim 10^6$ 倍。即光电倍增管的放大倍数可达几万倍到几百万倍。光电倍增管的灵敏度就比普通光电管高几万倍到几百万倍。因此，在很微弱的光照时，它就能产生很大的光电流。

(2) 光敏电阻。

光敏电阻是用光电导体制成的光电器件，又称光导管。光敏电阻没有极性，纯粹是一个电阻器件，图 4-21 所示为光敏电阻的工作原理。当无光照射时，光敏电阻值（暗电阻）很大，电路中电流很小。当光敏电阻受到一定波长范围的光照射时，它的电阻值（亮电阻）急剧减少，因此电路中电流迅速增加。

(3) 光敏二极管与光敏晶体管。

光敏二极管的结构与普通二极管相似。它装在透明玻璃中，其 PN 结装在管的顶部，可以直接感受到光照，如图 4-22 (a) 所示。光敏二极管

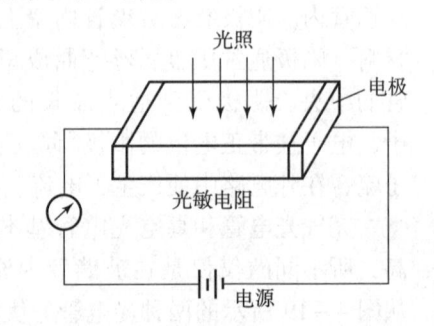

图 4-21　光敏电阻的工作原理

在电路中一般处于反向工作状态,如图4-22(b)所示。在没有光照时,光敏二极管的反向电阻很大,光电流很小,该反向电流称为暗电流;光照时,反向电阻很小,形成光电流,光的照度越大,光电流越大。因此,光敏二极管不受光照射时,处于截止状态;受到光照射时,处于导通状态。

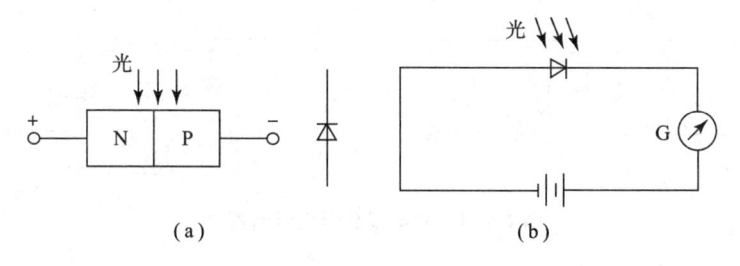

图4-22 光敏二极管
(a) PN结;(b) 反向工作状态

光敏晶体管与普通的晶体管很相似,具有两个PN结,如图4-23(a)所示。光敏晶体管的接线如图4-23(b)所示,当光照射在集电极上时形成光电流,相当于普通晶体管的基极电流增加,因此集电极电流是光电流的β倍,所以光敏晶体管在将光信号转换为电信号的同时,还能将信号电流加以放大。

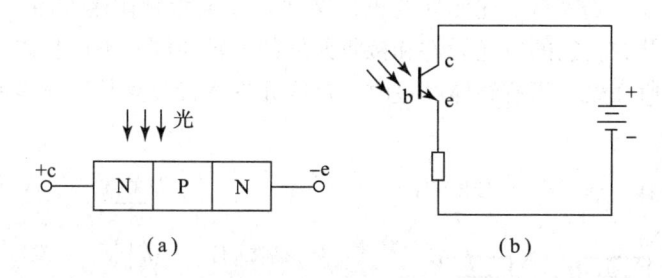

图4-23 光敏晶体管
(a) 两个PN结;(b) 接线图

(4) 光电耦合器件。

光电耦合器件是一种将发光元件(发射器)和接收元件(接收器)相结合的器件,是以光作为介质传递信号的光电器件。光电耦合器件中的发光元件通常是半导体发光二极管,光电接收元件有光敏电阻、光敏二极管、光敏晶体管等。根据结构和用途的不同,光电耦合器件又可分为用于实现电隔离的光电耦合器件和用于检测有无物体的光电开关。

用于实现电隔离的光电耦合器件的发光元件和接收元件都装在一个外壳内,常见的组合形式如图4-24所示。

图4-24(a)所示组合形式结构简单,成本较低,输出电流较大,可达100mA,响应时间为3~4μs,通常用于50kHz以下工作频率的装置内。

图4-24(b)所示形式结构简单,成本较低,响应时间短,约为1μs,但输出电流小,一般为50~300μA,适用于较高频率的装置中。

图4-24(c)所示形式传输效率高,但只适用于较低频率的装置。

图4-24(d)所示为一种高速、高传输效率的新型器件。

(a)　　　　　　　　　　　(b)

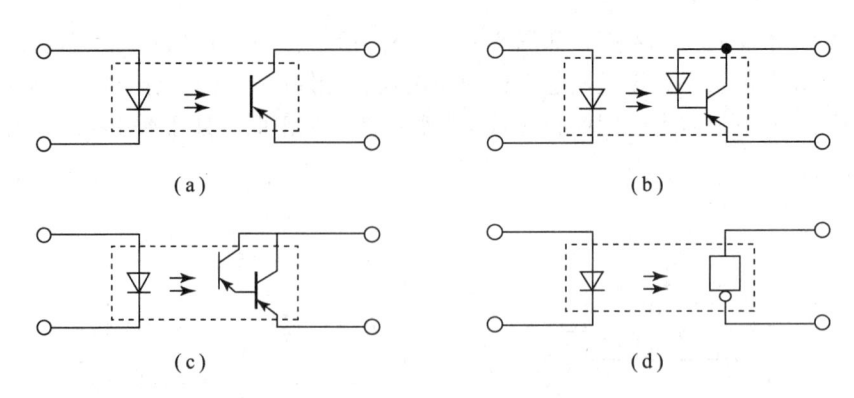

(c)　　　　　　　　　　　(d)

图 4-24　光电耦合器件组合形式

光电耦合器件实际是一个电量隔离转换器，它具有抗干扰和简单传输的功能，广泛应用于电路隔离、电平转换、噪声抑制、无触点开关及固态继电器等。

光电开关是一种利用感光器件对变化的入射光加以接收，并进行光电转换，同时加以某种形式的放大和控制，从而获得最终的控制输出开关信号的器件。

图 4-25 所示为典型光电开关的结构。图 4-25（a）所示为一种透射式的光电开关，它的发光元件和接收元件的光轴重合。当不透明的被测物位于或经过它们之间时，会阻断光路，使接收元件接收不到来自发光元件的光，这样就起到检测作用。图 4-25（b）所示为一种反射式的光电开关，它的发光元件和接收元件的光轴在同一平面且以某一角度相交，交点一般即为待测物所在处。当有物体经过时，接收元件将接收到从物体表面反射的光，没有物体时则接收不到。

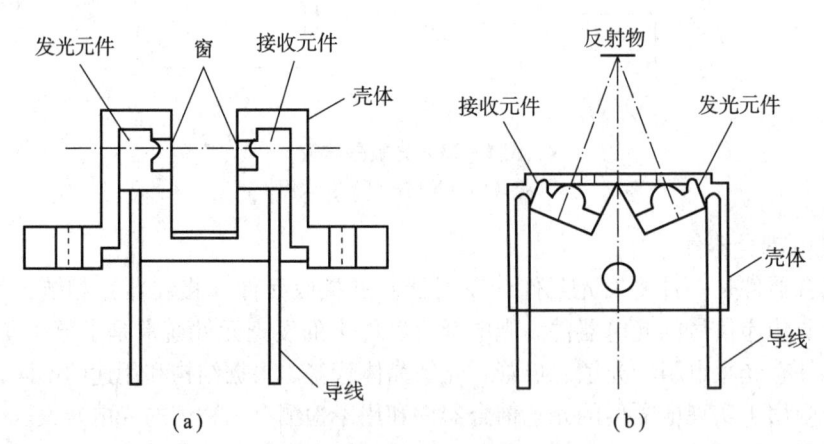

图 4-25　光电开关的结构
(a) 透射式；(b) 反射式

3. 光电开关的工作原理

如图 4-26 所示，光电开关是将发射器发出来的光被物体阻断或部分反射，接收器对变化的光接收，并加以光电转换，同时以某种形式放大和控制，从而获得最终的控制输出开关信号。光电开关根据使用原理，分为对射式、漫反射式、会聚型反射式、镜反射式 4 种类型。

项目四　位置检测

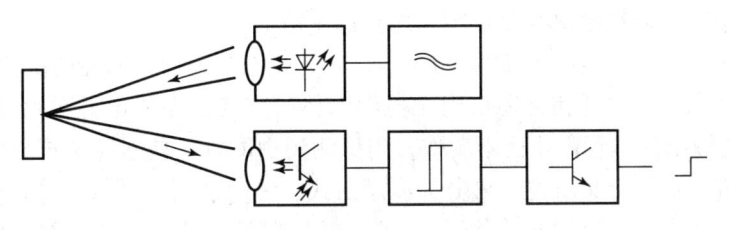

图4-26　光电开关工作原理图

（1）对射式光电开关。

对射式光电开关包含了结构上相互分离且光轴相对放置的发射器和接收器，发射器发出的光线直接进入接收器，当被测物经过发射器和接收器之间且阻断光线时，光电开关就会产生开关信号，如图4-27（a）所示。

（2）漫反射式光电开关。

漫反射式光电开关是将发射器和接收器置于一体，光电开关反射的光被检测物反射回接收器，如图4-27（b）所示。

（3）会聚型反射式光电开关。

会聚型反射式光电开关的工作原理类似直接反射式光电开关，但是发射器和接收器聚焦于某一焦点，当被检测物出现在该焦点处时，光电开关才有动作，如图4-27（c）所示。

（4）镜反射式光电开关。

镜反射式光电开关也是将发射器和接收器置于一体，光电开关发射器发出的光线经过反光镜反射回接收器，当被检测物经过且完全阻断光线时，光电开关就会产生检测开关信号，如图4-27（d）所示。

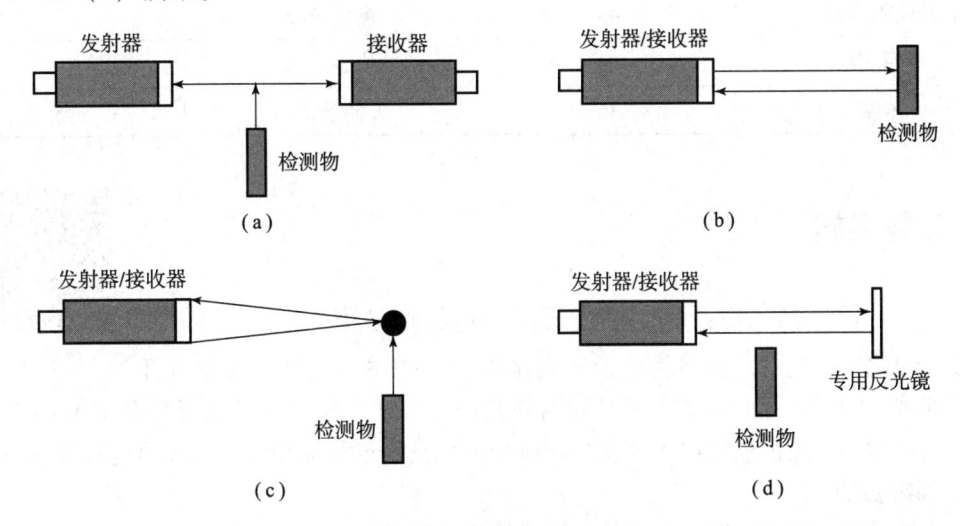

图4-27　各种类型的光电开关
（a）对射式光电开关；（b）漫反射式光电开关；
（c）会聚型反射式光电开关；（d）镜反射式光电开关

4. 光电开关的主要参数

（1）检测距离：被测物按一定方式移动使得接近开关动作时，从光电开关的感应表面到被测面的空间距离。

（2）回差距离：动作距离与复位距离之差的绝对值。

（3）响应频率：在规定的1s时间间隔内，允许光电开关动作循环的次数。

（4）输出状态：分常开和常闭。当无检测物体时，常开型光电开关所接通的负载由于光电开关内部的输出晶体管截止而不工作；当检测到物体时，晶体管导通，负载得电。

（5）检测方式：如上文所述，可分为漫反射式、镜反射式、对射式等。

（6）输出形式：分直流 NPN 二线、NPN 三线、NPN 四线、PNP 二线、PNP 三线、PNP 四线、交流二线、交流五线（自带继电器）等几种常用的输出形式。

（7）环境特性：光电开关应用的环境也是影响其长期可靠工作的重要条件。

（8）表面反射率：表示光电开关发射的光线被待测物表面反射回来的比率。对于漫反射式光电开关，检测距离和物体的表面反射率决定了光电开关能否感受到物体的变化。表面反射率与物体材料、表面粗糙度等有关，常用材料的表面反射率见表4-5。

表4-5 常用材料的表面反射率

材料	反射率/%	材料	反射率/%
白画纸	90	不透明黑色塑料	14
报纸	55	不透明白色塑料	87
餐巾纸	47	未抛光白色金属表面	130
包装箱硬纸板	68	浅色光泽金属表面	150
洁净松木	70	不锈钢	200
干净粗木板	20	黑色布料	3
透明塑料杯	40	黑色橡胶	4
半透明塑料瓶	62	啤酒泡沫	70
木塞	35	人的手掌心	75

二、任务实施

任务名称：利用接近开关进行物料分拣

在自动化生产线中，经常将接近开关作为 PLC 的输入设备，用接近开关检测到被测物，通过 PLC 控制某些设备使其动作。请大家利用接近开关和 PLC 控制来对金属、白色塑料、黑色塑料这3种物料进行分拣。具体过程请扫旁边二维码进行观看。

1. 训练目的

①了解光电开关和电感接近开关的工作原理及分类。

②熟悉光电开关和电感接近开关的主要技术参数以及设置方法。

③掌握光电开关和电感接近开关的外部接线及位置检测方法。

2. 训练设备

万用表、光电开关（光纤式、漫反射式）、物料分拣实训平台等。

3. 训练步骤

（1）根据图 4-28 所示，完成接近开关和 PLC 的连接（以三菱 FX2N 系列 PLC 为例）。

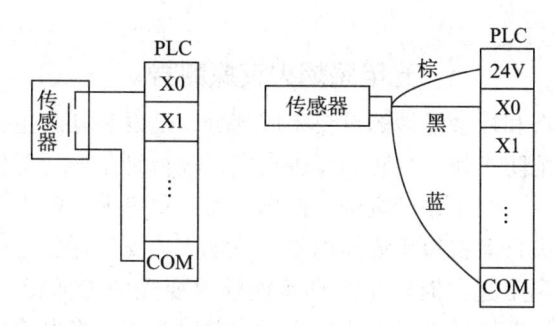

图 4-28　二线制、三线制接近开关与三菱 FX2N 系列 PLC 的连接示意图

（2）完成接线后，调节传感器相关参数，编写简单的 PLC 程序，使物料分拣机构能正常运行，并依次准确识别出 3 种不同的物料。

4. 任务评价

完成训练任务后，进行任务检查和评价，评价表如下。

任务评价表

序号	内容	评价标准 优	评价标准 良	评价标准 合格	成绩比例/%	得分
1	基本理论	深刻理解并掌握与任务相关的理论知识点	熟悉与任务相关的理论知识点	了解与任务相关的理论知识点	30	
2	实践操作	能够熟练使用各种设备和工具，快速、准确地完成任务，并有一定的创新	能够较熟练地使用各种设备和工具，准确、按时地完成任务	能够使用各种设备和工具，基本准确、按时地完成任务	30	
3	职业能力	具有突出的自主学习能力和分析解决问题能力，并具有创新意识	具有较好的学习能力和分析解决问题能力	能参与到学习讨论中，可以分析解决一些简单问题	20	
4	工作态度	具有严谨的科学态度和工匠精神，能够严格遵守"6S"管理制度	具有良好的科学态度和工匠精神，能够自觉遵守"6S"管理制度	具有基本的科学态度，能够遵守"6S"管理制度	10	
5	团队合作	具有优秀的团队合作精神和沟通交流能力，热心帮助小组其他成员	具有较好的团队合作精神和沟通交流能力，能帮助小组其他成员	具有一定的团队合作精神，能配合小组完成项目任务	10	（组员互评）
			合计		100	

三、拓展知识

光电感烟火灾探测器

消防工作是国民经济和社会发展的重要组成部分，是发展社会主义市场经济不可缺少的保障条件。因此，做好消防工作，预防和减少火灾事故特别是群死群伤的恶性火灾事故的发生，具有十分重要的意义。在车站、机场、商场、写字楼等人员密集的公共场所都会按要求配备消防设施设备或火灾自动报警系统，而光电感烟火灾探测器就是一种常见的消防设备。

光电感烟探测器是利用起火时产生的烟雾能够改变光的传播特性这一基本性质而研制的，如图4-29所示。根据烟粒子对光线的吸收和散射作用，光电感烟探测器又分为遮光型和散光型两种。一般的点型光电感烟探测器属于散光型的，线型光束探测器是用遮光型的。

点型光电感烟探测器的红外发光元件与光敏元件（光子接收元件）在其探测室内的设置通常是偏置设计，如图4-30所示。两者之间的距离一般为20~25mm。在正常无烟的监视状态下，光敏元件接收不到任何光，包括红外发光元件发出的光。在烟粒子进入探测室内时，红外发光元件发出的光被烟粒子散射或反射到光敏元件上，并在收到充足光信号时，便发出火灾报警，这种火灾探测方法通常称为烟散射光法。点型光电感烟探测器通常不采用烟减光原理工作。因为无烟和火灾情况之间的典型差别仅有0.09%变化，这种小的变化会使探测器极易受到外部环境的不利影响。

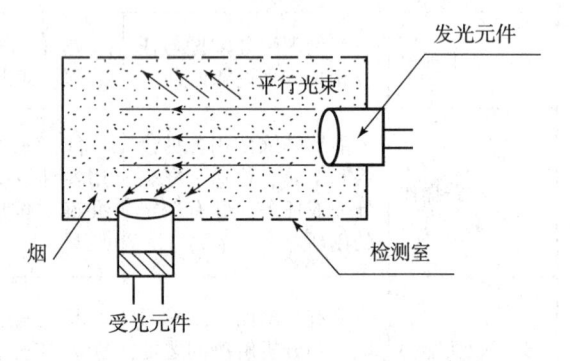

图4-29 光电式烟雾报警器　　图4-30 点型光电感烟探测器原理示意图

线型光束感烟探测器通常是由分开安装的、经调准的红外发光器和收光器配对组成的。其工作原理是利用烟减少红外发光器发射到红外收光器的光束光量来判定火灾，这种火灾探测方法通常称为烟减光法。

光电感烟探测器从实际使用方面来看，两者的区别是：点型光电感烟探测器适用于设有小型空间的建筑，即适用于天棚高度在12m以下的房间，探测面积为60~80m^2，线型光束感烟探测器适用于设有高天棚和大型空间的建筑，其最大探测距离为100m，最大安装同距为14m，最大保护面积为1 400m^2。一只线型光束感烟探测器的保护面积相当于18只点型光电感烟探测器的保护面积，特别适用于探测位于地面处的阴燃火。

线型光束感烟探测器同点型光电感烟探测器相比，虽然有其独特的优越之处，但从现有的使用形式和方法来看，仍有其不足之处，比如线型光束感烟探测器的两端都设有电源，而且每个电源都要有主电和备电,还设有一个低电平控制器,系统需要定期维护和检查。因而,其使用成本或造价较高。

任务五　电容式接近开关应用

电容式接近开关是利用变极距型电容式传感器的原理设计的,它采用以电极为检测端的静态感应方式。这种接近开关主要用于定位或开关报警控制等场合。它具有无抖动、无触点、非接触检测等优点,其抗干扰能力、耐蚀性能等都比较好,是进行长期开关工作比较理想的器件,尤其比较适合自动化生产线和检测线的自动限位、定位等控制系统。

一、基础知识

1. 电容式接近开关的工作原理

电容式接近开关是一个以电极为检测端的静电电容式接近开关,它由高频振荡电路、检波电路、放大电路、整形电路及输出等部分组成,如图 4-31 所示。没有检测物时,检测电极与大地之间存在一定的电容量,它成为振荡电路的一个组成部分。当检测物体接近开关的检测电极时,由于检测电极加有电压,检测物体就会受到静电感应而产生极化现象。被测物体越靠近检测电极,检测电极上的电荷就越多,则检测电极的静电电容也越大,从而又使振荡电路的振荡减弱,甚至停止振荡。振荡电路的振荡和停振这两种状态被检测电路转换为开关信号后向外输出。

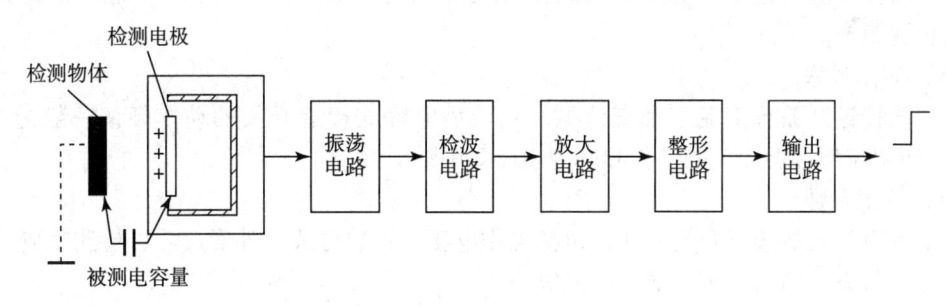

图 4-31　电容式接近开关工作原理框图

2. 电容式接近开关的结构

电容式接近开关的形状及结构随用途的不同各异。图 4-32 所示是应用最多的圆柱形电容式接近开关的结构图,它主要由检测电极、检测电路、引线及外壳等组成。检测电极设置在传感器的最强端,检测电路装在外壳内并由树脂灌封。在传感器的内部还装有灵敏度调节电位器。当检测物体和检测电极之间隔有不灵敏的物体如纸带、玻璃时,调节该电位器可使传感器不检测夹在中间的物体,此外,还可用此电位器调节工作距离。电路中还装有指示传感器工作状态的指示灯,当传感器动作时,该指示灯点亮。

3. 电容式接近开关的特性

(1) 电容变化与工作距离的关系。

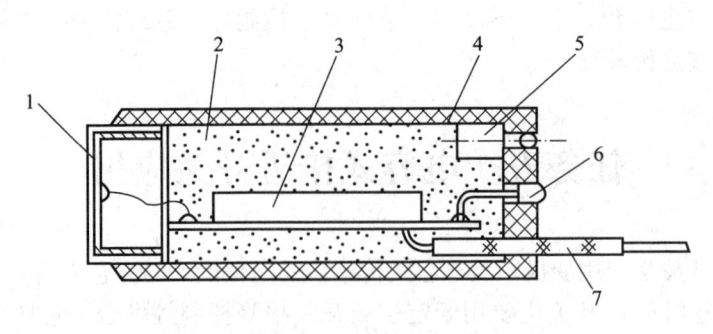

图4-32 圆柱形电容式接近开关的结构图
1—检测电极；2—树脂；3—检测电路；4—外壳；5—电位器；6—工作指示灯；7—引线

通过实验发现，当实际工作距离超过数毫米时，电容式接近开关检测电极的电容变化急剧下降，要求选型和安装时一定要注意传感器的额定检测距离及其影响因素。

（2）检测距离与被测物体的关系。

电容式接近开关能检测金属物体，也能检测非金属物体，但它的检测距离与被测物体的材质、尺寸、吸水率等有很大关系。当被测物体是金属时，振荡电路很容易停振，灵敏度最高，检测距离最大；当被测物为玻璃、塑料等绝缘体时，依靠极化原理来使振荡电路停振，灵敏度较差，检测距离需要乘上修正系数（图4-33）。也可以利用灵敏度调节电位器，适当提高灵敏度以增大检测距离。

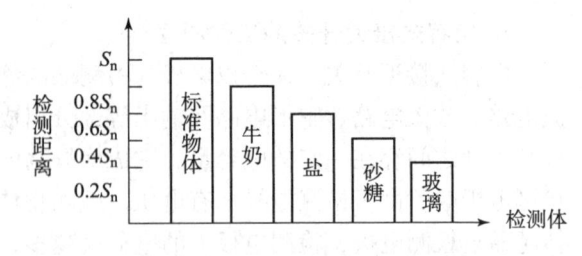

图4-33 不同检测物料的修正系数

（3）动作频率。

电容式接近开关有直流型和交流型。直流型电容式接近开关的动作频率一般为100~200Hz，而交流型接近开关的动作频率为10~20Hz。

（4）技术参数。

主要参数与其他接近开关一样，包括工作电压、安装方式、外形尺寸、检测距离、输出类型、输出状态、输出电压、输出电流等。

4. 使用电容式接近开关的注意事项

（1）检测区有金属物体时，容易造成对传感器检测距离的影响。如果周围还安装有另外的传感器，也会对传感器的性能带来影响。

（2）电容式接近开关安装在高频电场附近时，易受高频电场的影响而产生误动作。安装使用时应远离高频电场。

二、任务实施

任务名称：电容式接近开关物位检测训练

1. 训练目的

（1）理解电容式接近开关的基本原理、外部接线和主要应用。

(2) 熟悉电容式接近开关的使用方法。

(3) 了解电容式接近开关与其他接近开关的异同。

2. 训练设备

直流电源、电容式接近开关（不同接线方式）、实验室水箱、信号灯、蜂鸣器等。

3. 训练步骤

(1) 认识电容式接近开关。

仔细阅读电容式接近开关的说明材料，掌握其主要技术参数的含义及接线方式。

(2) 电路连接。

①如图 4-34（a）所示，在实验室水箱的不同高度处，安装两个电容式接近开关。

②两个电容式接近开关可以接成图 4-34（b）所示的声、光控制电路，低处的电容式接近开关接成声控电路，高处的电容式接近开关接成光控电路。

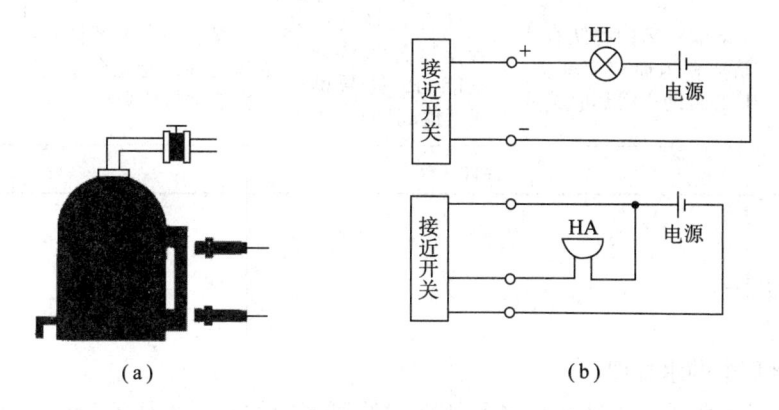

图 4-34 电容式接近开关测液位

（a）电容式接近开关安放位置示意图；（b）电容式接近开关的光声控接线电路

(3) 观察实验现象。

手动打开进水阀门（假设水箱水位为零），观察水箱液位由低到高，分别经过两个电容式接近开关时，它们会产生什么动作；然后再手动打开放水阀门，同样观察水箱液位由高到低，分别经过两个电容式接近开关时，它们又会产生什么动作，并比较两次动作的特点。

4. 任务评价

完成训练任务后，进行任务检查和评价，评价表如下。

任务评价表

序号	内容	评价标准 优	评价标准 良	评价标准 合格	成绩比例/%	得分
1	基本理论	深刻理解并掌握与任务相关的理论知识点	熟悉与任务相关的理论知识点	了解与任务相关的理论知识点	30	
2	实践操作	能够熟练使用各种设备和工具，快速、准确地完成任务，并有一定的创新	能够较熟练地使用各种设备和工具，准确、按时地完成任务	能够使用各种设备和工具，基本准确、按时地完成任务	30	

续表

序号	内容	评价标准			成绩比例/%	得分
		优	良	合格		
3	职业能力	具有突出的自主学习能力和分析解决问题能力,并具有创新意识	具有较好的学习能力和分析解决问题能力	能参与到学习讨论中,可以分析解决一些简单问题	20	
4	工作态度	具有严谨的科学态度和工匠精神,能够严格遵守"6S"管理制度	具有良好的科学态度和工匠精神,能够自觉遵守"6S"管理制度	具有基本的科学态度,能够遵守"6S"管理制度	10	
5	团队合作	具有优秀的团队合作精神和沟通交流能力,热心帮助小组其他成员	具有较好的团队合作精神和沟通交流能力,能帮助小组其他成员	具有一定的团队合作精神,能配合小组完成项目任务	10	(组员互评)
合计					100	

三、拓展知识

1. 自来水厂中的水处理

我们所饮用的水都是经过自来水厂处理后的河流中的水。水从河流中到可以被人们饮用,要经过取水、加药、混凝、沉淀、过滤、消毒等几个步骤。

自来水厂在河中的取水过程:当水中的离子浓度较低时,取水电动机保持工作状态,当水中离子浓度增大到一定程度时,取水电动机停止工作。图4-35所示为控制电动机工作的电路图。当水中的离子浓度较低时,电容式接近开关处于常开状态,继电器线圈不得电,继电器开关闭合,则电动机正常运转;当水中离子浓度增大到一定程度时,电容式接近开关动作,使继电器线圈得电,则继电器开关打开,电动机停止工作。

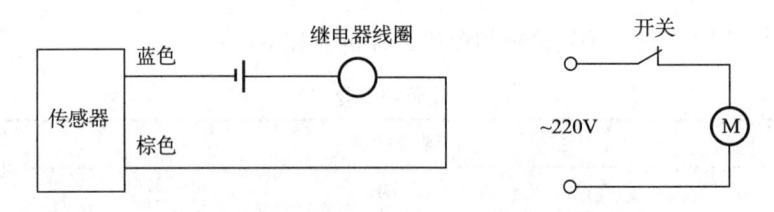

图4-35 电容式接近开关控制电动机工作的电路图

2. 垃圾分类智能化

实行垃圾分类,关系到广大人民群众生活环境,关系到节约使用资源,也是社会文明水平的一个重要体现。垃圾分类已经上升到国家环境保护战略层面,势在必行。

目前,我国多个城市都在借助物联网和传感器技术,大力推行"互联网+垃圾分类"新方式,推广城市垃圾减量分类智能化管理模式。垃圾回收现已成为智慧城市的一环,成为业界多数人士的共识。业内人士指出，从国家的规划可以看出，智能化处理系统是垃圾分类的发展方向。智能化、大数据、物联网、传感器等创新技术，将成为企业深度参与垃圾分类产业链的"法宝"。

面对烦琐的垃圾分类，一些企业开始探索和研发如何实现垃圾智能分类产品。例如，基于传感器的垃圾分类技术，某企业发明了一种带有智能监控装置的多功能垃圾箱，其采用红外检测器对垃圾进行检测，再将检测的数据传递到控制单元，控制单元再控制分类装置进行垃圾分类。

为了解决垃圾分类检测精度不高和无法细分的问题，某企业发明了一种垃圾分拣识别装置，该装置包括光学传感器、声音传感器、金属传感器、湿度传感器和重量传感器等5个传感器，由5类传感器的检测参数共同判断垃圾种类，从而提高了识别垃圾的精度。

针对垃圾分类的市场需求、技术不足等领域加强研发，并注重技术落地应用。这值得我们好好研究，比如，结合电容式接近开关的技术特性，是否可以应用到垃圾分类智能化系统中，对金属、纸张、塑料、液体、粉粒、木材等不同材质的垃圾进行识别，提高生活中垃圾的细分程度。只有提升垃圾智能分类技术的智能化水平，垃圾分类才会更加简单、快捷，人们的生活才会更加美好。

巩固与练习

一、填空题

1. 电感式接近开关是利用金属体在交变磁场中产生的_____效应来工作的。
2. 常见的三线接近开关传感器中，红色/棕色端子常接_____，蓝色端子接_____，黑色端子接_____。
3. 开关类传感器有_____和_____两种供电形式。
4. 电感式接近开关是利用_____原理工作的。
5. 光敏电阻在光照射下，阻值_____。
6. 封装在光电隔离耦合器内部的是_____和_____。

二、简答题

1. 试阐述电感式接近开关、霍尔开关、光电开关和电容式接近开关的异同。
2. 请分别画出一个三线"PNP"传感器和一个三线"NPN"传感器的输出来控制一个外部负载灯的接线图。
3. 现需分别对3种工件，即白色塑料、黑色塑料、银色金属进行计数。选择哪些传感器可以检测它们？说明检测过程。
4. 霍尔元件与霍尔开关有什么不同？
5. 光电效应分几种？简述它们产生的原因。

项目五

位移检测

本项目知识结构图

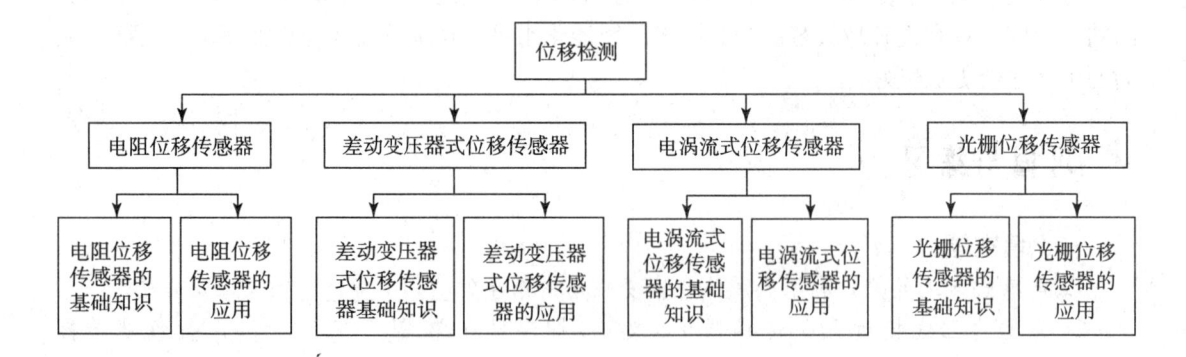

```
                            位移检测
        ┌──────────────┬──────────────┬──────────────┐
   电阻位移传感器   差动变压器式位移传感器   电涡流式位移传感器   光栅位移传感器
     ┌────┴────┐      ┌────┴────┐      ┌────┴────┐      ┌────┴────┐
  电阻位移   电阻位移   差动变压   差动变压   电涡流式   电涡流式位   光栅位移   光栅位移
  传感器的   传感器的   器式位移   器式位移   位移传感   移传感器的   传感器的   传感器的
  基础知识   应用      器基础知   器的应用   器的基础   应用        基础知识   应用
                      识                   知识
```

知识目标

1. 了解位移的概念
2. 熟悉电阻线位移传感器、光栅传感器、感应同步器的位移测量原理及使用方法

技能目标

1. 掌握常用位移测量元件的外形及接线方式
2. 掌握常用的位移检测方法

素质目标

1. 培养团队合作精神
2. 培养严谨的科学态度和精益求精的工匠精神
3. 养成工位整理清扫的习惯

在自动检测系统中，有许多物理量（如压力、流量、加速度等）常常需要先变换为位移，然后再将位移变换成电量。因此，位移测量是一种最基本的测量工作，它的特征是测量空间距离的大小，如距离、位置、尺寸、角度等。按照其特征，位移可分为线位移和角位移。线位移是指机构沿着某一条直线移动的距离，角位移是指机构沿着某一定点转动的角度。

本项目主要介绍电阻位移传感器、差动变压器式位移传感器、电涡流式位移传感器、光栅位移传感器的工作原理及特性，并练习使用这些传感器。

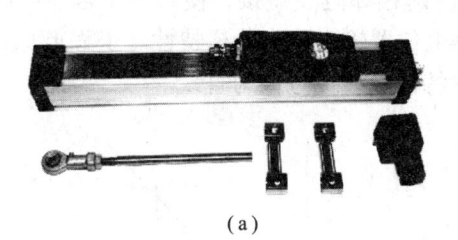

任务一　电阻位移传感器测位移

电阻位移传感器是一种把机械位移转换为电阻变化的传感器，从而引起输出电压或电流的变化。电阻位移传感器又称电位器、电子尺或电阻尺。电阻位移传感器具有结构简单、价格低廉、性能稳定、环境适应能力强、输出信号大等优点。其缺点主要是分辨力有限、动态响应较差。

一、基础知识

1. 结构及工作原理

图 5-1 所示为常见电阻位移传感器（或称电位器传感器），其中图 5-1（a）所示为直线位移传感器，图 5-1（b）所示为角位移传感器。

图 5-1　电阻位移传感器
(a) 直线位移传感器；(b) 角位移传感器

一般电阻位移传感器为三端电阻器件，它有一个滑动接触端和两个固定端，由电阻体（或电阻薄膜）、滑杆、骨架和电刷组成，如图 5-2 所示。当滑杆随着待测物体往返运动时，电刷在电阻体上也来回滑动。使其两端输出电压 U_0 随位移量改变而变化。

如图 5-3 所示，根据分压原理得输出电压为

$$U_0 = \frac{x}{x_{max}}U_1 \qquad (5-1)$$

对于角度旋转电位器，其电阻值为

$$R_\alpha = \frac{\alpha}{\alpha_{max}}R_0 \qquad (5-2)$$

式中　α——滑臂离开始点的转角；
　　　$α_{max}$——滑臂最大转角位移。

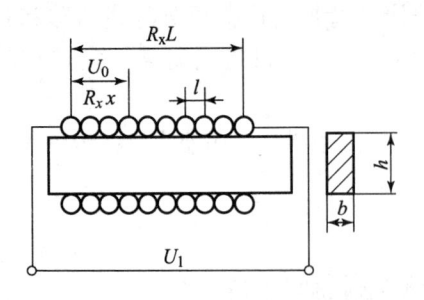

图 5-2　电阻位移传感器结构

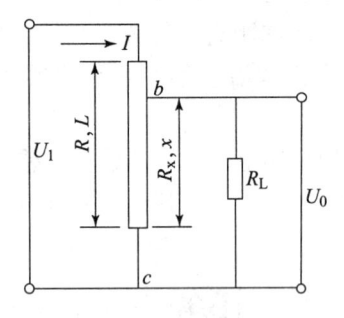

图 5-3　电位器工作电路

由上可见，电阻位移传感器的输出信号均与电刷的位移量成正比，实现了位移与输出电信号的对应转换关系。因此，这类传感器可用于测量机械位移，也可测量能转换为位移量的其他物理量，如压力、振动加速度等。

2. 电阻线位移传感器的输出特性

（1）阶梯特性。

由线绕电位器结构可知，当电刷在变阻器的线圈上移动时，电位器的阻值随电刷从一圈移动到另一圈而不连续地变化，输出电压也不连续变化，而是跳跃式变化。电刷每移动一匝线圈使输出电压产生一次跳跃，移动 n 匝，则使输出电压产生 n 次电压阶跃，其阶跃值为

$$\Delta U = \frac{U}{n} \tag{5-3}$$

当电刷从 n-1 匝移至 n 匝时，电刷瞬间使两相邻匝线短接，使每一个电压阶跃中产生一次小阶跃，如图 5-4（a）所示，所以线绕电位器输出具有阶梯特性。工程上总是将真实输出特性理想化为图 5-4（b）所示的阶梯状特性曲线或近似为直线。

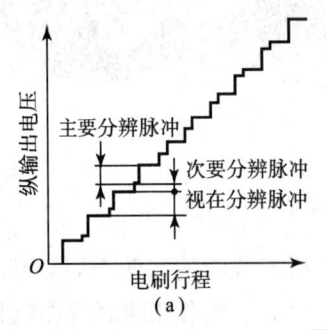

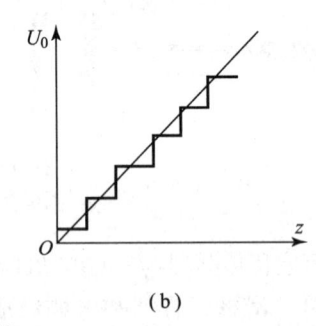

图 5-4　阶梯特性

（2）电压分辨率。

线绕电位器的电压分辨率，是在电刷行程内电位器输出电压阶梯的最大值与最大输出电压之比的百分数。对于具有理想阶梯特性的线绕电位器，其理论的电压分辨率为

$$R_e(\%) = \frac{\frac{U_0}{n}}{U_0} \times 100\% = \frac{1}{n} \tag{5-4}$$

由式（5-4）可以看出，线绕电位器的匝数越多，其分辨率越高。

（3）测量误差。

阶梯特性曲线围绕理论特性直线上下波动，产生的偏差称为阶梯误差。电位器的阶梯误差，通常用理想阶梯特性曲线对理论特性曲线的最大偏差值与最大输出电压值之比的百分数表示。电位器阶梯误差为

$$e_j(\%) = \pm \frac{\frac{1}{2} \times \frac{U}{n}}{U} \times 100\% = \pm \frac{1}{2n} \qquad (5-5)$$

式中　n——电位器绕线总匝数；

　　　U——最大输出电压。

3. 电阻线位移传感器的应用

（1）电位器应用之一——变阻器与分压器。

电阻位移传感器由电阻体和电刷（也称可动触点）两部分组成，可作为变阻器使用，也可作为分压器使用。

如图5-5所示，电位器的滑动端和任一固定端间的电阻值，可以在零到标称值间连续变化，可作为可变电阻器使用。用万用表电阻挡测量可变电阻器电阻值，调整电位器的滑动端，电阻可以从零变化到最大值。

如图5-6所示，将一个电压源连接在电位器的两个固定端，当滑动端移动时，滑动端与固定端间的电压可以在零到电源电压间连续变化，得到一个可以变化的电压。

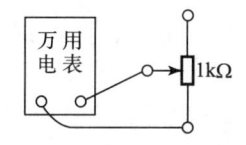

图5-5　万用表测电阻 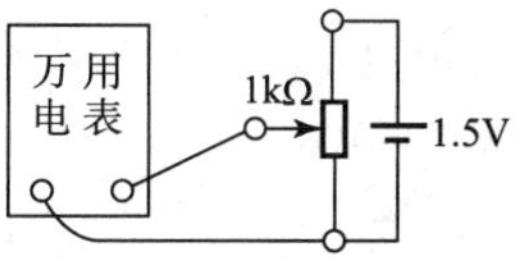　　　　图5-6　万用表测电压

（2）电子油门控制系统。

电子油门控制系统如图5-7所示，主要由油门踏板、踏板电位器角位移传感器、ECU（电控单元）、数据总线、伺服电动机和节气门执行机构组成。位移传感器安装在油门踏板内部，随时监测油门踏板的位置。当监测到油门踏板高度位置有变化时，会瞬间将此信息送ECU，ECU对该信息和其他系统传来的数据信息进行运算处理，计算出一个控制信号，通过线路送到伺服电动机继电器，伺服电动机驱动

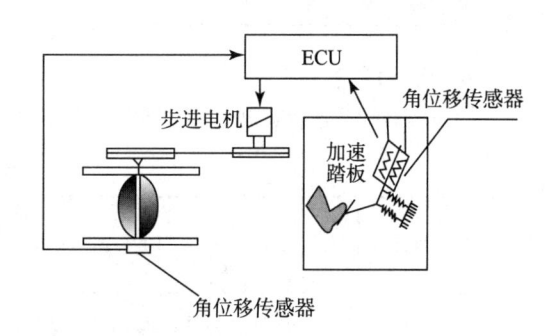

图5-7　电子油门控制系统

节气门执行机构，角位移传感器检测节气门开合角度，数据总线则是负责系统ECU与其他ECU之间的通信。由于电子油门系统是通过ECU来调整节气门的，因此，电子油门系统可以设置各种功能来改善驾驶的安全性、舒适性、油耗及尾气排放质量。

二、任务实施

任务名称：电阻线位移传感器位移测量训练

1. 训练目的

（1）熟悉电阻线位移传感器的基本特征和工作原理。

（2）熟悉电阻线位移传感器的外形结构。

（3）通过普通滑线电阻器掌握电阻线位移传感器位移测量方法。

2. 训练设备

滑线电阻器、毫伏数字电压表、150mm 游标卡尺、稳压电源。

3. 训练步骤

（1）线路连接。

①按照图 5-8 所示接线图接线。

②滑线电阻器两端接 5V 直流电源。

③电压表红表笔连接滑线电阻器滑动端，黑表笔接电源负极。

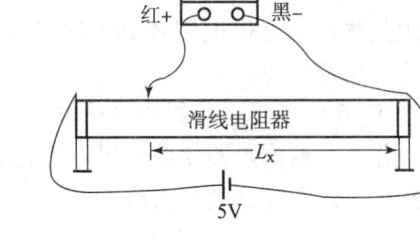

（2）记录数据。

①求 U_i 值：将滑动端推至电阻器的起始端，记录电压表的显示值，即 U_i 值。

图 5-8 滑线电阻器模拟电阻线位移传感器

②用游标卡尺定位，将滑动端推至距起始点 25mm 处，逐次增加 25mm，分别将电压表显示数值记录于表 5-1 中。

表 5-1 实验数据记录表

位移 x/mm								
电压 U_x/V								

4. 任务评价

完成训练任务后，进行任务检查和评价，评价表如下。

任务评价表

序号	内容	评价标准 优	评价标准 良	评价标准 合格	成绩比例/%	得分
1	基本理论	深刻理解并掌握与任务相关的理论知识点	熟悉与任务相关的理论知识点	了解与任务相关的理论知识点	30	
2	实践操作	能够熟练使用各种查询工具收集和查询相关资料，信息收集快速、准确、详细	能够较熟练地使用各种查询工具收集和查询相关资料，信息数据准确、完备	能够使用各种查询工具收集和查询相关资料，信息数据完整	30	

续表

序号	内容	评价标准 优	评价标准 良	评价标准 合格	成绩比例/%	得分
3	职业能力	具有突出的自主学习能力和分析解决问题能力，并具有创新意识	具有较好的学习能力和分析解决问题能力	能参与到学习讨论中，可以分析解决一些简单问题	20	
4	工作态度	具有严谨的科学态度和工匠精神，能够严格遵守"6S"管理制度	具有良好的科学态度和工匠精神，能够自觉遵守"6S"管理制度	具有基本的科学态度，能够遵守"6S"管理制度	10	
5	团队合作	具有优秀的团队合作精神和沟通交流能力，热心帮助小组其他成员	具有较好的团队合作精神和沟通交流能力，能帮助小组其他成员	具有一定的团队合作精神，能配合小组完成项目任务	10	（组员互评）
		合计			100	

三、拓展知识

非线绕式电位器

按照材料的不同，除了线绕式电位器外还有以下 3 类常见的电位器。

(1) 膜式电位器。

膜式电位器通常分碳膜电位器和金属膜电位器。碳膜电位器是在绝缘骨架表面涂一层均匀电阻液，烘干聚合后形成电阻膜。电阻液由石墨、炭黑和树脂材料配制。其优点是分辨率高、耐磨性好、工艺简单、成本低，但接触电阻大。金属膜电位器是在玻璃等绝缘基体上喷涂一层铂铑、铂铜合金金属膜制成。这种电位器温度系数小，适合高温下工作，但功率小、耐磨性差、阻值小。

(2) 导电塑料电位器。

导电塑料电位器又称有机实心电位器。采用塑料和导电材料（石墨、金属、合金粉末等）混合模压而成。特点是分辨率高、使用寿命长、旋转力矩小、功率大。缺点是接触电阻大，耐热、耐湿性能差。

图 5-9 所示为 LS10 导电塑料线位移传感器，矩形壳体为传感器的主体，金属杆为测量轴（双面出轴），下方为电缆引出线。将传感器主体固定，被测物体的运动位移通过与测量轴的连接进行检测。电缆引出线有 3 根，分别为黄、绿、红 3 色。黄、绿线为传感器电阻体两端线（或接电源），红线为导电层（或电刷引出线，作为输出端）引线。图 5-10 所示为 KTS 精密导电塑料线位移传感器，它与 LS10 导电塑料线位移传感器的区别是，单面出轴，电缆引线也是 3 根，分别为黑、红、白 3 色，黑、红线为传感器电阻体两端线，白线为导电层引线。

图 5-9　LS10 导电塑料线位移传感器 　　　图 5-10　KTS 精密导电塑料线位移传感器

（3）光电电位器。

光电电位器是非接触电位器，采用光束代替电刷。其结构如图 5-11 所示。光束在电阻带、光电导层上移动时，光电导层受到光束激发，使电阻带和集电带导通，在负载电阻两端便有电压输出。光电电位器特点是阻值范围宽（500Ω～15MΩ）、无磨损、寿命长、分辨率高。缺点是不能输出大电流，测量电路复杂。

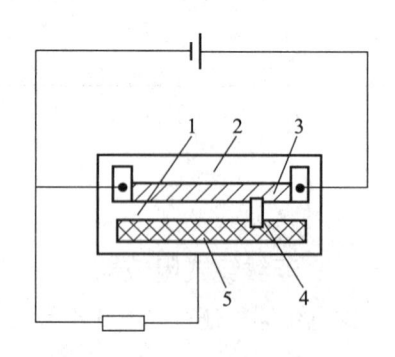

图 5-11　光电电位器结构示意图
1—光电导层；2—基体；3—电阻带；4—窄光束；5—集电带

任务二　差动变压器式位移传感器测位移

差动变压器式位移传感器是利用电磁感应的原理进行测量的。它从原理上讲是一个变压器，利用线圈的互感作用把被测位移量转换为感应电动势的变化。由于这种传感器常常做成差动的形式，所以称为差动变压器。

机械零件轴的几何形状精度自动检测时，往往要用到位移传感器，而差动变压器式位移传感器的检测范围一般是 0～100mm，它可以方便地组建成自动检测系统，因此，在机械零件的几何形状精度检测时，可选择差动变压器式位移传感器。

一、基础知识

1. 差动变压器式位移传感器的基本原理

差动变压器式位移传感器是由一个可动铁芯、一次绕组和二次绕组组成的变压器。如图 5-12 所示，二次绕组 3、4 反极性串联，接成差动形式。当一次绕组 2 通上交流电压时，在二次绕组3、4上分别产生感应电动势E_3和E_4，则输出电动势$E=E_3-E_4$。当两个二次绕组完全一致、铁芯位于中间时，输出电动势为0；当铁芯向上运动时，$E_3>E_4$；当铁芯向下运动时，$E_3<E_4$。随着铁芯上下移动，输出电动势E发生变化，其大小与铁芯的轴向位移成比例，其方向反映铁芯的运动方向。这样输出电动势E就可以反映位移变化。

忽略差动变压器中的涡流损耗和耦合电容等，其等效电路如图5-13所示。

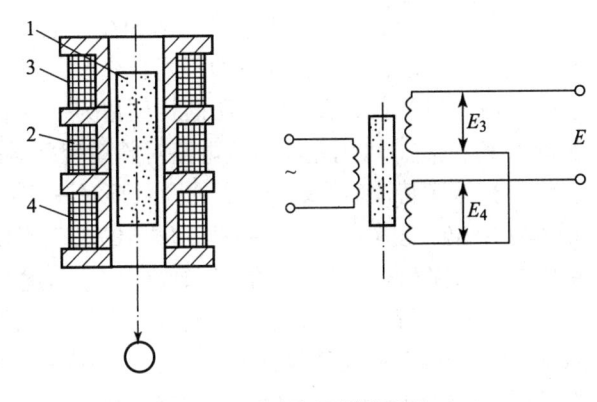

图5-12 差动变压器的原理
1—可动铁芯；2——次绕组；3，4—二次绕组

图中L_P、R_P为一次绕组电感与等效电阻；M_1和M_2为互感；E_P为激励电压相量；E_S为输出电压相量。

2. 差动变压器式位移传感器的输出特性

差动变压器的输出特性如图5-14所示。由图可见，单一绕组的感应电动势E_3或E_4与位移s呈非线性关系，而差动形式输出电动势则与铁芯的位移呈线性关系。图中，铁芯应该采用良好的导磁材料制作。最常用的铁芯材料是纯铁，但纯铁在高频时损耗较大。因此，电源频率为500Hz以上的传感器，其铁芯可以用玻莫合金或铁氧体。线圈架常采用热膨胀系数小的非金属材料，如酚醛塑料、陶瓷或聚四氟乙烯。

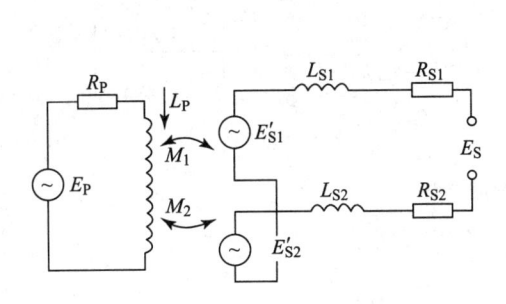

图5-13 差动变压器的等效电路

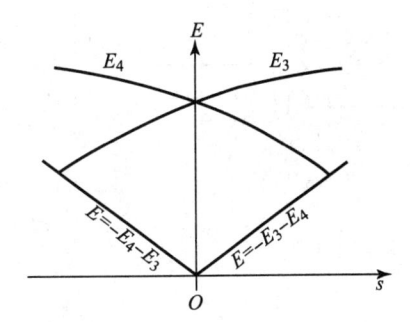

图5-14 差动变压器输出特性曲线

差动变压器式位移传感器的特性通常包括灵敏度、零点电压、线性范围、相位、频率特性、温度特性、吸合力等。

(1) 灵敏度。差动变压器在单位电压励磁下，铁芯移动一单位距离时的输出电压即为灵敏度，其单位为V/(mm·V)。一般差动变压器的灵敏度大于50mV/(mm·V)。提高线圈的Q值、选择较高的励磁频率、增大铁芯直径、提高励磁电压都可以提高差动变压器的灵敏度。

(2) 零点电压。当铁芯位于线圈中间时，传感器的理想输出应为零，而实际上，差动变压器输出存在残余电压U_0，称为零点电压。零点电压产生原因是差动变压器自身结构不对称，励磁电流与铁芯磁通的相位差不为零和寄生电容等因素造成的。为消除零点电压，通常在测量电路中采取补偿措施。

(3) 线性范围。一般差动变压器的线性范围为线圈骨架长度的 1/10~1/4，中段线性较好。铁芯的直径、长度、材质的不同和线圈骨架的形状、大小的不同等，均对线性关系有直接的影响。如果还要求二次电压的相位角为一定值，则差动变压器的线性范围为线圈骨架全长的 1/10 左右。可用差动整流电路对差动变压器的交流输出电压进行整流来扩展线性范围。

(4) 频率特性。差动变压器的励磁频率一般为 400Hz~10kHz 较为合适，应大于衔铁运动频率的 10 倍。频率太低时，差动变压器的灵敏度显著降低，温度误差和频率误差增加；若频率太高，铁损和耦合电容等的影响也增加，前述的理想差动变压器的假定条件就不能成立。

(5) 温度特性。温度主要影响差动变压器式传感器的测量精度。由于机械结构的膨胀、收缩、测量电路的温度特性等的影响，会造成差动变压器测量精度的下降。小型低频差动变压器的温度系数约为 -0.3%/℃；大型差动变压器且使用频率较高时，其温度系数较小，一般为 -0.1%/℃~0.05%/℃。差动变压器的使用温度通常为 80℃，特别制造的高温型可为 150℃。

3. 差动变压器式位移传感器的测量电路

(1) 相敏整流电路。相敏整流电路是通过二极管整流，输出直流电压信号，电路如图 5-15 所示。相敏整流电路的特点是输出电压的极性能反映铁芯位移的方向，即铁芯位置从零点向左、右移动，对应输出电压符号为负极性或正极性，其输出特性如图 5-16 所示。图 5-17 所示为其差动整流电路，这种电路要求比较电压与差动变压器的输出电压具有相同

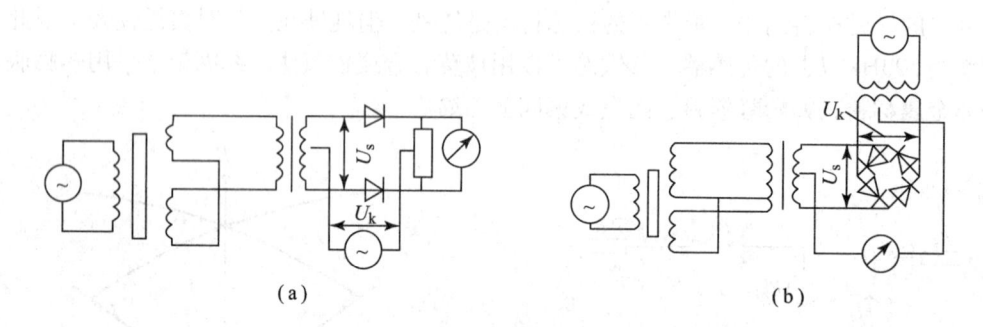

图 5-15 相敏整流电路
(a) 非相敏检波；(b) 相敏检波

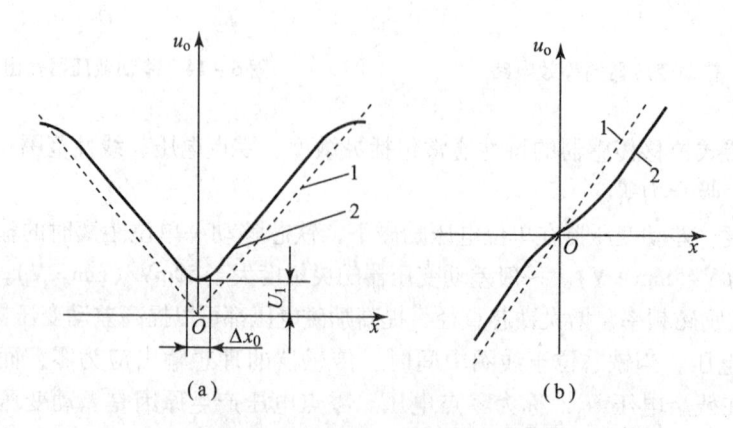

图 5-16 相敏整流电路输出特性
1—理想特性曲线；2—实际特性曲线

频率和相位。在差动变压器用低频励磁电流的场合，还必须设置移相电路，使 U_k 和 U_s 的相位一致。

（2）差动整流电路。差动整流电路又分为全波电流输出、半波电流输出、全波电压输出和半波电压输出，如图 5-17 所示。这种电路的原理是把差动变压器两个二次电压分别整流后，以它们的差作为输出，这样二次绕组电压的相位和零点残余电压都不必考虑。电流输出用在连接低阻抗负载（如线圈式电流表）的场合；电压输出用在连接高阻抗负载（如数字电压表）的场合。差动整流电路的优点是能消除零点误差的影响，不需要移相器，电路简单，能够使差动变压器的线性范围得到扩展。当二次绕组阻抗高、负载电阻小、接入电容器进行滤波时，差动整流后输出电压的线性度与不经整流的二次输出电压的线性度相比，铁芯位移大时其输出线性度增加。

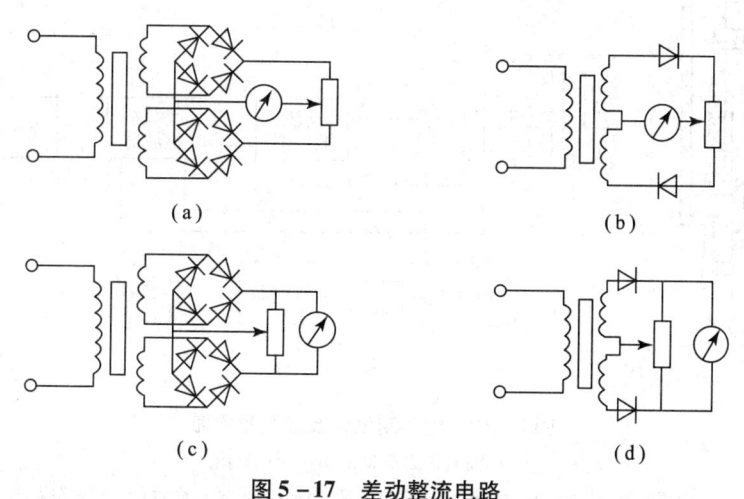

图 5-17 差动整流电路
（a）全波电流输出；（b）半波电流输出；（c）全波电压输出；（d）半波电压输出

（3）小位移测量电路。小位移测量电路是指满量程为数微米到数十微米的小位移测量，一般输出信号需经放大后再进行测量。在放大电路中加入深度负反馈，以提高放大器的稳定性和线性关系。振荡器将输出的电压调制后送入放大器放大，然后再通过相敏整流器整流得到原始位移信号。

4. 零位电压的补偿

零位电压最简单的补偿方法是在输出端接一可调电位器 R_0，如图 5-18（a）所示。改变电位器电刷的位置，可使两只二次绕组输出电压的大小和相位发生改变，从而使零位电压为最小值。这种方法可补偿零位电压中基波正弦分量。如果在输出端再并联一只电容器 C，就可以有效地补偿零位电压的高次谐波分量，如图 5-18（b）所示。

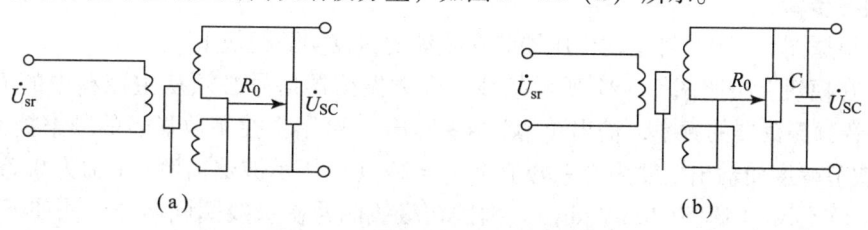

图 5-18 两种零位电压补偿电路

要减小零位电压,最重要的是使传感器的上下几何尺寸和电气参数严格地相互对称。同时,衔铁或铁芯必须经过热处理,以改善导磁性能,提高磁性能的均匀性和稳定性,使导磁体避开饱和区。铁芯的最大工作磁感应强度应该低于材料磁化曲线与 μ_{max} 处对应的 B_m 值,即在磁化曲线的线性段工作。

5. 差动变压器式位移传感器的应用

图 5-19(a)所示是轴向式测试头的结构示意图,图 5-19(b)所示是差动变压器式测位仪的原理框图。测量时探头的顶尖与被测件接触,被测件的微小位移会使衔铁在差动线圈中移动,线圈的感应电动势将产生变化,这一变化量通过引线接到交流电桥,电桥的输出电压经电流放大器、相敏检波器,转换成能够反映被测件的位移变化大小及方向的电压信号。

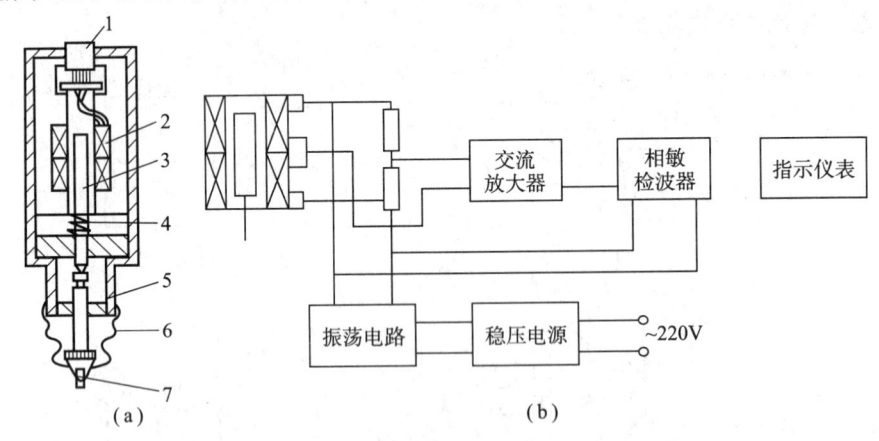

图 5-19 电感测位仪及其测量电路
(a)轴向式测微头;(b)原理框图
1—引线;2—线圈;3—衔铁;4—测力弹簧;5—导杆;6—密封罩;7—感应头

二、任务实施

任务名称:差动变压器的性能测试训练

1. 训练目的

了解差动变压器的工作原理和特性。

2. 训练设备

差动变压器实验模块、测微头、双线示波器、差动变压器、音频信号源(音频振荡器)、直流电源、万用表。

3. 训练步骤

(1)根据图 5-20,将差动变压器装在差动变压器实验模块上。

(2)在模块上按照图 5-21 所示接线,音频振荡器信号必须从主控箱中的 L_V 端子输出,调节音频振荡器的频率,输出频率为 4~5kHz(可用主控箱数显表的频率挡 F_{in} 输入来监测)。调节幅度使输出幅度为峰-峰值 $V_{p-p}=2V$(可用示波器监测:x 轴为 0.2ms/div、y 轴 CH_1 为 1V/div、CH_2 为 20mV/div)。判别初级线圈及次级线圈同名端方法如下:设任一线圈为初级线圈,并设另外两个线圈的任一端为同名端,按图 5-21 所示接线。当铁芯左右

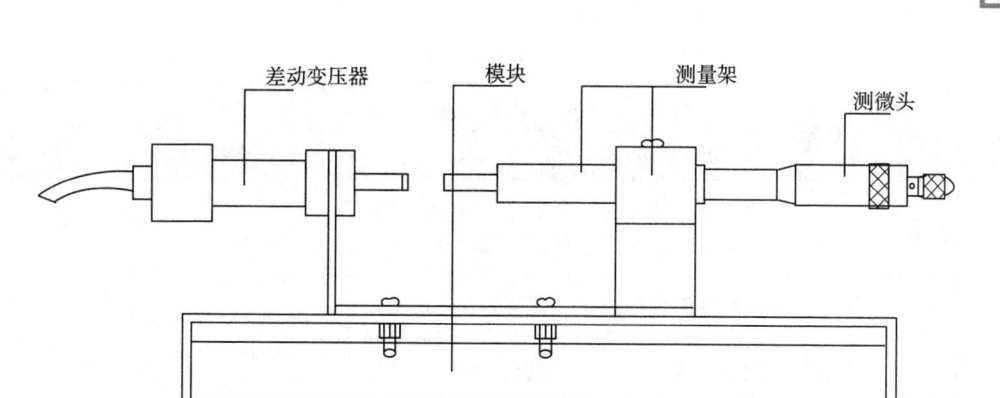

图 5-20 差动变压器电容传感器安装示意图

移动时，观察示波器中显示的初级线圈波形、次级线圈波形，当次级线圈波形输出幅值变化很大，基本上能过零点，而且相位与初级线圈波形（L_V 音频信号 $V_{p-p}=2V$ 波形）比较能同相或反相变化时，说明已连接的初、次级线圈及同名端是正确的；否则继续改变连接再判断直到正确为止。图中 1、2、3、4 为模块中的实验插孔。

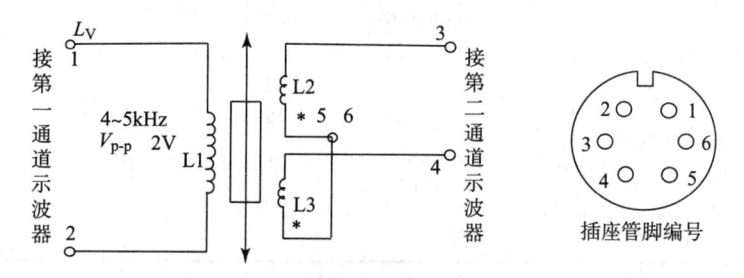

图 5-21 双线示波器与差动变压器连接示意图

（3）旋动测微头，使示波器第二通道显示的波形峰-峰值 V_{p-p} 为最小。这时可以左右位移，假设其中一个方向为正位移，则另一个方向位移为负。从 V_{p-p} 最小开始旋动测微头，每隔 0.2mm 从示波器上读出输出电压 V_{p-p} 值填入表 5-2 中。再从 V_{p-p} 最小处反向位移做实验，在实验过程中，注意左、右位移时，初、次级波形的相位关系。

表 5-2 差动变压器位移 Δx 值与输出电压 V_{p-p} 数据表

V/mV				-←	0mm	→+				
x/mm					V_{p-p}最小					

（4）实验过程中注意差动变压器输出的最小值即为差动变压器的零点残余电压大小。根据表 5-2 画出 V_{op-p}-x 曲线，分别作出量程为 ±1mm、±3mm 时的灵敏度和非线性误差。

4. 任务评价

完成训练任务后，进行任务检查和评价，评价表如下。

任务评价表

序号	内容	评价标准			成绩比例/%	得分
		优	良	合格		
1	基本理论	深刻理解并掌握与任务相关的理论知识点	熟悉与任务相关的理论知识点	了解与任务相关的理论知识点	30	
2	实践操作	能够熟练使用各种查询工具收集和查询相关资料，信息收集快速、准确、详细	能够较熟练地使用各种查询工具收集和查询相关资料，信息数据准确、完备	能够使用各种查询工具收集和查询相关资料，信息数据完整	30	
3	职业能力	具有突出的自主学习能力和分析解决问题能力，并具有创新意识	具有较好的学习能力和分析解决问题能力	能参与到学习讨论中，可以分析解决一些简单问题	20	
4	工作态度	具有严谨的科学态度和工匠精神，能够严格遵守"6S"管理制度	具有良好的科学态度和工匠精神，能够自觉遵守"6S"管理制度	具有基本的科学态度，能够遵守"6S"管理制度	10	
5	团队合作	具有优秀的团队合作精神和沟通交流能力，热心帮助小组其他成员	具有较好的团队合作精神和沟通交流能力，能帮助小组其他成员	具有一定的团队合作精神，能配合小组完成项目任务	10	（组员互评）
		合计			100	

三、拓展知识

1. 差动变压器式位移传感器的特点

（1）无摩擦测量。

差动变压器式位移传感器的可动铁芯和线圈之间通常没有实体接触，也就是说，没有摩擦的部件。因此，它被用于可以承受轻质铁芯负荷，但无法承受摩擦负荷的重要测量。例如，精密材料的冲击挠度或振动测试，纤维或其他高弹性材料的拉伸或蠕变测试。

（2）无限的机械寿命。

由于差动变压器式位移传感器的线圈及其铁芯之间没有摩擦和接触，因此不会产生任何磨损。这样它的机械寿命，理论上是无限长的。在对材料和结构进行疲劳测试等应用中，这是极为重要的技术要求。此外，无限的机械寿命对于飞机、导弹、宇宙飞船以及重要工业设备中的高可靠性机械装置也是同样重要的。

（3）无限的分辨率。

差动变压器式位移传感器的无摩擦运作及其感应原理使它具有真正的无限分辨率。这意味着它可以对铁芯最微小的运动作出响应并生成输出。外部电子设备的可读性是对分辨率的唯一限制。

（4）零位可重复性。

差动变压器式位移传感器构造对称，零位可回复。它的电气零位可重复性高，且极其稳定。用在闭环控制系统中，差动变压器式位移传感器是非常出色的电气零位指示器。

（5）径向不敏感。

差动变压器式位移传感器对于铁芯的轴向运动非常敏感，径向运动相对迟钝。因此，它可以用于测量不是按照精准直线运动的物体，如可把差动变压器式位移传感器耦合至波登管的末端测量压力。

（6）输入输出隔离。

差动变压器式位移传感器被认为是变压器的一种，因为它的励磁输入（初级）和输出（次级）是完全隔离的。无须缓冲放大器，可以认为它是一种有效的模拟信号元件。在要求信号线与电源地线隔离的测量和控制回路中，它的使用非常方便。

2. 差动变压器式位移传感器的优、缺点

1）优点

（1）动态特性好，可用于高速在线检测，进行自动测量、自动控制。光栅、磁栅等测量速度一般在 1.5m/s 以内，只能用于静态测量。

（2）可在强磁场、大电流、潮湿、粉尘等恶劣环境下使用。

（3）可以做成在特殊条件下工作的传感器，如耐高压、高温，耐辐射，全密封在水下工作。

（4）可靠性非常好，能承受冲击达 150g/11ms，振动频率 2kHz 加速度 20g。体积小，价格低，性能价格比高。

2）缺点

由于差动变压器式位移传感器工作原理是差动变压器式，通过线圈绕线，对于超大行程来说（超过 1m）生产难度大，传感器和拉杆之和长度将达 2m 以上，使用不方便，且线性度也不高。

3. 差动变压器式位移传感器的使用注意事项

（1）传感器测杆应与被测物垂直接触。

（2）活动的铁芯和测杆不能因受到侧向力而造成变形弯曲；否则会严重影响测杆的活动灵活性。不可敲打传感器或使传感器跌落。

（3）接线牢固，避免压线、夹线。

（4）固定夹持传感器壳体时，应避免松动，但也不可用力太大、太猛。

（5）安装传感器应调节（挪动）传感器的夹持位置，使其位移变化不超出测量范围，即通过观测位移读数，使位移在传感器的量程内变化，使输出信号不超出额定范围。

任务三　电涡流式位移传感器测位移

电涡流式位移传感器是利用金属体的涡流效应进行测量的，常用来测量位移。电涡流式位移传感器的最大特点是可以对一些参数进行非接触的连续测量。对于许多旋转机械的轴向位移就可采用电涡流式位移传感器来进行测量。

一、基础知识

1. 电涡流式位移传感器的工作原理

金属板置于变化着的磁场中，或者在固定磁场中运动时，金属体内就会产生感应电流，这种电流的流线在金属体内是闭合的，所以称为涡流。电涡流式位移传感器通过自身线圈产生变化的磁场，金属体在磁场内产生涡流，传感器再通过电磁感应感受涡流的变化来实现对参数的测量。由于存在集肤效应，因此，涡流渗透的深度是与传感器线圈励磁电流的频率有关的。电涡流式位移传感器主要可分为高频反射式涡流传感器和低频透射式涡流传感器两类。高频反射式涡流传感器的应用较为广泛。

如图 5-22 所示，传感器线圈 L 距厚金属板高 x。线圈通以高频信号，产生的高频电磁场作用于金属板的表面。金属板表面感应产生涡流，其产生的电磁场又反作用于线圈 L 上，使线圈电感等效变化，其变化程度取决于线圈 L 的外形尺寸、线圈 L 至金属板之间的距离 x、金属板材料的电阻 ρ 和磁导率 μ（ρ 及 μ 均与材质及温度有关）以及 i_s 的频率等。由于趋肤效应，高频电磁场不能透过具有一定厚度的金属板，而仅作用于表面的薄层内，这就保证了传感器感应的信号来自金属板反射，故名高频反射式涡流传感器。对非导磁金属（$\mu \approx 1$）而言，若 i_s 及 L 等参数已确定，金属板的厚度远大于涡流渗透深度时，则表面感应的涡流几乎只取决于线圈 L 至金属板的距离，而与板厚及电阻率的变化无关。

图 5-23 所示为高频反射式涡流传感器等效电路。电感 L_2 与电阻 R_2 分别表示金属板对涡流呈现的电感效应和在金属板上的涡流损耗，用互感系数 M 表示 L_2 与原线圈 L_1 之间的相互作用，R_1 为原线圈 L_1 的损耗电阻。

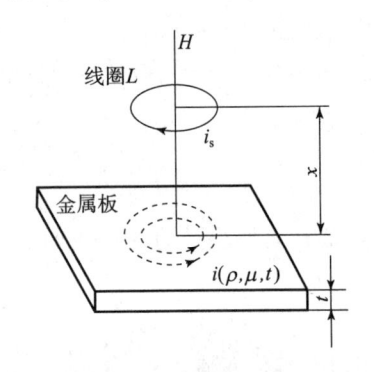

图 5-22 涡流的产生

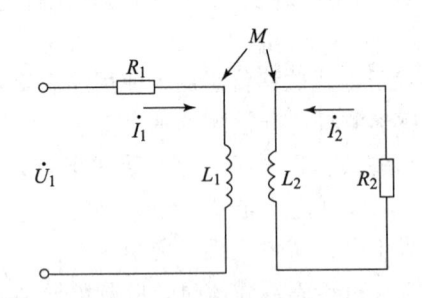

图 5-23 高频反射式涡流传感器的等效电路

2. 电涡流式位移传感器的测量电路

高频反射式涡流传感器的测量电路基本上可分为电桥法和谐振法两类。电桥法原理如图 5-24 所示。它将传感器线圈阻抗的变化转化为电压或电流的变化。传感器线圈的阻抗作为传感器电桥的一个臂接入电路。测量中，传感器阻抗变化引起电桥失去平衡，产生与输入量成正比的输出信号。电桥法常用于两个电涡

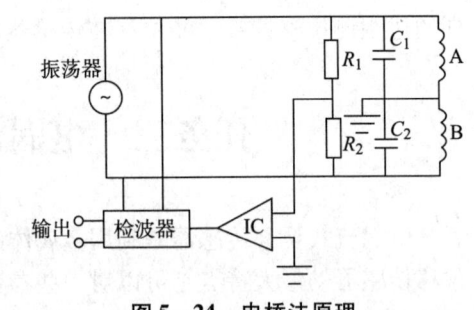

图 5-24 电桥法原理

流线圈组成的差动传感器。

谐振法是将传感器线圈的等效电感变换为电压或电流的变化。传感器线圈与电容组成 LC 并联谐振电路。当电感 L 变化时,回路的等效阻抗和谐振频率都将随 L 的变化而变化。可以通过测量回路等效阻抗和谐振频率的方法测出电感变化。谐振法可以分为定频电路和调频电路。

定频电路测量原理如图 5-25 所示。图中稳频稳幅正弦波振荡器的输出信号经由电阻 R 加到传感器上,使电路产生谐振。电感线圈 L 感应的高频电磁场作用于金属板表面,由于表面的涡流反射作用,使 L 的电感量降低,并使回路失谐,从而改变了检波电压 U 的大小。此时,$L-x$ 的关系就转换成 $U-x$ 的关系。通过检波电压 U 的测量,就可以确定距离 x 的大小。当 x 趋近于无穷大时,回路处于并联谐振状态。

调频电路原理如图 5-26 所示。传感器作为一个 LC 振荡器的电感。当传感器线圈与被测物体间的距离 x 变化时,引起传感器线圈的电感量 L 发生变化,从而使振荡器的频率改变,然后通过鉴频器将频率变化再变成电压输出。

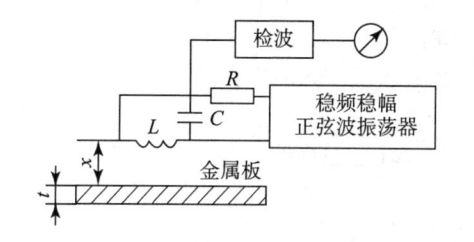

图 5-25 定频电路测量原理

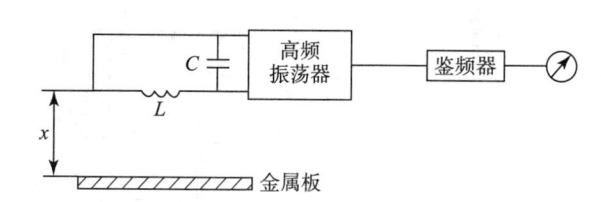

图 5-26 调频电路原理

3. 电涡流式位移传感器的应用

通过测量金属被测体与探头端面的相对位置,电涡流式位移传感器感应并处理成相应的电信号输出。传感器可长期可靠工作,灵敏度高、抗干扰能力强、非接触测量、响应速度快、不受油水等介质的影响,在大型旋转机械的轴位移、轴振动、轴转速等参数进行长期实时监测中被广泛应用。

对于许多旋转机械,包括蒸汽轮机、燃气轮机、水轮机、离心式和轴流式压缩机、离心泵等,轴向位移是一个十分重要的信号,过大的轴向位移将会引起过大的机构损坏。轴向位移的测量,可以指示旋转部件与固定部件之间的轴向间隙或相对瞬时的位移变化,用以防止机器的损坏。轴向位移是指机器内部转子沿轴心方向,相对于止推轴承的间隙而言。有些机械故障,也可通过轴向位移的探测进行判别。

测量轴的轴向位移时,测量面应该与轴是一个整体,这个测量面是以探头中心线为中心,宽度为 1.5 倍探头头部直径的圆环(在停机时,探头只对正了这个圆环一部分,机器启动后,整个圆环都会变成被测面),整个圆环应该满足被测面的要求,如图 5-27 所示。

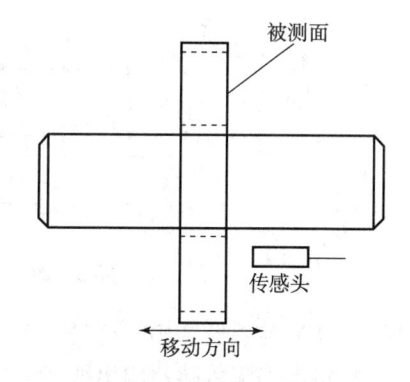

图 5-27 电涡流式位移传感器测量轴的轴向位移

在停机时安装传感器探头，由于轴通常会移向工作推力的反方向，因而探头的安装间隙应该偏大，原则应保证：当机器启动后，轴处于其轴向窜动量的中心位置时，传感器应工作在其线性工作范围的中点。

二、任务实施

任务名称：电涡流传感器测量位移

1. 训练目的

了解电涡流传感器测量位移的工作原理和特性。

2. 训练设备

电涡流传感器实验模块、电涡流传感器、直流电源、数显单元、测微头、铁圆片。

3. 训练步骤

（1）根据图 5-28 所示安装电涡流传感器，并在模块上按照图 5-29 所示接线。

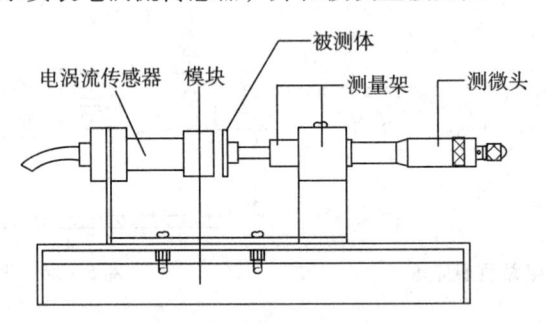

图 5-28 电涡流传感器安装示意图

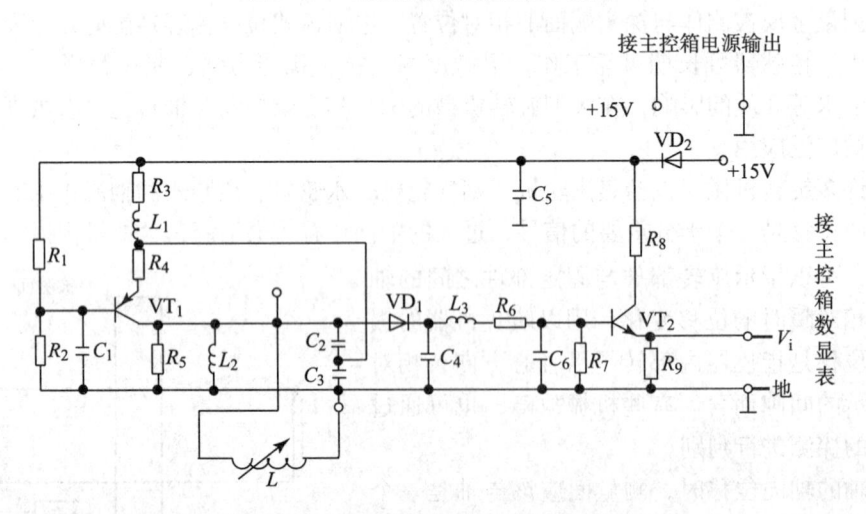

图 5-29 电涡流传感器位移实验接线图

（2）观察传感器结构，这是一个扁平绕线圈。

（3）将电涡流传感器输出线接入实验模块上标有 L 的两端插孔中，作为振荡器的一个元件（传感器屏蔽层接地）。

（4）在测微头端部装上铁质金属圆片，作为电涡流传感器的被测体。

（5）将实验模块输出端 V_0 与数显单元输入端 V_i 相接。数显表量程切换开关选择电压 20V 挡。

（6）用连接导线从主控台接入 +15V 直流电源到模块上标有 +15V 的插孔中。

（7）使测微头与传感器线圈端部接触，开启主控箱电源开关，记下数显表读数，然后每隔 0.2mm 读一个数，直到输出几乎不变为止。将结果列入表 5-3。

表 5-3　电涡流传感器位移 x 与输出电压数据

x/mm									
V/V									

（8）根据表 5-3 中数据，画出 V-x 曲线，根据曲线找出线性区域及进行正、负位移测量时的最佳工作点，试计算量程为 1mm、3mm、5mm 时的灵敏度和线性度（可以用端基法或其他方法拟合直线）。

4. 任务评价

完成训练任务后，进行任务检查和评价，评价表如下。

任务评价表

序号	内容	评价标准 优	评价标准 良	评价标准 合格	成绩比例/%	得分
1	基本理论	深刻理解并掌握与任务相关的理论知识点	熟悉与任务相关的理论知识点	了解与任务相关的理论知识点	30	
2	实践操作	能够熟练使用各种查询工具收集和查询相关资料，信息收集快速、准确、详细	能够较熟练地使用各种查询工具收集和查询相关资料，信息数据准确、完备	能够使用各种查询工具收集和查询相关资料，信息数据完整	30	
3	职业能力	具有突出的自主学习能力和分析解决问题能力，并具有创新意识	具有较好的学习能力和分析解决问题能力	能参与到学习讨论中，可以分析解决一些简单问题	20	
4	工作态度	具有严谨的科学态度和工匠精神，能够严格遵守"6S"管理制度	具有良好的科学态度和工匠精神，能够自觉遵守"6S"管理制度	具有基本的科学态度，能够遵守"6S"管理制度	10	
5	团队合作	具有优秀的团队合作精神和沟通交流能力，热心帮助小组其他成员	具有较好的团队合作精神和沟通交流能力，能帮助小组其他成员	具有一定的团队合作精神，能配合小组完成项目任务	10	（组员互评）
		合计			100	

三、拓展知识

1. 电涡流式位移传感器使用注意事项

（1）被测表面应该光洁，不应该存在刻痕、洞眼、凸台、凹槽等缺陷（对于特意为鉴相器、转速测量设置的凸台或凹槽除外）。

（2）传感器系统应采用非导磁或弱导磁材料（如铜、铝、合金钢等）制作，传感器灵敏度应较高。

（3）当被测体表面有镀层时，传感器应按镀层材料重新校准。

（4）使用时应注意，高频同轴电缆的频率衰减、温度特性、阻抗、长度等都将影响传感器的性能。

（5）在工程应用中，应该尽量使涡流传感器远离交变磁场的作用范围，该措施使磁场产生的影响最小。

2. 电涡流式位移传感器的故障处理

振动与位移的准确测量对于稳定运行至关重要，一般振动和位移探头都是成对安装的，如果其中一个不正常，若该点处的温度以及其他相关工艺指标都无异常时，就可以判断这个报警是假的，有多年工作经验的电涡流传感器设计工程师提出能够引起误报警的主要有以下几个方面的原因。

（1）探头安装质量因素。

探头安装质量因素引起的故障误报警，引起误报警的原因有探头锁紧螺帽松动或延伸，电缆中间接头松动或接触不良，前置器连接接头滑扣或松动等。

处理方法：在安装探头时，用合适的工具用力上紧螺帽，则螺帽松动情况在运行中基本不会出现，但由于系统的多次拆装和长期运行，中间转接接头松动或接触不良在运行中可能会出现，这就需要在每次检修中将接头处的油污杂质清除干净，并做好接头处的绝缘密封工作。为了确保中间接头拧紧，可以在用手拧紧后，再用尖嘴钳紧固即可。

（2）测量线路引起的故障误报警。

测量线路引起的故障误报警常见的原因有前置放大器接线端子松动或接触不良，外接线端子松动或接触不良，以及探头延伸、电缆破皮、线路屏蔽线接地等。

这类故障不容易判断，生产运行期间也不便于彻底检查，如果查出问题之后，处理方法就是：对于接线端子松动或接触不良引起的误报警可以在解除该点联锁后进行处理；对于电缆破皮，可以在破皮处缠绕耐油密封胶带或用热缩管进行收缩包裹；若线路屏蔽线接地则需要重新接线，采取防接地措施。前置器处的各压接端子在多次压接之后，很容易出现损坏，无法压紧线缆，由于前置器整体构造的特点，端子损坏后很难修复，必须更换新的前置器，这样造成了很大的浪费，建议在前置器与压接端子之间再增加一接线端子排，这样前置器处的压接端子只需一次将线接好，以后检查线路就在新增加的端子排处进行。

（3）探头故障引起的误报警。

此类故障在机组运行期间无法处理，必须进行停机处理，探头在设备搬运和拆卸过程中，可能会因碰撞和磨损而损坏端部的测量线圈，所以在每次安装之前，要进行检查校验。

首先进行外观检查，先用万用表测量其直流阻抗，若在无明显缺陷的情况下在规定范围内则说明探头完好,若外观有明显缺陷,如端部有磨损现象、电缆皮破损较大等,在处理破损后,除测量阻抗外,还需要用专用的传感器标准校验,校验结果合格后方可使用。不论何种故障,在机组运行期间,现场检查只能进行以下内容:在解除联锁的前提下,检查接线是否正常。前置器的接线端子有无松动,前置器供电电压是否正常。若探头中间转接头在机组壳体外保护管内,可以检查中间转接头有无松动、绝缘是否良好。若想做进一步检查,就必须进行停机处理。

任务四 光栅位移传感器测位移

光栅位移传感器是广泛应用于精密机械制造中的一种测量工具,通常也称为光栅尺。光栅尺的测量精度很高,可以用来进行纳米量级的位移测量,另外与输出模拟电信号的传感器不同,光栅位移传感器可以直接实现数字输出。

一、基础知识

1. 光栅的概念

由大量等宽等间距的平行狭缝组成的光学器件称为光栅,如图 5-30 所示。用玻璃制成的光栅称为透射光栅,它是在透明玻璃上刻出大量等宽等间距的平行刻痕,每条刻痕处是不透光的,而两刻痕之间是透光的。用不锈钢制成的光栅称为反射式光栅。光栅的刻痕密度一般为每毫米 10、25、50、100、250 线。刻痕之间的距离称为栅距 W。设刻痕宽度为 a,狭缝宽度为 b,则 $W = a + b$,一般情况下取 $a = b$。

2. 光栅的工作原理

把两块栅距相同的光栅刻线面平行安装,且让它们的刻痕之间有较小的夹角 θ。在刻线的重合处,光从缝隙透过形成亮带,如图 5-31 中的 a—a' 线所示;在两光栅刻线的错开处,由于相互挡光作用而形成暗带,如图 5-31 中的 b—b' 线所示。这种亮带和暗带形成的明暗相间的条纹称为莫尔条纹,莫尔条纹方向与刻线方向近似垂直,故又称横向莫尔条纹。相邻两莫尔条纹的间距为 B_H,其表达式为

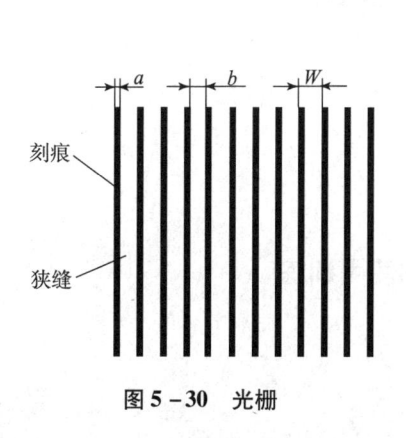

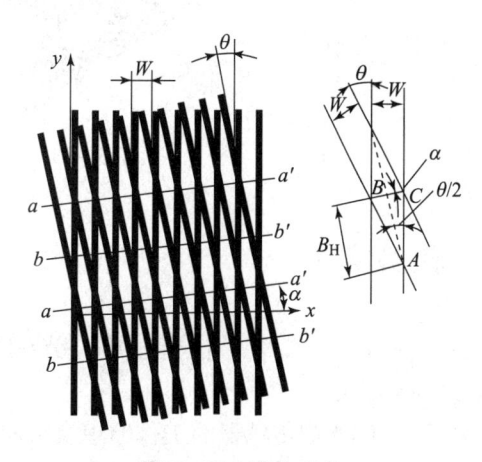

图 5-30 光栅

图 5-31 莫尔条纹

$$B_H = \frac{W}{\sin\theta} \approx \frac{W}{\theta} \qquad (5-6)$$

式中 W——光栅栅距；

θ——两光栅刻线夹角。

由此可以看出，当两光栅在垂直方向相对移动一个栅距时，莫尔条纹则在栅线方向移动一个莫尔条纹间距 B_H。两个光栅面夹角 θ 越小，莫尔条纹间距 B_H 越大。这样就可以把肉眼看不见的光栅位移变成清晰可见的莫尔条纹移动，可以通过测量莫尔条纹的移动来测量光栅位移，从而实现高灵敏度的位移测量。

3. 光栅位移传感器的结构及外形

如图 5-32 所示，光栅位移传感器主要由光源、透镜、光栅副（主光栅和指示光栅）和光电接收元件组成，其中主光栅和被测物体相连，它随着被测物体的移动而产生位移。当主光栅产生位移时，莫尔条纹便随之产生位移，若用光电接收元件记录莫尔条纹通过某点的数目，便可知主光栅移动的距离，也就测得了被测物体的位移量。图 5-33 所示为各种不同型号光栅尺的外观。

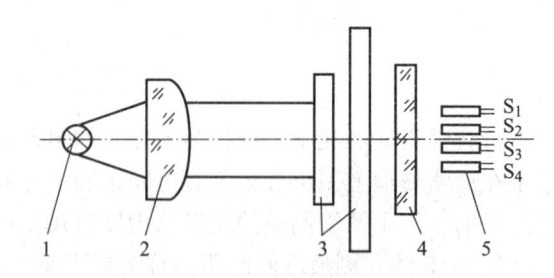

图 5-32 光栅位移传感器的结构原理
1—光源；2—透镜；3—光栅副；4—透镜；5—光电接收元件

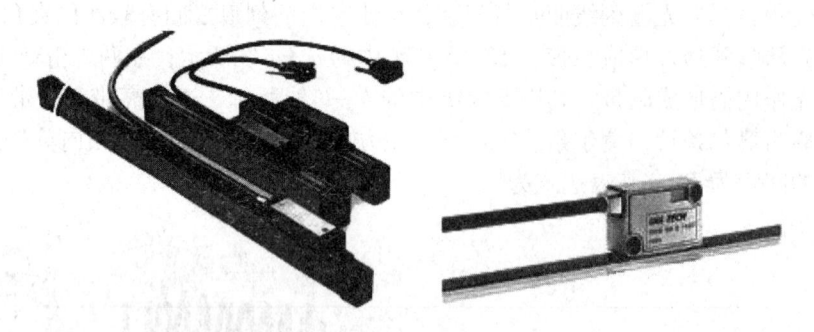

图 5-33 各种不同型号光栅尺

二、任务实施

任务名称：光栅位移传感器使用训练

1. 训练目的

（1）了解光栅传感器的工作原理及组成。

（2）熟悉光栅传感器及其数显产品。

（3）掌握光栅传感器安装、与数显表的连接及维护。

2. 训练设备

BG1 型系列光栅位移传感器。

3. 光栅位移传感器的安装

1）观察了解光栅位移传感器

BG1 型闭式传感器的传感头分为下滑体和读数头两部分。下滑体上固定有 5 个精确定位的微型滚动轴承沿导轨运动，保证运动中指示光栅与主光栅之间保持准确夹角和正确的间隙。读数头内装有前置放大和整形电路。读数头与下滑体之间采用刚柔结合的连接方式，既保证了很高的可靠性，又有很好的灵活性。读数头带有两个连接孔，主光栅体两端带有安装孔，将其分别安装在两个相对运动的部件上，实现主光栅与指示光栅之间的运动，进行线性测量。

2）安装

光栅位移传感器的安装比较灵活，可安装在机床的不同部位。一般将主尺安装在机床的工作台（滑板）上，随机床走刀而动，读数头固定在床身上，尽可能使读数头安装在主尺的下方。其安装方式的选择必须注意切屑、切削液及油液的溅落方向。如果由于安装位置限制必须采用读数头朝上的方式安装，则必须增加辅助密封装置。另外，读数头应尽量安装在相对机床静止的部件上，此时输出导线不移动易固定，而尺身则应安装在相对机床运动的部件上（如滑板）。

（1）安装基面。安装光栅位移传感器时，不能直接将传感器安装在粗糙不平的机床身上，更不能安装在打底涂漆的机床身上。光栅主尺及读数头分别安装在机床相对运动的两个部件上。用千分表检查机床工作台的主尺安装面与导轨运动方向的平行度。千分表固定在床身上，移动工作台要求达到平行度为 0.1mm/1 000mm 以内。如果不能达到这个要求，则需设计加工一件光栅尺基座。基座要求做到以下几点。

①应加一根与光栅尺尺身长度相等的基座（最好基座长出光栅尺 50mm 左右）。

②该基座通过铣、磨工序加工，保证其平面平行度为 0.1mm/1 000mm 以内。另外，还需加工一件与尺身基座等高的读数头基座。读数头的基座与尺身的基座总共误差不得超过 0.2mm。安装时，调整读数头位置，达到读数头与光栅尺尺身的平行度为 0.1mm 左右，读数头与光栅尺尺身之间的间距为 1~1.5mm。

（2）主尺安装。将光栅主尺用 M4 螺钉拧在机床安装的工作台安装面上，但不要拧紧，把千分表固定在床身上，移动工作台（主尺与工作台同时移动）。用千分表测量主尺平面与机床导轨运动方向的平行度，调整主尺 M4 螺钉位置，当主尺平行度满足在 0.1mm/1 000mm 以内时，把 M4 螺钉彻底拧紧。

在安装光栅主尺时，应注意以下 3 点。

①在装主尺时，如安装超过 1.5m 以上的光栅，不能像桥梁式一样只安装两端头，尚需在整个主尺尺身中有支撑。

②在有基座情况下安装好后，最好用一个卡子卡住尺身中点（或几点）。

③不能安装卡子时，最好用玻璃胶粘住光栅尺身，使基座与主尺固定好。

（3）读数头的安装。在安装读数头时，首先应保证读数头的基面达到安装要求，然后再安装读数头，其安装方法与主尺相似。最后调整读数头，使读数头与光栅主尺平行度保证在0.1mm/1 000mm之内，其读数头与主尺的间隙控制在1～1.5mm内。

（4）限位装置。光栅位移传感器全部安装完以后，一定要在机床导轨上安装限位装置，以免机床加工产品移动时读数头冲撞到主尺两端，从而损坏光栅尺。另外，用户在选购光栅位移传感器时，应尽量选用超出机床加工尺寸100mm的光栅尺，以留有余量。

3）检查

光栅位移传感器安装完毕后，可接通数显表，移动工作台，观察数显表计数是否正常。在机床上选取一个参考位置，来回移动工作点至该参考位置。数显表读数应相同（或回零）。另外，也可使用千分表（或百分表），使千分表与数显表同时调至零（或记忆起始数据），往返多次后回到初始位置，观察数显表与千分表的数据是否一致。

通过以上工作，光栅传感器的安装就完成了。但对于一般的机床加工环境来讲，切屑、切削液及油污较多。因此，光栅传感器应附带加保护罩，保护罩的设计是按照光栅传感器的外形截面放大留一定的空间尺寸来确定，保护罩通常采用橡皮密封，使其具备一定的防水防油能力。

4. 任务评价

完成训练任务后，进行任务检查和评价，评价表如下。

任务评价表

序号	内容	评价标准			成绩比例/%	得分
		优	良	合格		
1	基本理论	深刻理解并掌握与任务相关的理论知识点	熟悉与任务相关的理论知识点	了解与任务相关的理论知识点	30	
2	实践操作	能够熟练使用各种查询工具收集和查询相关资料，信息收集快速、准确、详细	能够较熟练地使用各种查询工具收集和查询相关资料，信息数据准确、完备	能够使用各种查询工具收集和查询相关资料，信息数据完整	30	
3	职业能力	具有突出的自主学习能力和分析解决问题能力，并具有创新意识	具有较好的学习能力和分析解决问题能力	能参与到学习讨论中，可以分析解决一些简单问题	20	
4	工作态度	具有严谨的科学态度和工匠精神，能够严格遵守"6S"管理制度	具有良好的科学态度和工匠精神，能够自觉遵守"6S"管理制度	具有基本的科学态度，能够遵守"6S"管理制度	10	
5	团队合作	具有优秀的团队合作精神和沟通交流能力，热心帮助小组其他成员	具有较好的团队合作精神和沟通交流能力，能帮助小组其他成员	具有一定的团队合作精神，能配合小组完成项目任务	10	（组员互评）
		合计			100	

三、拓展知识

大型高精度衍射光栅刻划系统

衍射光栅（以下简称"光栅"）是一种具有纳米精度、周期性微结构的精密光学元件，可以把复色光分解为单色光。光栅不仅是各类光谱仪器的"心脏"，同时在光通信、激光器、激光惯性约束核聚变等众多领域都有非常重要的应用。光栅面积大可获得高集光率和分辨本领，精度高可获得高信噪比，但同时将光栅"做大"和"做精"属于世界性难题。我国战略高技术领域所需要的高精度大尺寸光栅受到国外严格限制。随着科学技术的不断发展，大面积高精度中阶梯光栅已经成为制约我国相关领域技术发展的"短板"，此类光栅的研制也是各光栅强国之间展开竞争的焦点。

长春光机所是我国光栅的发源地，1959年自主研制出国内第一台光栅刻划机，1964年制造出第一块光栅，并支持了我国第一颗原子弹爆炸试验的光谱分析工作。此后，从未间断对光栅研制技术、超精密加工技术等方面的研究，为我国大面积高精度中阶梯光栅的研制打下坚实基础。2008年底，该所获得国家重大科研装备研制项目支持，再次开展"大型高精度衍射光栅刻划系统"的研制工作，并于2009年1月正式启动。长春光机所的全体研究人员郑重地承接起了实现中国"光栅梦"的光辉使命。

光栅刻划机是制作光栅的母机，因部件的加工装调精度之难，运行保障环境要求之高，被誉为"精密机械之王"。本项目研制的光栅刻划机，几乎所有关键部件都冲击世界"极限"水平。研制期间，项目组突破了一系列核心高精度零件的加工制造技术。其中包括840mm长超零级三角螺纹丝杠（零级是常规加工的最高级），周期误差200nm，全长累计误差优于5μm；1 560mm长超零级V型导轨，直线度误差为0.1s；长行程、重载荷定位技术，工作台定位误差3nm（σ）等。

经过8年艰苦攻关，项目组攻克18项关键技术，取得9项创新性成果，于2016年成功研制出了一套大型高精度光栅刻划系统，并成功研制出面积达400mm×500mm的世界上面积最大的中阶梯光栅，该成果填补国内空白，也标志着我国大面积高精度光栅制造中的相关技术已达到国际水平，我国几代"光栅人"终于圆梦成真。

大型高精度衍射光栅刻划系统以及大面积中阶梯光栅的研制成功，打破了我国大型光学系统、远程探测与识别等大科学装置以及国家战略高技术领域所需要的高精度大尺寸光栅受制于人的局面，促进了我国光谱仪器行业摆脱"有器无心"的局面，并帮助我国光谱仪器产业改变低端化现状、提升拓展国际市场的能力。

巩固与练习

一、填空题

1. 电阻位移传感器由_____和_____两部分组成。
2. 涡流式位移传感器可分为_____涡流传感器和_____涡流传感器两类。频率越高，穿透力越_____。

3. 在光栅位移传感器中，_____元件接收莫尔条纹信号，并将其转换为电信号。
4. 莫尔条纹的移动对被测位移量所起的作用是_____。

二、简答题

1. 莫尔条纹是怎样产生的？
2. 光栅传感器的常见故障有哪些？应采取什么样的维修方法？

三、计算题

图 5-34 所示为线性电位计电路，输入电压为 $V_i=5V$，输出电压 $V_o=2.5V$，滑线电阻的总长 AC=100mm。当滑动接触片在中间位置时，距离 AB=BC=50mm。一个物体的移动导致滑动接触片线性位移，这时输出电压为 2.65V。试确定物体移动的位移和方向。

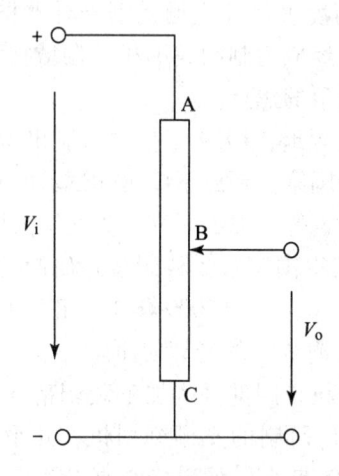

图 5-34 线性电位计电路

项目六

液位检测

◎ 本项目知识结构图

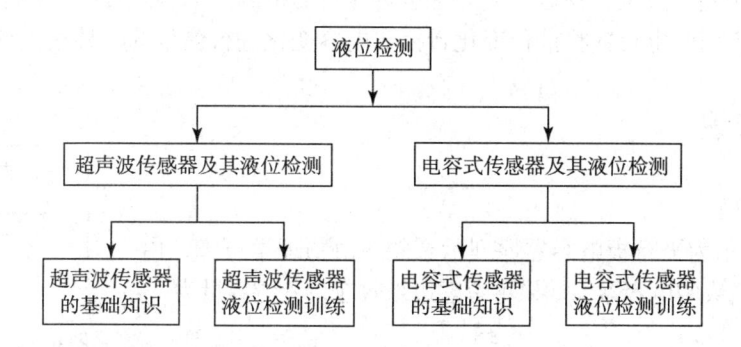

```
                        液位检测
                   ┌───────┴────────┐
         超声波传感器及其液位检测    电容式传感器及其液位检测
          ┌────┴────┐            ┌────┴────┐
      超声波传感器  超声波传感器   电容式传感器  电容式传感器
      的基础知识   液位检测训练   的基础知识   液位检测训练
```

◎ 知识目标

1. 理解液位传感器的基本原理
2. 熟悉常用液位检测方法及应用领域

◎ 技能目标

1. 熟悉常用液位检测元件的外形及接线方式
2. 掌握液位传感器的选择、安装和维修的基本技能

◎ 素质目标

1. 培养团队合作精神
2. 培养严谨的科学态度和精益求精的工匠精神
3. 养成工位整理清扫的习惯

液位是指储存容器或生产设备中液体与气体之间的分界面位置,也可以指密度不同且互不相溶的两种液体之间形成的界面位置。当被测物是固体颗粒或粉料时,称为料位或物位检测。

目前国内外在液位检测方面采用的技术和产品很多,按采用的测量技术及使用方法主要有超声波、电容式、浮力式、压力式和电导式等几种。其中,超声波属于非接触式液位检测传感器,电容式、浮力式、压力式和电导式属于接触式液位检测传感器。下面重点介绍超声波传感器和电容式传感器在液位检测中的应用。

任务一 电容式传感器测液位

电容式传感器是一种能将被测非电量转换成电容量变化的传感器。这类传感器近年来有比较大的发展。它不但能用于位移、振动、角度、加速度等机械量的精密测量,而且正逐步应用于压力、压差、液位、物位、成分含量等项目的检测。电容式传感器用于液位检测是利用被测物质的不同介电常数将液位变化转换成电容变化进行测量的一种液位计。

一、基础知识

1. 工作原理

图 6-1 所示为平行板电容器原理示意图。由物理学可知,由两平行极板所组成的电容器,如果不考虑边缘效应,其电容量为

$$C = \frac{\varepsilon_0 \varepsilon A}{d} \quad (6-1)$$

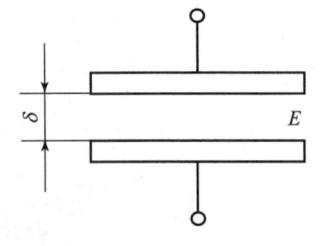

图 6-1 平行板电容器原理示意图

式中 ε——极板间介质的相对介电系数;
ε_0——真空中介质的介电常数,$\varepsilon_0 = 8.85 \times 10^{-12} \text{F/m}$;
d——极板间距离,m;
A——极板间面积,m^2。

由式 (6-1) 得知,当 ε、d 或 A 其中一项或几项发生变化时,都会引起电容 C 的变化。所以,电容式传感器可以分为 3 种类型,即变介电常数型、变极距型和变面积型。

电容液位检测属于变介电常数的结构形式。若将两个极板浸入液体中,液面高度变化,电容器的介电常数占比变化。由于被测介质的不同,电容式液位传感器可以有不同的形式,现介绍测量导电液体的电容液位传感器和测量非导电液体的电容液位传感器。

(1) 测量导电液体的电容液位传感器。

如图 6-2 所示,在液体中插入一根带绝缘套的电极,由于液体是导电的,容器和液体可看作电容器的

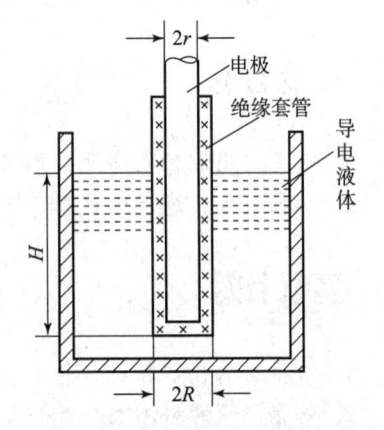

图 6-2 导电液体电容液位传感器示意图

一个电极,插入的金属电极作为另一个电极,绝缘套管为中间介质,三者组成圆筒电容器。

当液位变化时,电容器两极覆盖面积的大小随之变化,液位越高,覆盖面积就越大,容器的电容量也就越大。当容器为非导电体时,必须引入辅助电极(金属棒),其下端浸至被测容器底部,上端与电极的安装法兰有可靠的导电连接,以使两电极中有一个与大地及仪表地线相连,保证仪表的正常测量。应注意,如液体是黏滞介质,当液体下降时,由于电极套管上仍黏附一层被测介质,会造成虚假的液位示值,使仪表所显示的液位比实际液位高。

(2)测量非导电液体的电容液位传感器。

当测量非导电液体,如轻油、某些有机液体以及液态气体的液位时,可采用一个内电极,外部套上一根金属管(如不锈钢),两者彼此绝缘,以被测介质为中间绝缘物质构成同轴套管型电容器,如图6-3所示,绝缘垫上有小孔,外套管上也有孔和槽,以便被测液体自由地流进或流出。因为电极浸没的长度与电容量的变化量成正比关系,因此测出电容增量的数值便可知道液位的高度。

当测量粉状非导电固体料位时,可采用将电极直接插入圆筒形容器的中央,仪表地线与容器相连,以容器作为外电极,物料作为绝缘物质构成圆筒形电容器,其测量原理与上述相同。

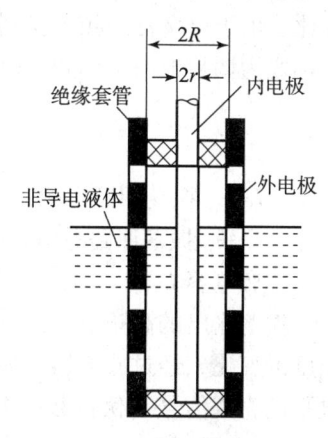

图6-3 非导电液体电容液位传感器示意图

2. 测量转换电路

电容传感器将被测量转换为电容变化后,必须采用测量电路将其转换为电压、电流或频率信号。电容传感器的测量转换电路种类很多,下面介绍一些常用的测量电路。

(1)交流电桥电路。

电容式传感器的交流电桥电路如图6-4所示。其中图6-4(a)所示为单臂接法的桥式电路,高频电源经变压器接到电容电桥的一条对角线上,电容C_1、C_2、C_3、C_x构成电桥的4个桥臂,C_x为电容传感器。当交流电桥平衡时,即$C_1 \cdot C_3 = C_2 \cdot C_x$,输出电压$U_o = 0$;当改变$C_x$时,则$U_o \neq 0$,就会有电压输出。图6-4(b)所示为差动连接,其空载输出电压为

$$\dot{U} = \frac{\dot{U}}{2}\frac{C_{x1} - C_{x2}}{C_{x1} + C_{x2}} = \frac{\dot{U}}{2}\frac{(C_0 \pm \Delta C) - (C_0 \mp \Delta C)}{(C_0 \pm \Delta C) + (C_0 \mp \Delta C)} = \frac{\dot{U}}{2}\frac{\Delta C}{C_0} \qquad (6-2)$$

式中 C_0——传感器初始电容值;

ΔC——传感器电容量的变化值。

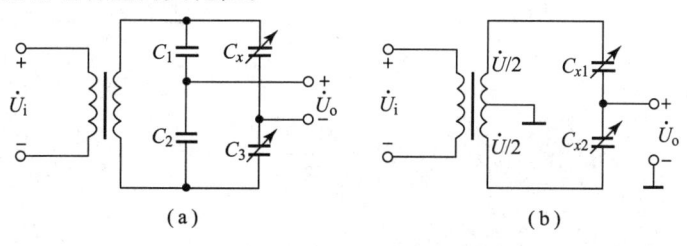

图6-4 电容式传感器的交流电桥电路
(a)单臂电桥;(b)差动连接

需要说明的是,若要判定相位,还要把桥式转换电路的输出经相敏检波电路进行处理。

(2) 调频电路。

图 6-5 所示为电容式传感器的调频电路,其中图 6-5 (a) 所示为调频电路框图,图 6-5 (b) 所示为调频电路原理图。该电路是把电容式传感器作为 LC 振荡回路中的一部分,当电容式传感器工作时,电容 C_x 发生变化,这就使得振荡器的频率 f 发生相应的变化。由于振荡器的频率受到电容式传感器电容的调制,从而实现了电容向频率的变换,因而称之为调频电路。调频振荡器的频率由式 (6-3) 决定,即

$$f = \frac{1}{2\pi\sqrt{LC}} \tag{6-3}$$

式中　L——振荡回路电感;

　　　C——振荡回路总电容(包括传感器电容 C_x、振荡回路微调电容 C_1、传感器电缆分布电容 C_i)。

振荡输出的高频电压是一个受被测量控制的调频波,频率的变化在鉴频器中变换为电压幅度的变化,经过放大器放大后就可用仪表来指示。这种转换电路抗干扰能力强,能取得高电平的直流信号(伏特数量级)。缺点是振荡频率受电缆电容的影响大。

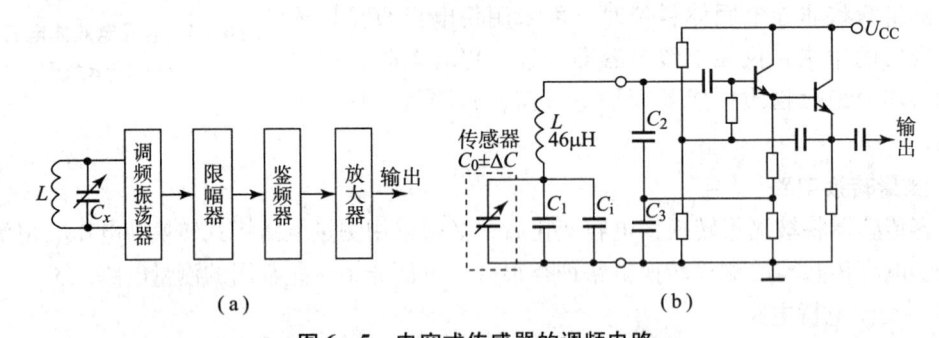

图 6-5　电容式传感器的调频电路
(a) 调频电路框图;(b) 调频电路原理图

(3) 运算放大器电路。

将电容式传感器接入开环放大倍数为 A 的运算放大器中,作为电路的反馈组件,如图 6-6 所示。图中 U_i 是交流电源电压,C_0 是固定电容,C_x 是传感器电容,U_o 是放大器输出电压。由运算放大器的工作原理可得

$$U_o = -\frac{C_0}{C_x}U_i$$

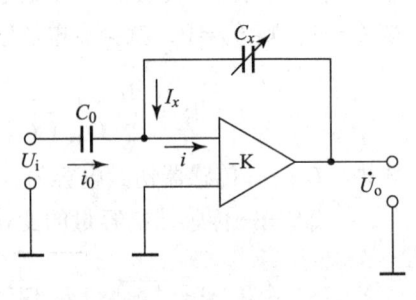

图 6-6　运算放大器电路

对于平行板电容器,有

$$C_x = \frac{\varepsilon\varepsilon_0 A}{\delta}$$

则

$$U_o = -\frac{C_0 U_i}{\varepsilon\varepsilon_0 A}\delta \tag{6-4}$$

由式（6-4）可知，运算放大器的输出电压与极板间距 δ 呈线性关系，式中"-"表示输出与输入电压反向。运算放大器电路从原理上解决了变间隙式电容传感器特性的非线性问题，但要求放大器的开环放大倍数和输入阻抗足够大。为了保证精度，还要求电源的电压幅值和固定电容的容量稳定。

3. 电容式液位变送器的外形结构及连接方式

图 6-7（a）所示为 UYB-1 型或 UYB-2 型电容式液位变送器的杆式结构示意图，图 6-7（b）所示为 UYB-1 型电容式液位变送器的缆式结构示意图，图 6-8 所示为变送器的电路接线及电位器位置示意图，图 6-9 所示为其外形。UYB-1 型或 UYB-2 型电容式液位变送器分别适用于各种储液容器中导电液体和非导电液体的液位测量，变送器

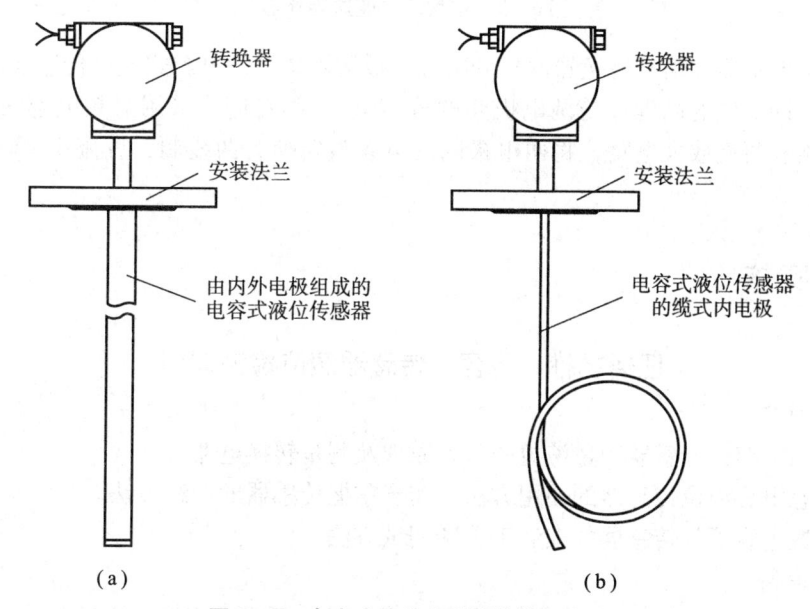

图 6-7 电容式液位变送器结构示意图
（a）杆式结构示意图；（b）缆式结构示意图

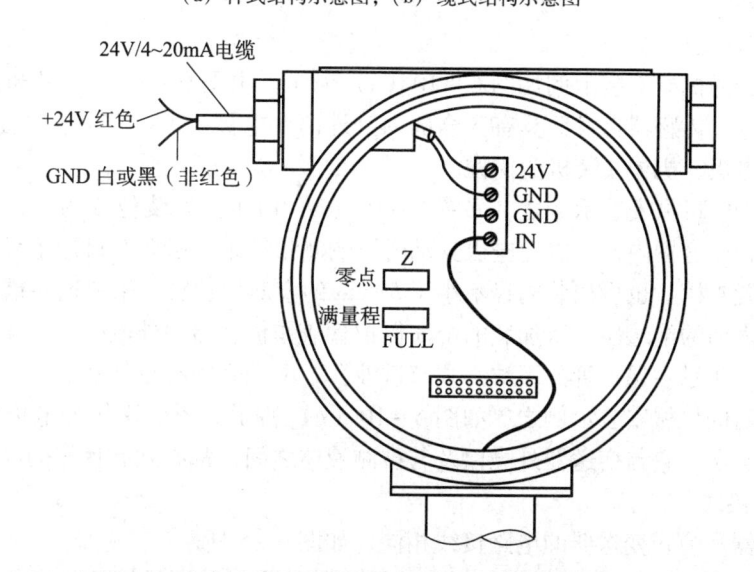

图 6-8 电容式液位变送器电路接线及电位器位置示意图

图6-9 电容液位变送器外形

由电容式液位传感器和信号转换器两部分组成。被测液体浸没电容式液位传感器的内、外两电极的高度,即液位的高度,与两电极间的电容量 C_x 相对应。采用射频电容法测量原理,通过转换电路和恒流放大电路,将两电极间的电容量转换为两线制:直流4~20mA标准电流信号输出。

二、任务实施

任务名称:电容式传感器液位检测训练

1. 训练目的

(1) 熟悉电容式传感器测量液位的基本原理及测量转换电路。
(2) 熟悉电容液位传感器的使用方法,初步掌握传感器的接线方法。
(3) 掌握电容液位传感器的安装工艺和调试方法。

2. 训练设备

电烙铁、万用表、兆欧表、电流(毫安)表、UYB系列电容液位变送器。

3. 训练步骤

(1) 机械安装。

杆式变送器的机械安装示例如图6-10(a)所示。由图6-7(a)可知,由于杆式变送器的电容式液位传感器自身已具有齐全的内、外两个电极,不论容器材料是否是金属的,都无须另设外电极,机械安装极为简便。

缆式变送器的机械安装示例之一如图6-10(b)所示。安装位置的选择,应使缆式电极周围都远离金属容器内壁,以免电极晃动时影响测量结果。必要时可用绝缘性能好的材料对缆式电极设置支撑。也可加装内径不小于50mm的金属保护管。采取这些措施时,要避免损伤缆式电极表面的绝缘层。所加装的金属保护管兼作传感器的外电极,必须与变送器的外壳有良好的电气接触。保护管的下端必须有进液孔,上端必须有排气孔。

缆式变送器的机械安装示例之二如图6-10(c)所示。图中用作外电极的金属板材表面不得有绝缘涂层,它与变送器外壳以及与被测液体之间,都必须有良好的电气接触。

(2) 电路接线。

杆式变送器和缆式变送器的电路接线相同,如图6-8所示。

杆式变送器在出厂前已将"零点"和"量程"校准,其测量结果与安装现场无关。如果用户不需要改变量程,安装后即可直接使用,无须在安装现场重新调整。若发现"零点"有变动,只需重新校准"零点",无须重新校准"量程"。若要改变量程,则应先调整"零点",后调整"量程",反复调整几次,使"零点"和"满量程"输出都准确。

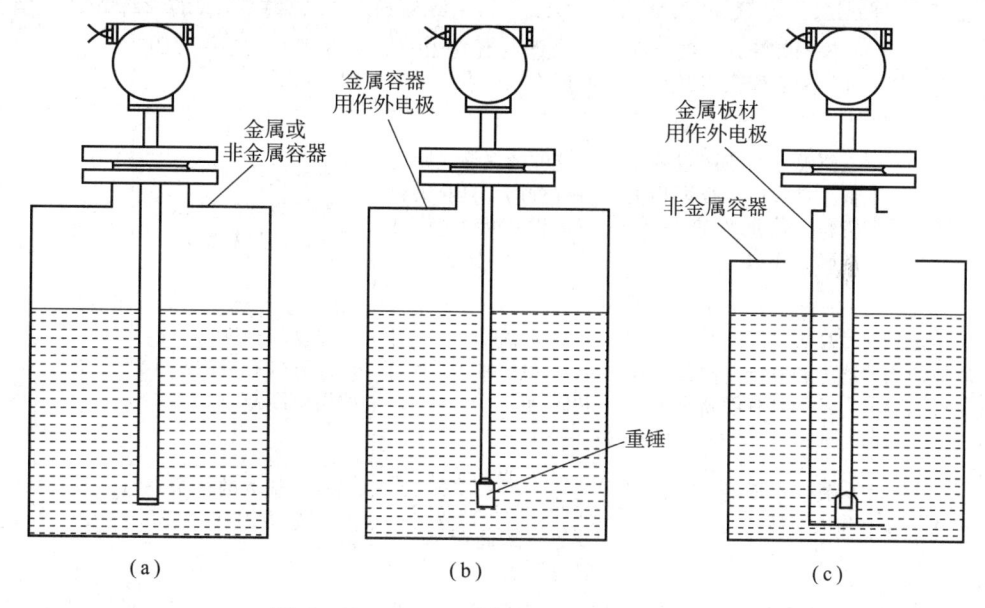

图 6-10 UYB 系列电容液位变送器安装图
(a) 杆式变送器的机械安装示例;(b) 缆式变送器的机械安装示例之一;(c) 缆式变送器的机械安装示例之二

缆式变送器自身不具有外电极,其外电极需要在安装现场根据具体安装条件另外设置。因此,缆式变送器在出厂前只能模拟安装现场的条件调试"零点"和"量程"。一般在安装后应利用现场液位可以上下变化的条件,重新调整"零点"和"量程",要反复调整几次。

调试方法:可在直流 24V 电源的同一条电源线上串接标准毫安表,直接测量电流,也可在配套显示仪表 4~20mA 输入端的 1~5V 信号采集电阻(250f~标准电阻)上,用数字电压表测量电压,以间接测量电流。调试时,使液位上下变化,反复调整"零点"和"量程"。当液位处于用户认定的零位时,调整"零点"电位器"z",使输出为 4mA;当液位处于用户认定的满量程位置时,调整"满量程"电位器"FULL",使输出为 20mA。反复调整几次,使零点和满量程输出都准确。调试时所需调整的零点电位器"z"和满量程电位器"FULL",在印制电路板上的位置如图 6-8 所示。

(3) 记录数据。

探头在有液体和无液体时,观察电流表的读数与液位高度的变化关系。将数据记录于表 6-1 中,绘出关系曲线,并且计算出该变送器的灵敏度 $S = \Delta I_0 / \Delta H$。

表 6-1 实验数据记录表

I_0/mA					
水位高度 H/cm					

4. 任务评价

完成训练任务后,进行任务检查和评价,评价表如下。

任务评价表

序号	内容	评价标准 优	评价标准 良	评价标准 合格	成绩比例/%	得分
1	基本理论	深刻理解并掌握与任务相关的理论知识点	熟悉与任务相关的理论知识点	了解与任务相关的理论知识点	30	
2	实践操作	能够熟练使用各种查询工具收集和查询相关资料，信息收集快速、准确、详细	能够较熟练地使用各种查询工具收集和查询相关资料，信息数据准确、完备	能够使用各种查询工具收集和查询相关资料，信息数据完整	30	
3	职业能力	具有突出的自主学习能力和分析解决问题能力，并具有创新意识	具有较好的学习能力和分析解决问题能力	能参与到学习讨论中，可以分析解决一些简单问题	20	
4	工作态度	具有严谨的科学态度和工匠精神，能够严格遵守"6S"管理制度	具有良好的科学态度和工匠精神，能够自觉遵守"6S"管理制度	具有基本的科学态度，能够遵守"6S"管理制度	10	
5	团队合作	具有优秀的团队合作精神和沟通交流能力，热心帮助小组其他成员	具有较好的团队合作精神和沟通交流能力，能帮助小组其他成员	具有一定的团队合作精神，能配合小组完成项目任务	10	（组员互评）
				合计	100	

三、拓展知识

电容式物位传感器

当测量粉状导电固体料位和黏滞非导电液位时，可采用电极直接插入圆筒形容器的中央，将仪表地线与容器相连，以容器作为外电极，物料或液体作为绝缘物构成圆筒形电容器，图6-11所示为电容式物位传感器结构，其测量原理与电容式液位传感器相同。

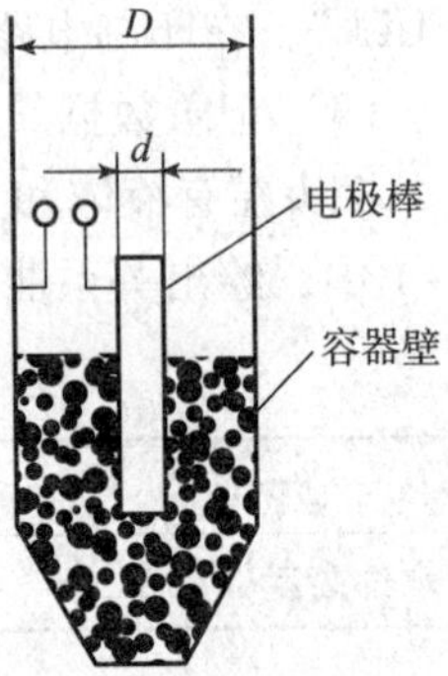

电容式物位传感器主要由电极（敏感元件）和电容检测电路组成，可用于导电和非导电液体之间及两种介电常数不同的非导电液体之间的界面测量。因测量过程中电容的变化都很小，因此准确检测电容量的大小是物位检测的关键。

下面介绍用于物位测量的晶体管电容料位指示仪。它是用来监视密封仓内导电性不良的松散物质的料位，并能对加料系统进行自动控制。在仪器的面板上装有指示灯：红灯指示"料位上限"，绿灯指示"料位下限"。当红灯亮时表示料面已经达到上限，此时应停

图6-11 电容式物位传感器结构

止加料；当红灯熄灭，绿灯亮时，表示料面在上下限之间；当绿灯熄灭时，表示料面低于下限，应该加料。

晶体管电容料位指示仪的电路原理如图 6-12 所示，电容传感器是悬挂在料仓里的金属探头，利用它对大地的分布电容进行检测。在料仓中的上、下限各设有一个金属探头。整个电路由信号转换和控制电路两部分组成。

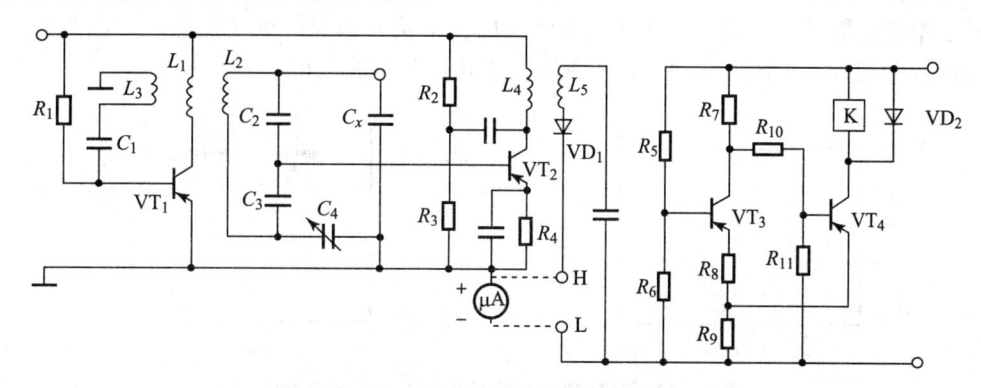

图 6-12　晶体管电容料位指示仪的电路原理

信号转换电路是通过阻抗平衡电桥来实现的，当 $C_2C_4 = C_3C_x$ 时，电桥平衡。设 $C_2 = C_3$，则调整 C_4，使 $C_4 = C_x$ 时电桥平衡。C_x 是探头对大地的分布电容，它直接和料位有关，当料位增加时，C_x 值将随着增加，使电桥失去平衡，按其大小可判断料位情况。电桥电压由 VT_1 和 LC 回路组成的振荡器供电，其振荡器频率约为 70kHz，其幅度值约为 250mV。电桥平衡时，无输出信号；当料面变化引起 C_x 变化，使电桥失去平衡时，电桥输出交流信号。此交流信号经 VT_2 放大后，由 VD 检测变成直流信号。

控制电路是由 VT_3 和 VT_4 组成的射极耦合触发器（施密特触发器）和它所带动的继电器 K 组成，由信号转换电路送来的直流信号，当其幅值达到一定值后，使触发器翻转。此时 VT_4 由截止状态转换为饱和状态，使继电器 K 吸合，其触点控制相应的电路和指示灯，指示料位已达到某一定值。

任务二　超声波传感器测液位

用于物位测量的超声波传感器工作原理：由传感器向液面或粉体表面发射一束超声波，再接收其反射波，根据超声波往返的时间就可以计算出传感器到液面（粉体表面）的距离，即测量出液面（粉体表面）位置。超声波传感器特别适合检测高黏度液体和粉状体的物位。

一、基础知识

以超声波作为检测手段，必须产生超声波和接收超声波。完成这种功能的装置就是超声波传感器，习惯上称为超声换能器或者超声探头。超声波探头主要由压电晶片组成，既可以发射超声波，也可以接收超声波。

1. 工作原理

超声波测液位是利用回声原理进行工作的。超声波探头向液面发射短促的超声脉冲,经过时间 t 后,探头接收到从液面反射回来的回音脉冲,就可以求出探头到液面的距离 h。根据发射和接收换能器的功能,传感器又可分为单换能器和双换能器。单换能器的传感器发射和接收超声波使用同一个换能器,而双换能器的传感器发射和接收各由一个换能器担任。

对于单换能器来说,超声波从换能器到液面,又从液面反射到换能器的时间为 t,则探头到液面的距离为 h,如图 6-13(a)所示。h 可以根据式(6-5)计算,即

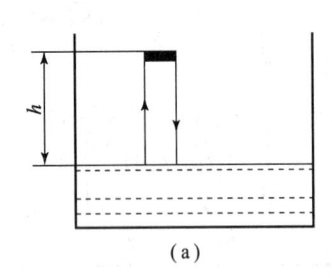

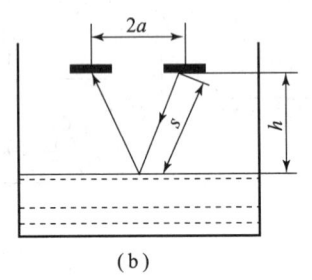

图 6-13 两种超声波传感器的结构原理示意图
(a) 单换能器的测距原理;(b) 双换能器的测距原理

$$h = \frac{ct}{2} \tag{6-5}$$

式中 c——超声波在介质中传播的速度。

对于双换能器来说,超声波从发射的换能器到液面,又从液面反射到接收的换能器的时间为 t,则探头到液面的距离为 h,如图 6-13(b)所示。h 可以根据式(6-6)计算,即

$$h = \sqrt{\left(\frac{ct}{2}\right)^2 - a^2} \tag{6-6}$$

式中 a——两换能器间距之半。

从式(6-5)和式(6-6)可以看出,只要测得超声波脉冲从发射到接收的时间间隔,便可以求得待测的液位高度。

超声波传感器具有精度高和使用寿命长的特点,但若液体中有气泡或液面发生波动,便会产生较大的误差。在一般使用条件下,它的测量误差为 $\pm 0.1\%$,检测物位的范围为 $10^{-2} \sim 10^4 \mathrm{m}$。

2. 基本电路分析

超声波传感器的基本电路主要包括发射超声波传感器的驱动电路和接收超声波传感器的接收电路。图 6-14 所示为超声波用于探测物体有无的电路,它包括超声波传感器的驱动电路和接收电路两大部分。发射超声波传感器的驱动电路采用定时器 555 构成它的励式振动电路。调整电位器 R_{P1} 使接收超声波传感器的输出电压最大,R_{P2} 用于调节滞回电压。用比较器 LM393 放大信号,超声波传感器 MA40A3R 的输出信号作为其输入,LM393 的输出是方波。LM393 的输出接到专用转速表 LM2907N。LM2907N 片内设有频率/电压转换电路和比较电路,它的输入要求为随频率变化的信号。此要求与 LM393 输出的方波信号相适应。

因 LM393 的输出电压不够低电平,所以 LM2907N 的 U_{IN}(11 脚)要加上二极管的正向

偏置电压（0.6V），叠加在 LM393 的电压振幅上。

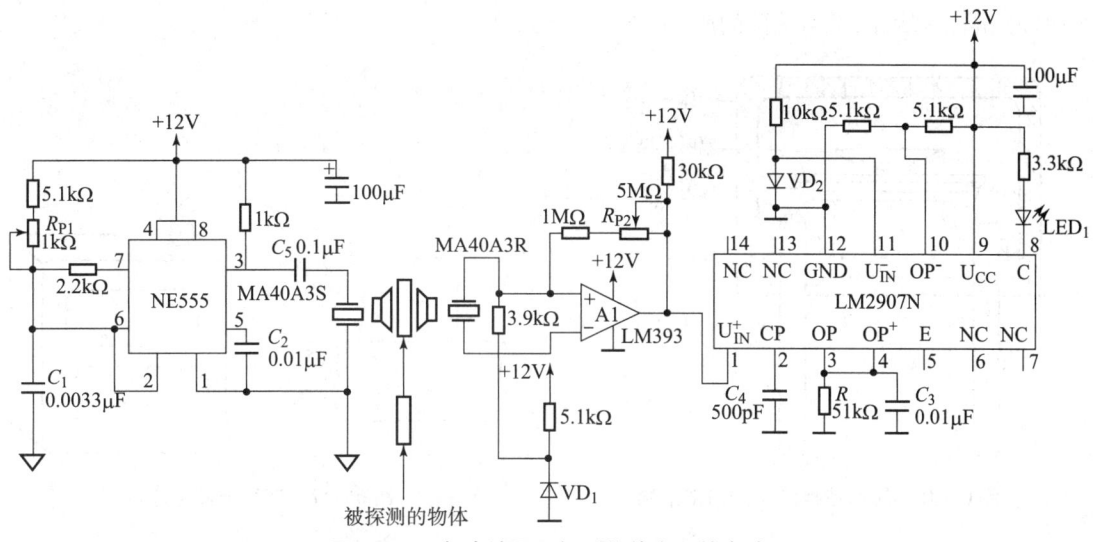

图 6-14 超声波用于探测物体有无的电路

LM2907N 的 F/V 转换电压为 $U_0 = U_{cc} f_{IN} C_4 R_1$，该电压与片内比较器电压进行比较，并经过比较器输出。根据电路参数，当 $f_{IN} = 40$kHz 时，满度转换输出电压为 12V。如果比较器（10 脚）为 $U_{CC}/2 = 6$V 的比较电压时，则输入频率高于 20kHz，比较器输出高电平，晶体管导通，LED 发光。即平时无物体挡住超声波时，输入频率为 40kHz；如果有物体挡住超声波，MA40A3R 没有接收信号，LM2907N 比较器输出低电平，片内晶体管截止，LED 熄灭。

3. 外形结构及连接方式

图 6-15 所示是几种常见的超声波换能器。图 6-16 所示为超声波换能器的内部结构，它利用压电陶瓷的压电效应来工作，逆压电效应将高频电振动转换成高频机械振动，从而产生超声波，可作为发射探头，而正压电效应是将超声振动波转换成电信号，可作为接收探头。

图 6-15 几种常见的超声波换能器

4. 超声波传感器的其他应用

（1）超声波测厚度。

图 6-17 所示为超声波测厚示意图。双晶直探头（由两个单晶探头组合而成，装配在同一壳体内，其中一片晶片发射超声波，另一片晶片接收超声波）左边的压电晶片发射超声波脉冲，经探头内部的延迟块延时后，该脉冲进入被测试件，在到达试件底面时，被反射回

来,并被右边的压电晶片所接收。这样只要测出从发射超声波脉冲到接收超声波脉冲所需要的时间间隔,就可以得到试件的厚度。

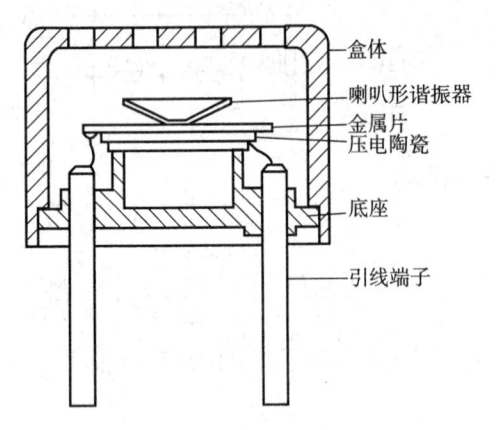

图 6-16 超声波换能器的内部结构

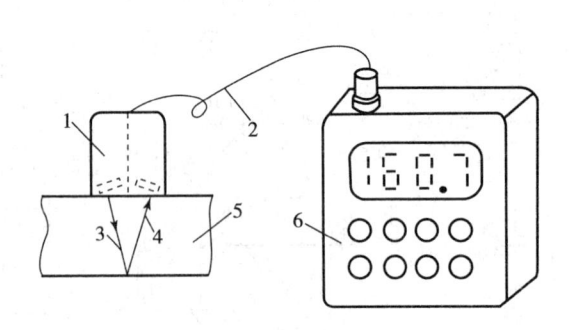

图 6-17 超声波测量厚度
1—双晶直探头;2—引线电缆;3—入射波;
4—反射波;5—试件;6—测厚显示器

(2) 超声波测密度。

图 6-18 所示为超声波测量液体密度的原理示意图。图中采用双晶直探头超声波探头测量,探头安装在测量室(储油箱)的外侧。测量室的长度为 l,根据 $t=2l/v$ 的关系(t 为探头从发射到接收超声波所需的时间),可以求得超声波在被测介质中的传播速度。由实验证明,超声波在液体中的传播速度 v 与液体的密度有关。因此,可通过时间的大小 t 来反映液体的密度。

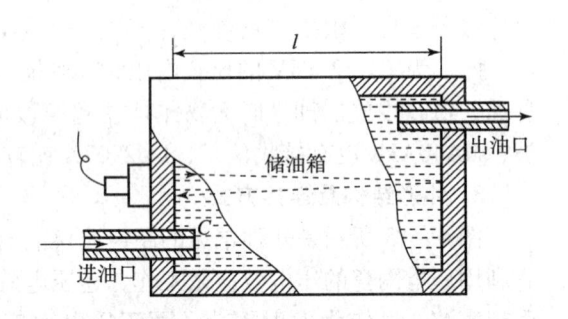

图 6-18 超声波测量液体密度

(3) 无损探伤。

材料缺陷的种类包括气孔、焊缝、裂纹,检测缺陷可采用无损探伤超声波对材料进行无损检测。超声波探伤如图 6-19 所示。若工件中没有缺陷,则超声波传播到工件底部便产生反射,在荧光屏上只显示开始脉冲 T 和底部脉冲 B,如图 6-19(a)所示;若工件中有缺陷,一部分超声波脉冲在缺陷处产生反射,另一部分继续传播到工件底部产生反射,这样在荧光屏上除显示开始脉冲 T 和底部脉冲 B 以外,还会出现缺陷脉冲 F,如图 6-19(b)所示。

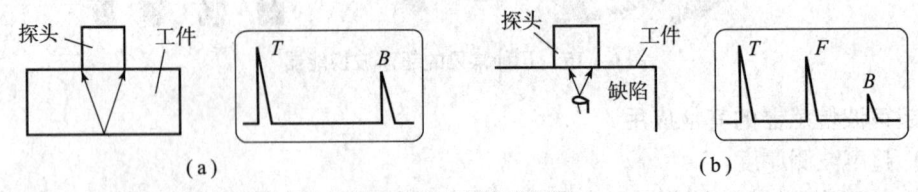

图 6-19 超声波探伤
(a) 无缺陷工件探伤及显示情况;(b) 有缺陷工件探伤及显示情况

二、任务实施

任务名称：超声波传感器液位测量训练

1. 训练目的

（1）了解超声波传感器测量液位的原理和结构。

（2）熟悉超声波传感器外形结构及特点。

（3）通过超声波测量距离的方法了解其液位测量等应用情况。

2. 训练设备

YL 系列传感器综合实验台、超声波传感器实训板、超声波传感器、示波器、电源等。

3. 训练步骤

（1）认识超声波实训电路图。

将超声波传感器发射头的 u_T、接收头的 u_R 公共端与面板的 u_T、u_R 公共端连接，从主控箱上接入电源，如图 6-20 所示。

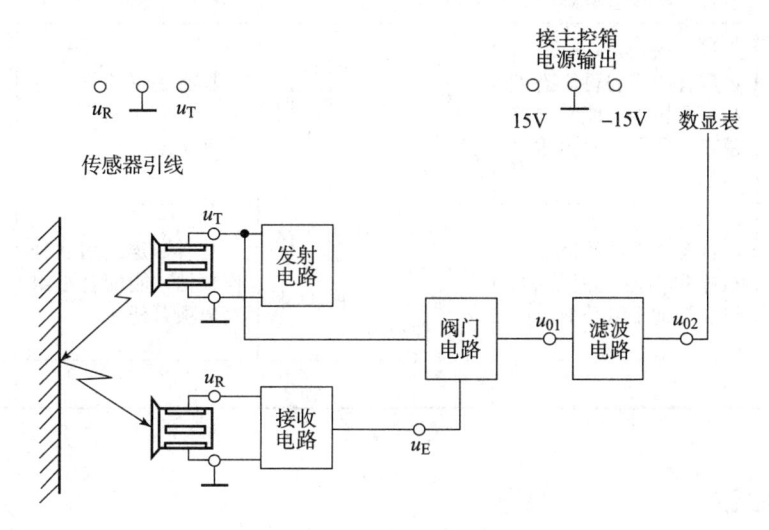

图 6-20 超声波实训电路图

（2）测量及记录。

①在距离超声波探头 20cm（0~20cm 为超声波测量盲区）处放置反射挡板，合上电源。实训模板滤波电路输出与主控箱电源输出相连，电源选择 2V 挡。调节挡板相对探头的角度，使输出电压达到最大值。

②平行移动反射板，依次递增 5cm，读出数显表上的数据，记入表 6-2 中。

表 6-2 实验数据记录表

x /cm									
u/V									

4. 任务评价

完成训练任务后，进行任务检查和评价，评价表如下。

任务评价表

序号	内容	评价标准 优	评价标准 良	评价标准 合格	成绩比例/%	得分
1	基本理论	深刻理解并掌握与任务相关的理论知识点	熟悉与任务相关的理论知识点	了解与任务相关的理论知识点	30	
2	实践操作	能够熟练使用各种查询工具收集和查询相关资料，信息收集快速、准确、详细	能够较熟练地使用各种查询工具收集和查询相关资料，信息数据准确、完备	能够使用各种查询工具收集和查询相关资料，信息数据完整	30	
3	职业能力	具有突出的自主学习能力和分析解决问题能力，并具有创新意识	具有较好的学习能力和分析解决问题能力	能参与到学习讨论中，可以分析解决一些简单问题	20	
4	工作态度	具有严谨的科学态度和工匠精神，能够严格遵守"6S"管理制度	具有良好的科学态度和工匠精神，能够自觉遵守"6S"管理制度	具有基本的科学态度，能够遵守"6S"管理制度	10	
5	团队合作	具有优秀的团队合作精神和沟通交流能力，热心帮助小组其他成员	具有较好的团队合作精神和沟通交流能力，能帮助小组其他成员	具有一定的团队合作精神，能配合小组完成项目任务	10	（组员互评）
			合计		100	

三、拓展知识

微波传感器

微波是波长为 $1\mu m \sim 1mm$ 的电磁波，它既具有电磁波的性质，又不同于普通的无线电波和光波。微波相对于波长较长的电磁波具有以下特点：空间辐射的装置容易制造；遇到各种障碍物易于反射；绕射能力较差；传输特性良好，传输过程中受烟、灰尘、强光等的影响很小；介质对微波的吸收与介质的介电常数成比例；水对微波的吸收作用最强。

1. 微波传感器

微波振荡器和微波天线是微波传感器的重要组成部分。微波振荡器是产生微波的装置，由于微波很短，频率很高（300MHz～300GHz），要求振荡回路有非常小的电感与电容，因此不能用普通晶体管构成微波振荡器。

微波传感器是利用微波特性来检测一些物理量的器件或装置。由微波振荡器产生的振荡信号需要用波导管（波长在10cm以上可用同轴线）传输，并通过天线发射出去。遇到被测物体时将被吸收或反射,使微波功率发生变化。若利用接收天线接收到通过被测物或由被测物反射回来的微波,并将它转换成电信号,再由测量电路处理,就实现了微波检测过程。根据这一原理,微波传感器可分为反射式与遮断式两种。

(1) 反射式微波传感器。

反射式微波传感器是通过检测被测物反射回来的微波功率或经过时间间隔来表达被测物的位置、厚度等参数。

(2) 遮断式微波传感器。

遮断式微波传感器是通过检测接收天线接收到的微波功率的大小,来判断发射天线与接收天线间有无被测物或被测物的位置等参数。

与一般传感器不同,微波传感器的敏感元件可认为是一个微波场。它的其他部分可视为一个转换器和接收器,如图 6-21 所示。图中 MS 是微波源,T 是转换器,R 是接收器。

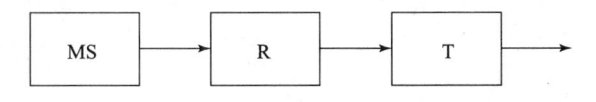

图 6-21 微波传感器的构成示意图

转换器可以是一个微波的有限空间,被测物即处于其中。如果 MS 与 T 合二为一,称之为有源微波传感器;如果 MS 与 R 合二为一,则称其为自振式微波传感器。

2. 微波传感器的特点

①可以实现非接触测量,因此可进行活体检测,大部分测量不需要取样。

②检测速度快,灵敏度高,可以进行动态检测与实时处理,便于自动控制。

③可以在恶劣的环境条件下检测,如高温、高压、有毒、有放射线等环境。

④输出信号可以方便地调制在载频信号上进行发射与接收,便于实现遥测与遥控。

微波传感器的主要问题是零点漂移和标定问题,尚未得到很好的解决。其次,使用时外界因素影响较多,如温度、气压、取样位置等。

3. 微波传感器的应用

(1) 微波物位计。

图 6-22 所示为微波开关式物位计示意图。当被测物位较低时,发射天线发出的微波束全部由接收天线接收,经检波、放大与定电压比较后,发出物体位置正常信号。当被测物位升高到天线所在的高度时,微波束部分被吸收,部分被反射,接收天线接收到的功率相应减弱,经放大器、比较器就可给出被测物位高出设定物位的信号。

微波的应用十分广泛,目前在物理学、天文学、气象学、化学、医学等领域又开辟了许多新的分支,如微波化学、微波医学以及微波生物学等。

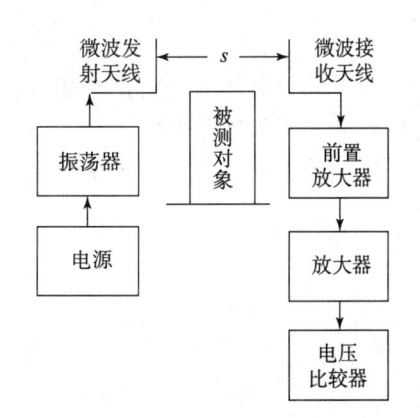

图 6-22 微波开关式物位计示意图

(2) 微波定位传感器。

图 6-23 所示为微波定位传感器原理图。微波源(MS)发射的微波经环形器(C)从

天线发射出微波信号，当物料远离小孔（O）时，反射信号很小；当物料移近小孔时，反射信号突然增大，该信号经过转换器（T）变换为电压信号，然后送显示器（D）显示出来。也可以将此信号送至控制器，并控制执行器工作，使物料停止运动或加速运动。

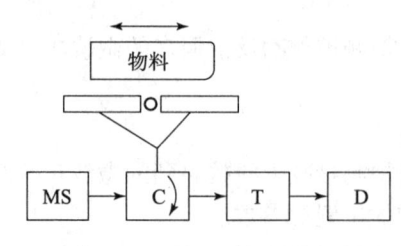

图6-23 微波测厚仪原理图

巩固与练习

一、填空题

1. 电容式传感器分为_____、_____和_____3种类型。
2. 超声波的接收探头和发射探头分别利用_____和_____。
3. 超声波探头主要由_____组成，既可以产生超声波，也可以接收超声波。

二、简答题

1. 图6-24所示是汽车防碰装置的示意图。请根据学过的知识，分析该装置的工作原理。并说明该装置还可以有哪些其他用途。

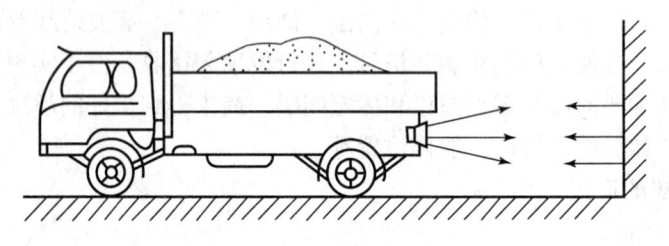

图6-24 汽车防碰装置的示意图

2. 电容式传感器的测量电路主要有哪几种？各自的目的及特点是什么？使用这些测量电路时应注意哪些问题？
3. 电容式液位传感器在测量导电液体和非导电液体的液位时有何不同？

项目七

图像检测

本项目知识结构图

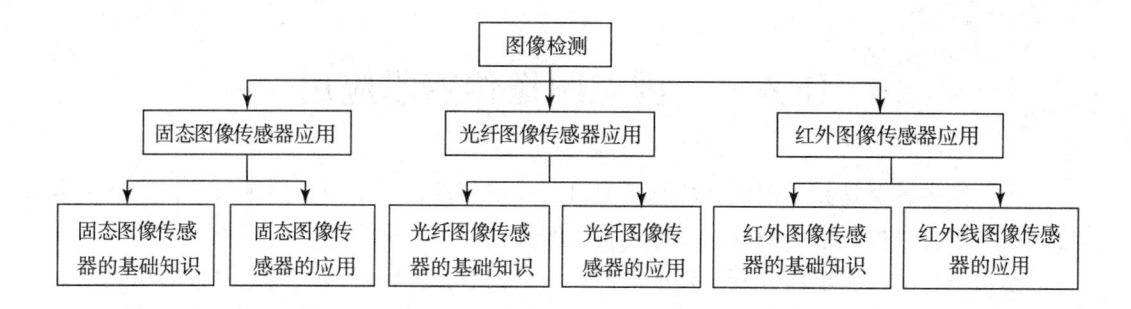

```
                            图像检测
                               │
        ┌──────────────────────┼──────────────────────┐
   固态图像传感器应用      光纤图像传感器应用      红外图像传感器应用
        │                      │                      │
   ┌────┴────┐           ┌─────┴─────┐          ┌─────┴─────┐
固态图像     固态图像     光纤图像     光纤图像    红外图像    红外线图像
传感器的     传感器的     传感器的     传感器的    传感器的    传感器的
基础知识     应用         基础知识     应用        基础知识    应用
```

知识目标

1. 了解图像检测的基本概念
2. 熟悉各类图像传感器的结构原理及使用场合

技能目标

1. 掌握图像传感器的选用方法
2. 熟悉图像传感器的安装和维修的基本技能

素质目标

1. 培养团队合作精神
2. 培养严谨细致的工作态度

图像检测系统是采用图像传感器摄取图像,利用转换电路将其转化为数字信号,再用计算机软硬件对信号进行处理,得到需要的最终图像或通过识别、计算后获取进一步信息的检测系统,其组成如图7-1所示。作为"光-电"转换关键环节的图像传感器,无疑在其中扮演着重要角色。

光辐射图像 → 图像传感器 → 视频信号 → 图像处理显示

图7-1 图像检测系统组成

图像传感器是利用光敏元器件的光-电转换功能,将元器件感光面上感受到的光线图像转换为成一定比例关系的电信号,并做相应处理后输出的功能器件。它能够实现图像信息的获取、转换和视觉功能的扩展。随着图像检测对图像传感器要求的增强和专门化,图像传感器的结构和功能呈现出较大差别。既有结构简单、芯片级的固态图像传感器,也有功能完善、应用级的光纤图像传感器、红外线图像传感器以及机器视觉传感器等。

任务一 固态图像传感器应用

固态图像传感器是数码相机、数码摄像机的关键零件,因常用于摄像领域,又被称为摄像管。它在工业测控、字符阅读、图像识别、医疗仪器等方面得到广泛应用。

固态图像传感器要求具有两个基本功能:一是具有把光信号转换为电信号的功能;二是具有将平面图像上的像素进行点阵取样,并将其按时间取出的扫描功能。目前主要分为3类,即电荷耦合式图像传感器(CCD)、CMOS图像传感器和接触式影像传感器(CIS)等,前两种类型占据市场主流。

一、基础知识

1. 光电效应

光线照射在物体上会产生一系列物理或化学效应,如光合作用、人眼的感光效应、取暖时的光热效应等。通常把光线照射到某个物体上,物体吸收光线中的能量而发生相应电效应的物理现象称为光电效应。一般来说,金属(铁、铝)、金属氧化物(氧化铁、三氧化二铝)、半导体(硅、锗)的光电效应较强。

光电效应又可以分成内光电效应与外光电效应。内光电效应是吸收外部光线中的能量后,带电微粒仍在物体内部运动,只是使物体的导电性发生了较大变化的现象,它是半导体图像传感器的核心技术;外光电效应则是受外来光线中能量激发的微粒逃逸出物体表面,形成空间中的众多自由粒子的现象,真空摄像管、图像增强器等元器件就是根据这一原理工作的。可以说,光电效应是图像检测的基础。

2. CCD图像传感器

CCD图像传感器于1969年在美国贝尔实验室研制成功,发展已有40多年,以其成熟稳定的技术、清晰的图像,在高端数码产品中具有优势,如图7-2所示。这种传感器可分为线型（Linear）与面型（Area）两种，前者应用于影像扫描器及传真机上，后者则主要应用于数码相机（DSC）、摄录影机、监视摄影机等影像输入产品中。两种类型的组成单元都是电荷耦合器件（CCD器件）。

（1）电荷耦合器件。电荷耦合器件是一种在大规模集成电路技术发展的基础上产生的，具有存储、转移并读出信号电荷功能的半导体器件，其基本组成部分是MOS电容和读出移位寄存器。

图7-2 CCD图像传感器

图7-3所示为MOS电容的结构，它是在P型半导体基片上形成一层氧化物，在氧化物上再沉积出一层金属电极，从而形成一种金属电极—半导体氧化物—半导体的结构，即MOS电容。

因P型半导体中空穴是多数载流子，当金属电极上施加正向电压时，在电场力作用下，电极下面的P型半导体区域里的空穴被赶尽，从而形成耗尽区。即对带电粒子而言，耗尽区是一个势能很低的区域——势阱。如果有光线入射到半导体硅片上，在光线中能量的激发下，硅片上会形成电子（光生电子）和空穴。光生电子被附近的势阱所吸收，空穴则被电场排斥出耗尽区。因为势阱内吸收的光生电子数量与入射到势阱附近的光照强度成正比，所以通常又称这种MOS电

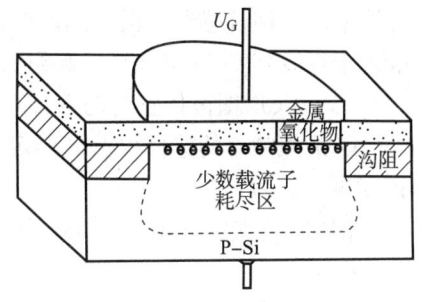

图7-3 CCD的MOS电容结构

容为MOS光敏电容，或称像素。一般在半导体硅片上制有几百、上千个相互独立的MOS电容，它们按线阵或面阵有规则地排列。如果在金属电极上施加一正电压，则在该半导体硅片上就形成很多相互独立的势阱；如果照射在这些电容上的是一幅明暗起伏的图像，则在这些电容上就会感应出与光照强度相对应的光生电荷，这就是电荷耦合器件光电效应的基本原理。

读出移位实质上是势阱中电荷转移输出的过程。读出移位寄存器的结构如图7-4所示，在半导体的底部覆盖一层遮光层，以防止外来光线的干扰，上部由3个邻近的电极组成一个耦合单元。当在CCD芯片上设置扫描电路时，它能在外加时钟脉冲的控制下产生三相时序的脉冲信号，从左到右、自上而下，将存储在整个平面阵列中的电荷耦合器件势阱中的电荷，逐位、逐行地以串行模拟脉冲信号的方式输出，转换为数字信号存储，或者输入视频显示器，显示出原始的图像。

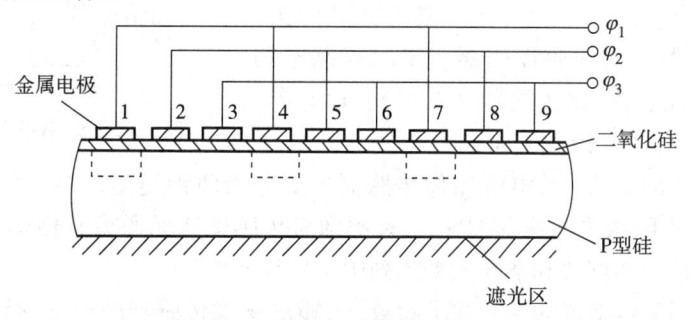

图7-4 读出移位寄存器的结构

电荷耦合器件在CCD图像传感器和模拟信号处理方面有很好的应用价值。

（2）CCD图像传感器。MOS电容在光照情况下产生光生电荷，在三相时序脉冲控制下转移输出的结构，实质上是一种电荷耦合器件与移位寄存器合二为一的结构，称为光积蓄式结构。这种结构虽简单，但容易产生"拖尾"现象，使图像模糊不清，同时灵敏度较低。因此，现在CCD图像传感器上更多采用电荷耦合器件与移位寄存器分离的方式。这种结构用光敏二极管阵列作为感光元件。光敏二极管在受到光照时，产生对应于入射光量的电荷，经电注入法引入CCD敏感元件阵列的势阱中，便成为用光敏二极管感光的CCD图像传感器。它的灵敏度高，在低照度下也能获得清晰的图像，强光下不会烧伤感光面。

按照扫描方式的不同，可以将固态图像传感器分为线阵固态图像传感器（一维CCD）和面阵固态图像传感器（二维CCD）。前者可以直接将接收到的一维光信号转换为时序的电信号输出，获得一维的图像信号，它对匀速运动物体进行扫描成像非常方便，扫描仪、传真机等采用这种传感器。面阵固态图像传感器则可以将二维图像直接转变为视频信号输出，它由若干行线阵CCD排列在一起组成，有行转移、帧转移和行间转移方式等多种类型。

（3）CCD图像传感器的选择。CCD图像传感器选择的主要指标有以下几个。

①采样频率的选择根据采样定理，若已知图像的最大空间频率k（线数/mm），则采样频率应大于$2k$。

例如，已知$k=40$线/mm，则采样频率大于80线/mm，即采样尺$=1/80$mm$=12.5\mu$m（分辨率）。

②合理选择动态特性，保证转换后图像不失真，若CCD的动态响应截止频率为f，则所测量的图像光强随时间变化的频率不能大于$2f$。

3. CMOS图像传感器

由于CCD存在一些技术上无法克服的缺点，且随着CMOS工艺和大规模集成电路的发展，CMOS图像传感器又逐渐成为图像显示领域的研究热点。

（1）CMOS图像传感器原理。CCD和CMOS使用相同的光敏材料，受光后产生电子的原理相同，并且具有相同的灵敏度和光谱特性。但是，在CMOS传感器中，势阱中积聚的电荷不是通过移位寄存器读出，而是立即被MOS电容中的放大器所检测，通过直接寻址方式读出信号。它的主要优势是成本低、功耗低、数字接口简单，通过系统集成可实现小型化和智能化。

CMOS图像传感器芯片的结构一般由光敏像素阵列、行选通译码器、列选通译码器、定时控制电路、模拟信号处理电路、模/数转换器（ADC）、存储器与读出译码器等构成，如图7-5所示。

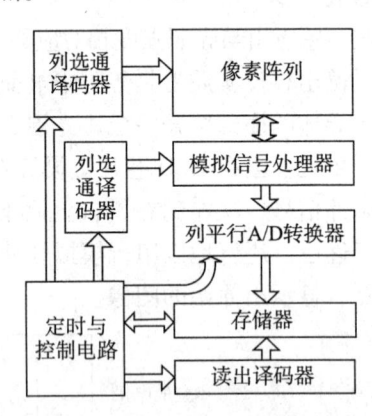

图7-5 CMOS图像传感器芯片结构

根据像素的不同构成，CMOS图像传感器主要分为两种类型，即无源像素图像传感器（PPS）和有源像素图像传感器（APS）。有源像素传感器比无源像素传感器有更多的优点，如读出噪声低、读出速度快和能在大型阵列中工作等。

（2）CMOS图像传感器的主要技术参数。CMOS图像传感器的暂态读噪声、固定模式噪声和传感器的ISO速度对图像质量有严重影响，因而也影响图像输出、显示和打印的效果。

暂态读噪声是与时间无关的信号电平随机波动，它由基本噪声和电路噪声源产生。固定模式噪声（FPN）是指非暂态空间噪声，产生的原因包括像素和色彩滤波器之间的不匹配、列放大器的波动、PGA 和 ADC 两者之间的不匹配等。CMOS 传感器的 ISO 速度是由满足给定的信噪比图像质量所需要的曝光等级值估计得到的。

4. 固态图像传感器的比较

CCD 和 CMOS 使用相同的光敏材料，受光后产生电子的原理相同，具有相同的灵敏度和光谱特性，但是电荷读取的过程不同。

（1）CCD 传感器具有以下优点。

①高分辨率。像素大小为 μm 级，可感测及识别精细物体，提高影像品质。

②高灵敏度。CCD 具有很低的读出噪声和暗电流噪声，信噪比高，从而具有高灵敏度。

③动态范围广。同时感知及分辨强光和弱光，提高系统环境的使用范围。

④线性良好。入射光源强度和输出信号大小成良好的正比关系，降低了信号补偿处理的成本。

⑤大面积感光。利用半导体技术可制造大面积的 CCD 晶片。

⑥低影像失真。使用 CCD 感测器，其影像处理不会有失真的情形，可真实反映原始图像。

这种传感器的缺点也很明显，表现在 CCD 图像传感器不能提供随机访问，影响了成像速度；需要复杂的时钟芯片，制造成本高；辅助功能电路难以与 CCD 集成到一块芯片上，造成 CCD 大多需要 3 种电源供电，功耗大、体积大。

（2）与 CCD 相比，CMOS 图像传感器具有以下优点。

①系统集成。CMOS 图像传感器能在同一个芯片上集成各种信号和图像处理模块，如运放、A/D 转换、数字彩色处理和数据压缩电路、标准 TV 和计算机 I/O 接口等，形成单片成像系统。

②功耗低。CMOS 图像传感器只需单一电压供电，静态功耗几乎为零，其功耗仅相当于 CCD 的 1/8，有利于延长便携式、机载或星载电子设备的使用时间。

③成像速度快。CCD 采用串行连续扫描的工作方式，必须一次性读出整行或整列的图像，CMOS 图像传感器可以在每个像素扫描的基础上同时进行信号放大。

④响应范围宽。CMOS 图像传感芯片除了可感应到可见光外，对红外等非可见光波也有反应。在 890~980nm 范围内，其灵敏度比 CCD 图像传感芯片的灵敏度要高出许多，并且随波长增加而衰减的梯度也较慢。目前设计制造出的对波长为 1~3μm 可见光都敏感的 CMOS 图像传感芯片，已在夜战和夜间监控上得到了广泛的应用。

⑤抗辐射能力强。由于 CCD 的像素由 MOS 电容构成，电荷激发的量子效应易受辐射的影响，而 CMOS 图像传感器的像素由光电二极管或光栅构成，抗辐射能力比 CCD 大 10 多倍。

⑥成本低。CMOS 制造成本低，结构简单，成品率高。

二、应用实例

1. 数码相机

数码相机中使用的图像芯片要求分辨率高、功耗低、尺寸小、寿命长、不易损坏。其中，高分辨率是起决定性作用的因素，其次是价格和功耗。而从上文分析可知，固态图像传感器中最常用的 CCD 和 CMOS 芯片在数码产品中的应用都很广泛。CCD 的优势在于用较低的成本获得高分辨率，技术成熟，因此，目前市场上大多数厂家还是选择 CCD 芯片生产数码相机；同时要看到，CMOS 由于易于实现单片集成，视频速率下读出噪声小，静态功耗低，因此，发展高性能的 CMOS 图像传感器取代 CCD 图像芯片的时代已经不远。

具体来讲，数码相机工作时使用固态传感器感光成像，光线通过透镜系统和滤色器投射到传感器的光敏元件上，光敏元件将其光强和色彩转换为电信号，再通过 A/D 转换器转换为数字信号，然后送入具有信号处理能力的 DSP（数字信号处理器），信号进一步送给离散余弦变换部件 DCT 进行 JPEG 压缩，然后通过接口电路记录到存储器（存储卡）中。

2. 车牌识别系统

车牌识别系统（Vehicle License Plate Recognition，VLPR）是计算机视频图像识别技术在车辆牌照识别中的一种应用。车牌识别技术要求能够将运动中的汽车牌照从复杂背景中提取并识别出来，通过车牌提取、图像预处理、特征提取、车牌字符识别等技术，识别车辆牌号、颜色等信息，目前最新的技术水平为字母和数字的识别率可达到 99.7%，汉字的识别率可达到 99%。

车牌自动识别是一项利用车辆的动态视频或静态图像进行牌照号码、牌照颜色自动识别的模式识别技术。其硬件基础一般包括触发设备（监测车辆是否进入视野）、摄像设备、照明设备、图像采集设备、识别车牌号码的处理机（如计算机）等，如图 7-6 所示。其软件核心包括车牌定位算法、车牌字符分割算法和光学字符识别算法等。某些车牌识别系统还具有通过视频图像判断是否有车的功能，称之为视频车辆检测。一个完整的车牌识别系统应包括车辆检测、图像采集、车牌识别等几部分。当车辆检测部分检测到车辆到达时触发图像采集单元，采集当前的视频图像。车牌识别单元对图像进行处理，定位出牌照位置，再将牌照

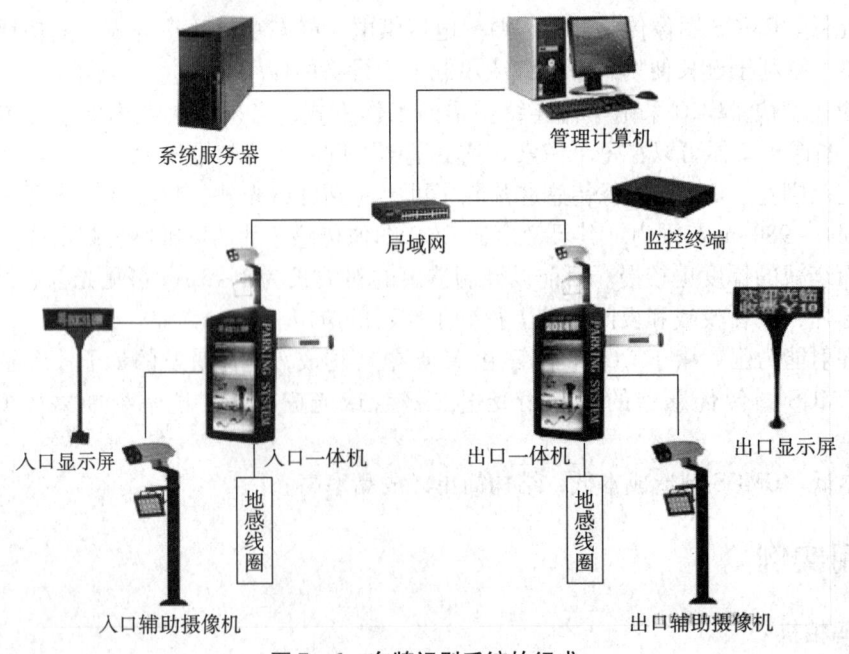

图 7-6 车牌识别系统的组成

中的字符分割出来进行识别，然后组成牌照号码输出。

车牌识别技术通过一些后续处理手段可以实现停车场收费管理，以及交通流量控制指标测量、车辆定位、汽车防盗、高速公路超速自动化监管、闯红灯电子警察、公路收费站等功能。以上各功能对于维护交通安全和城市治安，防止交通堵塞，实现交通自动化管理有着现实的意义。

三、拓展知识

1. 视觉传感器

作为一种应用级的产品，视觉传感器是固态图像传感器成像技术和 Framework 软件结合的产物，它可以识别条形码和任意 OCR 字符，如图 7-7 所示。作为一个独立的视觉系统，它不需要任何计算机或分离型处理器，可选配集成光源和独立的镜头结构，便于安装在狭小的空间，而且能够覆盖大范围的检测。因为具有 35 万~130 万像素的高分辨率，无论距离远近，传感器都能"看到"细腻的目标图像。捕获图像后，视觉传感器能将其与内存中存储的基准图像进行比较，做出分析判断。

图 7-7 视觉传感器

与传统的光电传感器相比，视觉传感器赋予机器设计者更大的灵活性。光电传感器包含一个光传感元件，而视觉传感器具有从一整幅图像捕获光线的数以千计像素的能力。以往需要多个光电传感器来完成多项特征的检验，现在可以用一个视觉传感器来检验多项特征。能够检验大得多的面积，并实现了更佳的目标位置和方向灵活性。这使视觉传感器在某些只有依靠光电传感器才能解决的领域中得到了广泛应用。下面用一个例子对其应用进行说明。图 7-8 所示为视觉传感器在烟草包装生产线上的应用，它的自动化程度很高，机器包装好的烟盒以 500 盒/min 的速度经传送带输出。

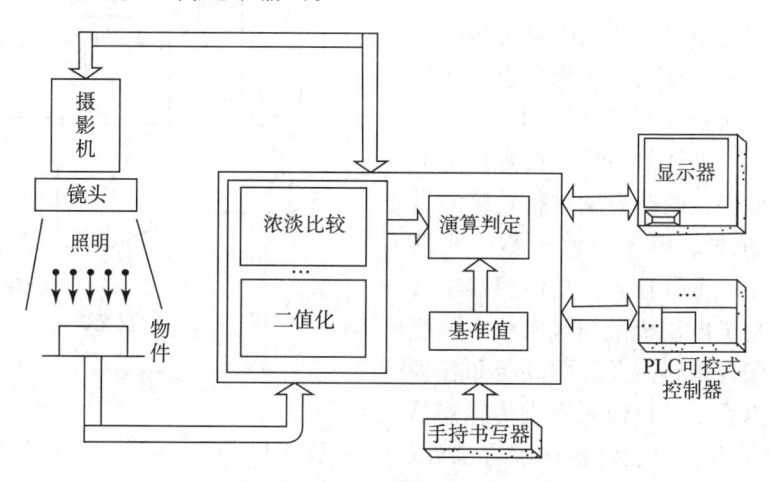

图 7-8 视觉传感器在烟草包装生产线上的应用

该检测系统中选用了欧姆龙公司的 F150 视觉传感器。主要性能指标是，分辨率为512×480，可以记录 16 个不同物件的标准画面，存储 23 个画面不合格物件图像，即可以确定 23 种不合格的情况，便于在生产中做出比较和回馈。图像处理采用二值化方法。数据及图像的存储通过 S232 接口与 PC 相连。摄影机和照明装置为 F150-SL20/50 型，其中摄影机部分为 1/3in CCD 个体摄像元件，带智能照明，脉冲发光，即频闪，电子快门有 1/100s、1/500s、1/2 000s、1/10 000s 多种选择。检测范围为 50mm×50mm，设定距离为 16.5~26.5 mm。由于目前大多数同类生产线还是采用人工筛选包装不合格的产品，如果用图 7-7 所示的视觉传感器取代人工进行在线检测少量次品，不仅可以减轻工人劳动强度，而且能大大提高生产效率。

2. 智能视觉检测

（1）计算机视觉检测（AVI）。

计算机视觉检测技术是建立在计算机视觉研究基础上的一门新兴检测技术。它利用计算机视觉研究成果，采用图像传感器来实现对被测物体的尺寸及空间位置的三维测量，所得数据通过计算机对标准和故障图像进行比对后提取或直接从图像中提取，并根据判别结果控制设备动作。这种方式常作为计算机辅助质量（CAQ）系统的信息来源，或者和其他控制系统集成，能较好地满足现代制造业的发展需求。这种基于视觉传感器的智能检测系统具有抗干扰能力强、效率高、组成简单等优点，非常适合生产现场的在线、非接触检测及监控。

目前这种检测技术的应用领域主要是质量检测、医学辅助诊断、机器人的手眼系统、精确制导、三维形状分析与识别等，与一般图像检测相比，计算机视觉检测技术更强调精度和速度，以及工业现场环境下的可靠性。利用计算机视觉技术来检测产品的质量，能够代替人眼在高速、大批量、连续自动化生产流水线上进行在线检测，具有测量过程非接触、迅速、方便、可视化、自动识别、结果量化、定位准确、自动化程度高等特点，典型应用如邮政自动分拣系统。

机器人视觉

（2）机器人视觉检测。

机器人视觉一般指与机器人配合使用的工业视觉系统。把视觉系统引入机器人以后，可以大大提高机器人的使用性能，帮助机器人在完成指定任务的过程中具有更大的适应性。机器人视觉检测系统除要求价格经济外，还要求其对目标有好的辨别能力，以及具有实时性、可靠性等特性。视觉传感器是视觉系统的核心，既要容纳进行轮廓测量的各种光学、机械、电子、敏感器等元器件，又要体积小、重量轻。视觉传感器通常包括激光器、扫描电动机及扫描机构、角度传感器、线性图像传感器及其驱动板和各种光学组件。可以看出，机器人视觉传感器是图像传感器和机电、光学设备的综合部件。图 7-9 所示为机器人视觉检测结构。

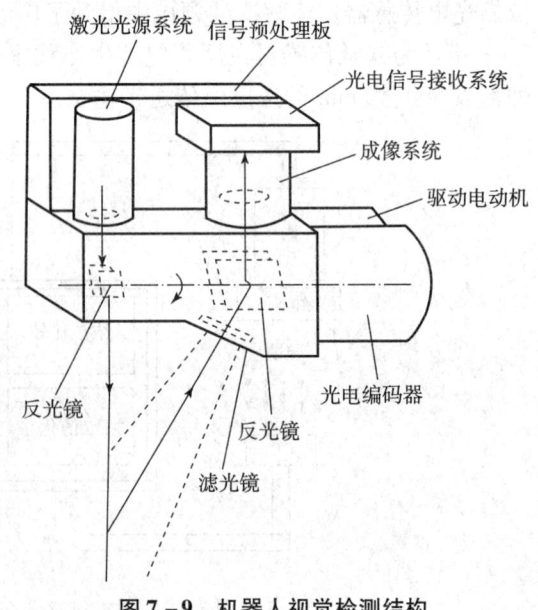

图 7-9　机器人视觉检测结构

机器人视觉传感器是非接触型的，它是电视摄像机等技术的综合，是机器人众多传感器中性能最稳定的传感器。

任务二　光纤图像传感器应用

一、基础知识

1. 光纤结构

光纤结构如图 7-10 所示。光纤呈圆柱形，它由玻璃纤维芯（纤芯）和玻璃包皮（包层）两个同心圆柱的双层结构组成。纤芯位于光纤的中心部位，光主要通过纤芯传输。包层材料一般为二氧化硅，可以是单层，也可以是多层结构，取决于光纤的应用场所，但总直径控制在 100~200μm 范围内。上述双层结构间形成良好的光学界面。

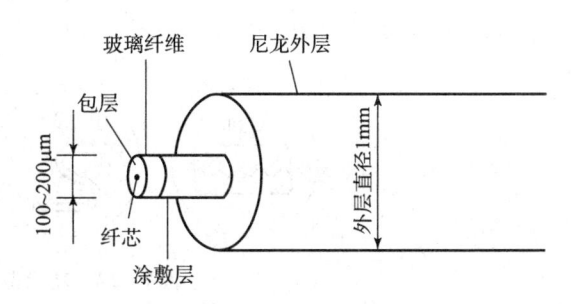

图 7-10　光纤结构

2. 光纤导光原理

对于多模光纤，可以用几何光学的方法分析光波的传播现象。此时，光线是在两层结构之间的界面上靠全反射进行传播。由于光线基本上全部在纤芯区进行传播，没有跑到包层中去，所以可以大大降低光纤的衰耗。

光缆由多根光纤组成，光纤间填入阻水油膏以保证传光性能，主要用于光纤通信。

3. 光纤图像传感器的结构原理

光纤图像传感器结构示意图如图 7-11 所示。光纤图像传感器是一种把不易测量的某种物理量转变为可测的光信号的装置。它由光发送器、敏感元件（光纤或非光纤的）、光接收器、信号处理系统及光纤构成，由光发送器发出的光经源光纤引导至敏感元件。这时，光的某一性质受到被测量的调制，经接收光纤耦合到光接收器，使光信号变为电信号后经信号处理得到期望的被测量。与以电为基础的传统传感器相比较，光纤图像传感器在测量原理上有本质的差别。它是以光学测量为基础，其前端感光元件大多仍是采用前文所述的固态图像传感器。

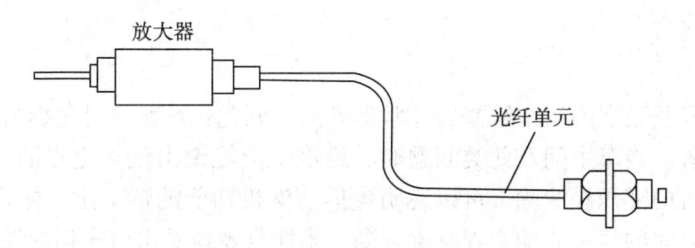

图 7-11　光纤图像传感器结构示意图

4. 光纤图像传感器的分类

根据光纤在传感器中的作用，光纤图像传感器分为功能型、非功能型和拾光型三大类。

（1）功能型（全光纤型）光纤图像传感器如图 7-12 所示。它是将对外界信息具有敏感能力和检测能力的光纤（或特殊光纤）作为传感元件，将"传"和"感"合为一体的传感器。光纤不仅起传光作用，而且还利用光纤在外界因素（弯曲、相变）的作用下，其光学特性的变化来实现"传"和"感"的功能。因此，传感器中的光纤是连续的，增加其长度可提高灵敏度。

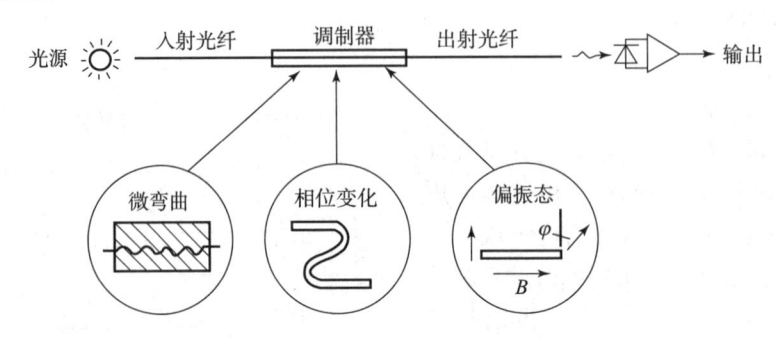

图 7-12 功能型光纤图像传感器

（2）非功能型（或称传光型）光纤图像传感器光纤仅起导光作用，只"传"不"感"，对外界信息的"感觉"功能依靠其他物理性质的功能元件完成，光纤不连续，如图 7-13 所示。此类光纤图像传感器无须特殊光纤及其他特殊技术，比较容易实现，成本低，但灵敏度也较低，用于对灵敏度要求不太高的场合。

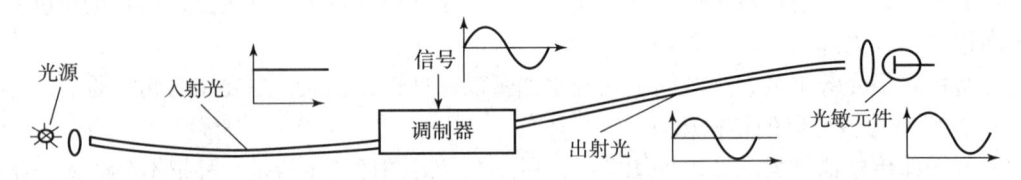

图 7-13 传光型光纤图像传感器

（3）拾光型光纤图像传感器用光纤作为探头，接收由被测对象辐射的光或被其反射、散射的光，如光纤激光多普勒速度计、辐射式光纤温度传感器等。

根据光受被测对象的调制形式，光纤图像传感器又可分为强度调制、偏振调制、频率调制、相位调制等几种类型。

二、应用实例

目前，竞争日益激烈的汽车维修店经常遇到以下问题：汽车经过免拆清洗后很难直观显现出其性能的改善。当车主问及此类问题时，维修工只能说出汽车更省油、加速性能加强、尾气合格、发动机内部积炭清除等可以说明免拆清洗机功能的话，至于能否达到预期效果，还要靠司机一段时间的驾驶或凭主观感觉判断。不能直观地看出汽车何处性能得到加强是令维修工倍感头疼的问题。

图 7-14 所示的工业内窥镜可以成为解决问题的关键。使用工业内窥镜，穿过火花塞孔

或喷油嘴，可以直接观察到气缸内部的各种故障，如积炭、异物等，同时还可用于水箱、油箱、齿轮箱的检测和诊断，大大提高了工作效率。

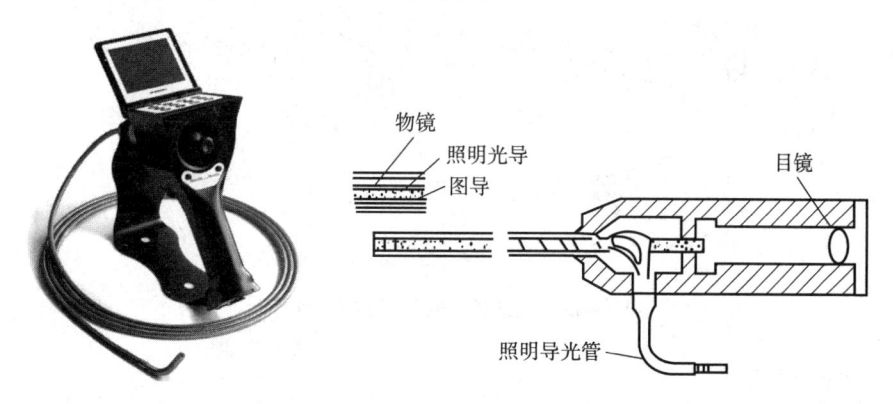

图 7-14 工业内窥镜的外形与结构

工业内窥镜一般可选用光纤图像传感器作为敏感元件。这种传感器利用光敏元件作为光电转换器件，用光纤作为传输介质，实现将不便观察的远方图像传递到观测点的目的。

现在，国内生产的工业内窥镜大体有以下 3 种。

1. 光导纤维内窥镜

它是通过目镜来观察发动机内部情况的，维修工用眼睛观察，工作易疲劳。

2. 光导纤维内窥镜 + 专用接口 + 数码照相机

它能直接在数码照相机的显示屏上察看发动机的内部状况，并能拍下当时的观察结果，而且它的价格也非常合理。

3. 视频电子内窥镜

它具有数字式、彩色、广视角等特点。但是价格偏高，CCD 成像器件具有图像清晰、性能稳定、操作方便等优点，一般用于汽车制造甚至飞机工业中。

汽车检修中推荐使用第二种内窥镜，当对汽车进行发动机免拆清洗前用内窥镜先观察发动机内部状况，并拍下来，对有积炭的地方着重观察，让车主能够看清楚清洗前的发动机内部状况。当汽车经过清洗过后，再次观察发动机内部状况，并拍下来，让车主可以用来与此前未清洗时的照片进行对比。当然，这样做的前提是发动机免拆清洗机质量可靠，清洗液质量也必须过关。如此一来，即使车主不在现场，取车的时候也能看到汽车清洗前后的效果对比。

三、拓展知识

光纤传感器的其他应用

1. 光纤位移传感器

光纤位移传感器的测量原理如图 7-15 所示，光纤作为信号传输介质，起导光作用。光源发出的光束经过光纤 1 射到被测物体上，并发生散射，有部分光线进入光纤 2，并被光电探测器件（即光敏二极管）接收，转变为电信号，且入射光的散射作用随着距离 x 的大小而变化。实践证明，在一定范围内，光电探测器件输出电压 U 与位移量 x 之间呈线性关系。

在非接触式微位移测量、表面粗糙度测量等场合，采用这种光纤传感器很实用。

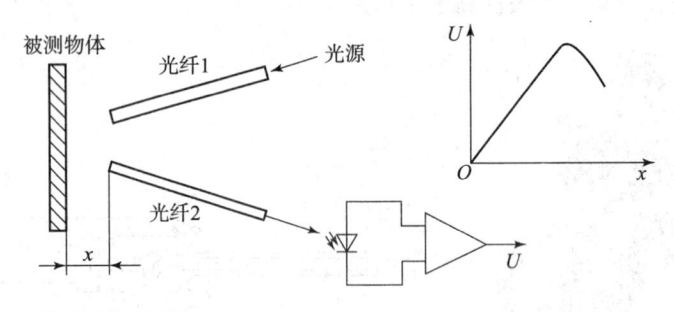

图 7-15 光纤位移传感器的测量原理

2. 光纤温度传感器

光纤温度传感器具有抗电磁干扰、绝缘性能高、耐腐蚀、使用安全的特点，因此应用范围越来越广泛。

（1）遮光式光纤温度计。

图 7-16 所示为一种简单利用水银柱来升降温度的光纤温度开关。当温度升高，水银柱上升到某一设定温度时，水银柱将两根光纤间的光路遮断，从而使输入的光强产生一个跳变。这种光纤温度计可用于对设定温度的控制，温度设定值灵活。

（2）双金属热变形遮光式温度计。

如图 7-17 所示，当温度升高时，双金属的变形量增大，带动遮光板在垂直方向产生位移，从而使输出光强发生变化。这种形式的光纤温度计能测量 10℃~50℃ 的温度，检测精度约为 0.5℃。它的缺点是输出光强受壳体振动的影响，且响应时间较长，一般需要几分钟。

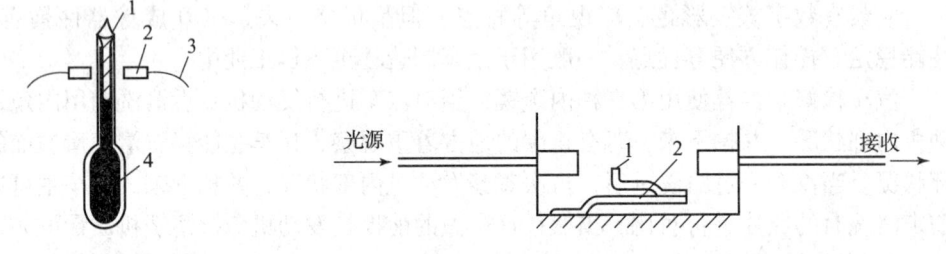

图 7-16 水银柱式光纤温度开关
1—浸液；2—自聚焦透镜；3—光纤；4—水银

图 7-17 双金属热变形遮光式光纤温度计
1—遮光板；2—双金属片

3. 光纤压力、振动传感器

光纤压力、振动传感器可分为传输型光纤压力、振动传感器和功能型光纤压力、振动传感器。

多模光导纤维受到压力等非电荷量调制后，产生弯曲变形，因为变形导致其散射损失增加，从而减少所传输的光量，检测出光量的变化即可测知压力、振动等非电量。

多重曲折压力传感器如图 7-18 所示。将光导纤维放置在两块承压板之间，承压板受压后使光导纤维产生弯曲变形，因而影响光纤的传输特性，使其传输损失明显增加，这种传感器对压力变化具有较高的灵敏性，可检测的最小压力为 $100\mu Pa$。光纤振动传感器如图 7-19 所示。将光纤弯曲成 U 形结构，在 U 形光纤顶部加上 $50\mu m$ 的振幅振动力，在输出端可测出光强有百分之几的振幅调制输出光，利用这一原理测量振动。

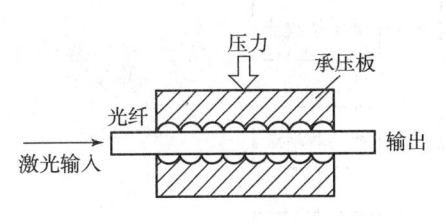

图 7-18　多重曲折压力传感器

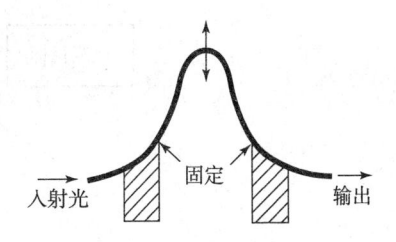

图 7-19　光纤振动传感器

传输型光纤压力、振动传感器是在光纤的一个端面上配上一个压力敏感元件和振动敏感元件构成的，光纤本身只起着光的传导作用。这类传感器不存在电信号，所以应用于医疗方面比较安全。

任务三　红外图像传感器应用

在自然界中，任何温度高于绝对零度（-273.15℃）的物体都能够向外辐射红外线，这种现象就是红外辐射。红外辐射是由物体内部分子运动产生的，这类运动和物体的温度相关。温度不同，其辐射的红外线波长就不同，温度越低的物体，辐射的红外线波长越长。

红外线传感器的功能就是检测物体辐射出的红外线并将其转换成电信号。目前，红外线传感器已经在测温、测速、遥感、监控等系统中得到广泛应用，在本任务中将重点介绍基于热成像技术的红外图像传感器的工作原理及应用。

一、基础知识

1. 红外线传感器的结构原理

一个典型的红外线传感器系统框图如图 7-20 所示。待测目标的红外辐射，通过地球大气层时，由于气体分子和各种气溶胶粒的散射和吸收，将使红外源发出的红外辐射发生衰减。光学接收器接收目标的部分红外辐射，并传输给红外探测器，相当于雷达天线，常用的是物镜。辐射调制器对来自待测目标的辐射调制成交变的辐射光，提供目标方位信息，并可滤除大面积背景干扰信号。红外探测器是红外传感器系统的核心，它是利用红外辐射与物质相互作用所呈现的物理效应探测红外辐射的传感器，多数情况下是利用这种相互作用所呈现的电学效应。由于某些探测器必须在低温下工作，所以相应的系统设有制冷装置，探测器经制冷后，可缩短响应时间，提高灵敏度。将探测器所接收到的低电平信号进行放大、滤波，并从这些信号中提取所需信息。然后，将此信号转换成所要求的形式，最后输送到控制设备或显示器中去。显示装置是红外线传感器系统的终端设备，常用的显示器有示波管、显像管、红外感光材料、指示仪表和记录仪等。

从近代测量技术角度看，能把红外辐射量的变化转变成电量变化的装置叫做红外探测器，红外探测器按工作原理可分为热探测器和光子探测器。热探测器主要用于红外温度传感器，光子探测器主要用于红外图像传感器。

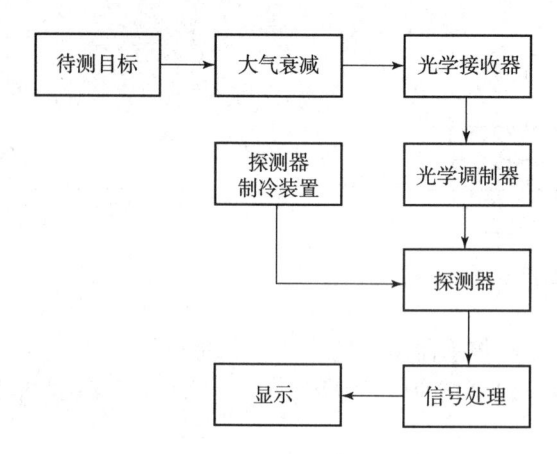

图 7-20　红外传感器系统框图

2. 光子探测器

光子探测器就是利用某些半导体材料在入射光照射下，产生光子效应，使材料电学性质发生变化，通过测量其电学性质的变化，达到测量红外辐射强弱的目的。光子探测器灵敏度高、响应快、探测波段窄，需在低温下工作。外光电探测器（PE 器件）利用外光电效应的光电管和光电倍增管，内光电探测器利用光电导探测器（PC 器件）、光生伏特探测器（PU 器件）及光磁电探测器（PEM 器件）等。

（1）光电导探测器（PC 器件）。

利用光电导效应制成的探测器，称为光电导探测器，光电转换原理如图 7-21 所示。光敏材料主要有硫化铅（PbS）、硒化铅（PbSe）、锑化铟（InSb）、碲镉汞（HgCdTe）等。

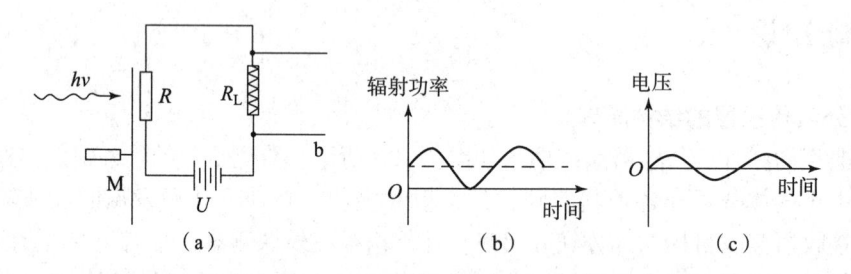

图 7-21　光电转换电路及信号波形

M—调制盘；R—光电导电阻；R_L—负载电阻

（2）光生伏特探测器（PU 器件）。

利用光生伏特效应制成的探测器，称为光生伏特探测器，光敏材料主要有砷化铟（InAs）、锑化铟（InSb）、碲镉汞（HgCdTe）等。光生伏特探测器一般都在加反向偏压的条件下工作，因此图 7-22 所示的电路对光伏型探测器也适用，只是要注意外加电池的极性。光伏型探测器的探测频率与响应时间基本无关，而光导型的探测率与响应时间有正比关系。新型红外材料的出现和制造工艺的进步，使红外探测器正朝着高度集成化、智能化的方向发展。

3. 红外成像技术

红外成像是在红外检测的基础上发展起来的图像传感器技术。红外成像传感器主要由热电元件和扫描机构组成。红外成像传感器可以检测到常规光电传感器无法响应的中、远红外信号，并得到发热物体的图像（热像）。红外探测器可将物体辐射的红外功率信号转换为电信号，在计算机成像系统的显示屏上得到与物体表面热分布相对应的热像图。运用这一方法能实现对目标进行远距离状态图像成像和分析判断各点温度。红外热像仪能透过烟尘、云雾、小雨及树丛等许多自然或人为的伪装来看清目标，手持式及安装于轻武器上的红外热像仪可以让使用者看清800m或更远的人体大小目标。红外成像技术目前已广泛应用于军事、医学、输变电、化工等许多领域。

二、应用实例

1. 夜视技术

照相机中利用红外线传感器实现夜视功能。红外夜视就是在夜视状态下，数码摄像机会发出人们肉眼看不到的红外线去照亮被拍摄的物体，关掉红外滤光镜，不再阻挡红外线进入CCD，红外线经物体反射后进入镜头进行成像，这时，我们所看到的是由红外线反射所成的影像，而不是可见光反射所成的影像，即此时可拍摄到黑暗环境下肉眼看不到的影像。这项技术不论是在军用上还是民用上都已经有了广泛的应用。

2. 无损探伤

红外无损探伤仪可以用来检查部件内部缺陷，对部件结构无任何损伤。例如，检查两块金属板的焊接质量，利用红外辐射探伤仪能十分方便地检查漏焊或缺焊；为了检测金属材料的内部裂缝，也可以利用红外探伤仪。

将红外辐射对金属板进行均匀照射，利用金属对红外辐射的吸收与缝隙（含有某种气体或真空）对红外辐射的吸收所存在的差异，可以探测出金属断裂空隙。当红外辐射扫描器连续发射一定波长的红外光通过金属板时，在金属板另一侧的红外接收器也同时连续接收到经过金属板衰减的红外光；如果金属板内部无断裂，辐射扫描器扫描过程中，红外接收器收到的是等量的红外辐射；如果金属板内部存在断裂，红外接收器在辐射扫描器扫描到断裂处时所接收到的红外辐射值与其他地方不一致，利用图像处理技术，就可以显示出金属板内部缺陷的形状。

三、拓展知识

人脸识别

人脸识别系统的研究始于20世纪60年代，80年代后随着计算机技术和光学成像技术的发展得到提高，而真正进入初级应用阶段则在90年代后期，并且以美国、德国和日本的技术实现为主；人脸识别系统成功的关键在于是否拥有尖端的核心算法，并使识别结果具有实用化的识别率和识别速度；人脸识别系统集成了人工智能、机器识别、机器学习、模型理论、专家系统、视频图像处理等多种专业技术，同时需结合中间值处理的理论与实现，是生物特征识别的最新应用，其核心技术的实现，展现了弱人工智能向强人工智能的转化。人脸识别系统主要包括 4 个组成部分，即人脸图像采集及检测、人脸图像预处理、人脸图像特征提取以及人脸图像的匹配与识别。

传统的人脸识别技术主要是基于可见光图像的人脸识别，这也是人们熟悉的识别方式，已有 30 多年的研发历史。但这种方式有着难以克服的缺陷，尤其在环境光照发生变化时，识别效果会急剧下降，无法满足实际系统的需要。解决光照问题的方案有三维图像人脸识别和热成像人脸识别。但这两种技术还远不成熟，识别效果不尽如人意。

迅速发展起来的一种解决方案是基于主动近红外图像的多光源人脸识别技术。它可以克服光线变化的影响，已经具有了卓越的识别性能，在精度、稳定性和速度方面的整体系统性能超过三维图像人脸识别。这项技术在近几年发展迅速，使人脸识别技术逐渐走向实用化。

目前，人脸识别产品已广泛应用于金融、司法、军队、公安、边检、政府、航天、电力、工厂、教育、医疗及众多企事业单位等。随着技术的进一步成熟和社会认同度的提高，人脸识别技术将应用在更多的领域。

巩固与练习

1. 什么是光电效应？它是如何分类的？为什么说光电效应是图像检测的基础？
2. 常用固态图像传感器的类型有哪些？对于常用的 30 万像素的拍照手机，应该选择何种图像传感器？为什么？
3. 简述光纤的结构和用途。
4. 简述光纤图像传感器的结构和工作原理。
5. 3 种光纤图像传感器有什么区别？工业内窥镜应采用何种结构的光纤图像传感器？
6. 什么是红外辐射？利用这种现象可以进行哪些检测工作？试用实例说明。
7. 热释电型探测器和光子探测器的应用领域有何不同？
8. 红外图像传感器在使用中需要注意哪些事项？

项目八

现代检测技术应用

本项目知识结构图

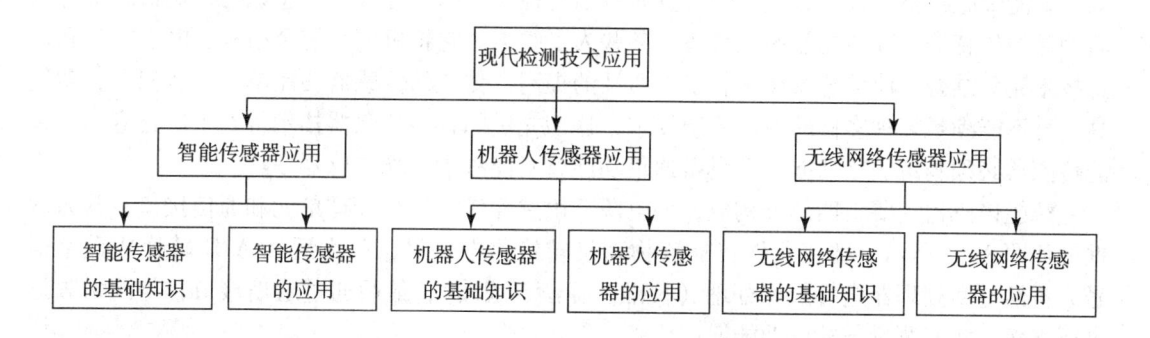

```
                        现代检测技术应用
          ┌───────────────────┼───────────────────┐
     智能传感器应用        机器人传感器应用      无线网络传感器应用
      ┌─────┴─────┐        ┌─────┴─────┐        ┌─────┴─────┐
   智能传感器   智能传感器  机器人传感器 机器人传感  无线网络传感 无线网络传感
   的基础知识   的应用      的基础知识   器的应用    器的基础知识  器的应用
```

知识目标

1. 了解智能传感器的概念和组成
2. 了解机器人传感器的类型
3. 了解无线网络传感器的结构

技能目标

1. 熟悉现代检测技术的应用
2. 熟悉网络传感器的组网方法

素质目标

1. 培养团队合作精神
2. 培养严谨细致的工作态度

科技发展的脚步越来越快，人类已经置身于信息时代。而作为信息获取最重要和最基本的技术——传感器技术，也得到了极大的发展。传感器信息获取技术已经从过去的单一化渐渐向集成化、微型化和网络化方向发展，促进现代测量技术手段更快、更广泛的发展，测量技术将在网络时代发生革命性变化。本项目主要介绍智能传感器、机器人传感器和无线网络传感器。

任务一　智能传感器应用

一、基础知识

1. 智能传感器的概念

智能传感器是一种带有微处理机且兼有信息检测、信息处理、信息记忆、逻辑思维与判断功能的传感器，这些功能使之具备了某些人工智能。它将机械系统及结构、电子产品和信息技术完美结合，使传感器技术有了本质性的提高。传统的传感器功能单一、体积大、功耗高，已不能满足多种多样的控制系统要求，这使先进的智能传感器技术得到了广泛应用。智能传感器必须具备通信功能，不具备通信功能就不能称为智能传感器。

智能传感器主要由四部分构成，即电源、敏感元件、信号处理单元和通信接口，其原理框图如图 8-1 所示。敏感元件将被测物理量转换为电信号，放大后经 A/D 转换成数字信号，再经过微处理器进行数据处理（校准、补偿、滤波），最后通过通信接口，与网络数据进行交换，实现测量与控制功能。

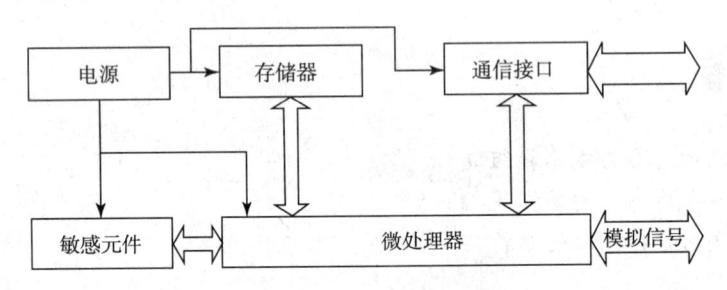

图 8-1　智能传感器原理框图

2. 智能传感器的功能

智能传感器与传统的传感器相比，最突出的特征是数字化、智能化、阵列化、微小型化和微系统化。它应具有以下功能。

（1）应具有逻辑思维与判断、信息处理功能，可对检测数值进行分析、修正和误差补偿，如非线性修正、温度误差补偿、响应时间调整等，因此提高了传感器的测量准确度。

（2）应具有自诊断、自校准功能，如在接通电源时可进行自检、温度变化时可进行自校准等，提高了传感器的可靠性。

（3）应可以实现多传感器、多参数的复合测量，如能够同时测量声、光、电、热、力、化学等多个物理量和化学量，给出比较全面反映物质运动规律的信息；能够同时测量介质的温度、流速、压力和密度的复合传感器等，扩大了传感器的检测与使用范围。

（4）内部应设有存储器，检测数据可以存取，并可固化压力、温度和电池电压的测量、补偿和校准数据，能得到最好的测量结果，使用方便。

（5）应具有数字通信接口，能与计算机直接联机，相互交换信息。利用双向通信网络，可设置智能传感器的增益、补偿参数、内检参数，并输出测试数据。这是智能传感器与传统传感器的关键区别之一。

（6）最新开发的智能传感器还增加了传感器故障检测功能，能自动检测外部传感器（也称远程传感器）的开路或短路故障。

（7）一些智能传感器还增加了静电保护电路，智能传感器的串行接口端、中断/比较器信号输出端和地址输入端一般可承受1 000～4 000V的静电放电电压。

3. 智能传感器的适用场所

智能传感器可应用于各种领域、各种环境的自动化测试和控制系统，使用方便灵活，测试精度高，优于任何传统的数字化、自动化测控设备，特别是以下场所。

（1）在分布式多点测试、集中控制采集、测试现场远离集中控制中心的场合，如果采用传统的传感器，则有技术复杂、设备成本高、数据传输易受干扰、测量精度低、系统误差大等缺点。而智能传感器能解决上述问题，它将计算机与自动化测控技术相结合，直接将物理量变换为数字信号并传送到计算机进行数据处理。

（2）安装现场受空间条件限制的场所，如埋入大型电动机绕线内部、通风道内部、电子组合件内部等。如果采用传统的传感器，需要定期校验、检测，但是由于空间的限制很难完成，而智能传感器具有自检测、自诊断、定期自动零点复位、消除零位误差等功能。独立的内部诊断功能可避免代价高昂的拆机、校验，从而迅速收回投资。

（3）在自动化程度高、规模大的自动化生产线上，如工业生产过程控制、发电厂、热电厂、大型中央空调设备用户端等。在这些场合，测量、控制点多，远距离分散，数据量大，人工处理不现实，采用智能传感器即可解决这一错综复杂的问题，能在测量过程中收集大量的信息，以提高控制质量。

（4）在经常无人看守，但需要检测的场合，如农业养殖场、温棚、温室、干燥房、粮食仓库等。此类场合属于远距离、分散式、多点测试，采用智能传感器能监视自身及周围的环境，然后再决定是否对变化进行自动补偿或对相关人员发出警示。

二、应用实例

据调查统计表明，每年有26万起交通事故是由于轮胎故障引起的，而75%的轮胎故障是由轮胎气压不足或渗漏造成的，爆胎造成的经济损失巨大。有鉴于此，多数新型汽车都要安装轮胎压力监视系统，图8-2所示为远程轮胎压力监测智能传感器。汽车轮胎压力监视系统主要用于汽车行驶过程中实时监测轮胎气压，并对轮胎漏气和低气压进行报警，预防爆胎，以保障行车安全。

轮胎压力监测传感器安装在汽车的4个轮胎中，高灵敏的智能传感器在汽车行驶状态下实时、动态地监测轮胎温度和压力，然后将数据通过无线数字信号发射到主机（接收器）进行处理，并在主机液晶显示屏上以数字加图案的形式显示，同时显示出4个轮胎中的温度

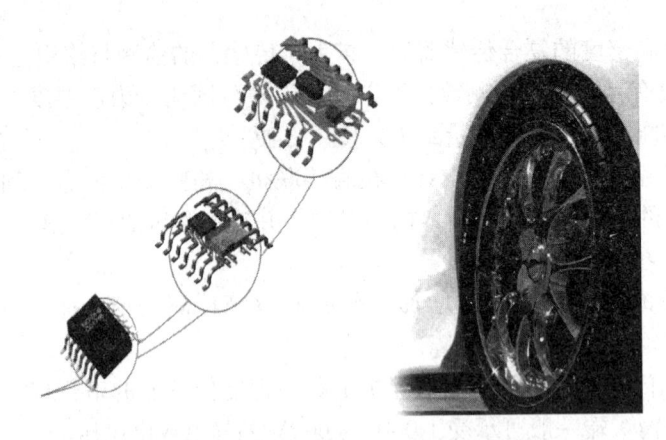

图 8-2　远程轮胎压力监测智能传感器

和气压值，驾驶者可以直观地了解各个轮胎的温度、气压状况。当出现轮胎气压过低、过高、漏气或温度过高等异常情况时，系统都能够自动报警，从而使驾驶员及时发现问题，避免轮胎非正常损伤，有效预防爆胎，保障行车安全。

轮胎压力监测可以有两种方案。一种是间接式轮胎压力监测，它通过汽车 ABS 的轮速传感器来比较各个轮胎之间的转速差别，以达到监视胎压的目的，其缺点是无法对两个以上轮胎同时缺气的状况和速度超过 100km/h 的情况进行判断。另一种是直接式轮胎压力监测，以锂离子电池为电源，利用安装在每个轮胎里的压力传感器来直接测量轮胎的气压，通过无线调制发射到安装在驾驶台的监视器上。监视器随时显示各轮胎气压，驾驶者可以直观地了解各个轮胎的气压状况，当轮胎气压太低、渗漏、太高或温度太高时，系统就会自动报警。经试验证明，直接方式提供了更为精确的轮胎压力监视。而且胎压监测传感器具有体积小、安装方便的优点，如图 8-3 所示。此外，在更换轮胎时，不需要拆除传感器，方便了用户。

图 8-3　安装在轮胎内的胎压监测传感器

美国通用公司的智能传感器 NPX Ⅱ 是一种远程轮胎压力监测传感器。其外形如图 8-4 所示。NPX Ⅱ 传感器集成了一个硅压力传感器、加速度传感器、温度传感器、电压传感器和低功耗 8 位微处理器以及一个低频触发输入级，以满足客户的特殊解决方案的要求，降低成本。其内部各元件的功能详见表 8-1。

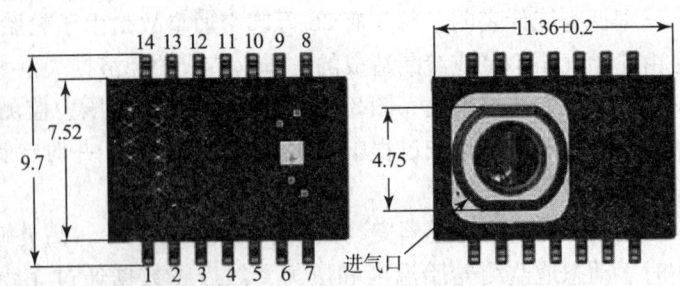

图 8-4　NPX Ⅱ 智能传感器

表 8-1 智能传感器 NPX Ⅱ 内部元件功能分配表

内部元件	功 能
电源	提供所有电路需要的电能
压力传感器	用于监测轮胎内部压力
温度传感器	用于监测轮胎内部温度
加速度传感器	用于车辆移动检测,提供触发模块工作信号
微处理器	用于管理所有外围设备,进行压力、温度、加速度和电池电压的测量、补偿、校准等工作,以及 RF 发射控制和电源管理
RF 射频发射电路	将检测的压力、温度、加速度和电池电压等数据信息,用 RF 射频信号发射出去
LF (低频) 天线	接收中央监视器发来的 LF 开关信号,并可实现与中央监视器的双向通信功能

智能传感器 NPX Ⅱ 是传统压力传感器与微处理器数字电路的完美结合,具有适合轮胎监测应用的独特优势。

(1) 带加速度传感器的智能传感器,能够输出连续的加速度值,用户可以灵活地选择触发阈值,即用户可以任意设定启动监测轮胎压力系统的速度。

(2) 更加安全智慧的气压检测算法。当汽车时速超过设定速度时,传感器马上发射轮胎信息。时速越高,检测次数越多,高度智能,使行车更加安全。

(3) 静态智能检测。当车辆静止时,如果轮胎充放气或温度发生变化,也可触发监测系统,监测轮胎压力。

(4) 发射传感器电池容量监测。对发射传感器电池容量直接监测,如电池容量消耗到不能支持发射传感器的正常工作,显示器会有信息通知用户更换电池,以确保安全。

(5) 智能识别码设置。用户不再需要慢慢设置各个轮胎的发射传感器的识别码,系统自动接收并显示各个发射传感器的识别码和状态,用户只需把相应的发射传感器设置为对应的轮胎位置即可。

在数据处理方面,智能传感器一方面根据实际的需要对敏感元件的输出进行处理和变换、校准和补偿;另一方面,微处理器可存储传感器的物理特征,如零点、灵敏度、校准参数、补偿参数以及传感器厂家信息(维护信息)等。

例如,传感器的线性度会直接影响传感器的精度,通过对采样数据进行处理可以消除非线性,一般可采用查表法和插值法。查表法是将采样数据与被测物理量的对应关系编制成表格,存放在存储器内,对应每一个输入,可查表得到相应的一个输出。插值法是将所得数据曲线分段线性化,在分段区间内,得到相应数据与被测物理量的对应关系。这样可以大大节约存储器空间。

智能传感器 NPX Ⅱ 中固化了压力传感器的测量、补偿和校准程序。每一个芯片在生产时,由工厂在不同温度点(25℃和75℃)、不同压力点(满量程的 0%、50%、100%)和不同电池电压点(2.3V、3.1V)采集 12 组数据,经校准公式计算,将补偿和校准参数保存在存储器中。在测量时,由固化的压力补偿校准程序自动地对测量的数据进行计算,获得一个准确的测量值。在生产过程中，每一个传感器还将在25℃和125℃下进行验证测试，以保证其可靠性。

三、拓展知识

微处理器端口电路

在涉及传感器的电路中，很多电路都需要使用微处理器MCU，它可以对传感器检测的信号传送后进行处理，经过处理后根据信号的情况和预先已经编写好的程序发出执行信号，驱动执行器件。在这里向大家介绍微处理器端口在电路中一些应用的简单知识。

从图8-5中的AT89S52微处理器中可以看出，除有电源和接地端口外，还有复位RST端口和I/O端口及其他控制信号端口。

1. 复位（RST）端口

复位就是把微处理器内部电路的状态恢复到起始的状态，这有利于微处理器重新开始执行新的指令。按程序执行功能，一般复位信号是高电平有效。

复位操作有加电自动复位和按钮手动复位两种方式，如图8-6所示。加电自动复位的工作过程：在没有加入电源V_{CC}时，微处理器IC的RES端电平为零。如果在电路上接入电源V_{CC}，在接入电源的瞬间，可看作C短路，这就相当于把V_{CC}电压直接加在微处理器的RES复位端，RES复位端为高电平，使微处理器复位，完成复位工作。

图8-5 AT89S52微处理器

按钮手动复位的工作过程：微处理器IC在正常工作状态下，微处理器IC的RES端电平为零。如果没有按下微动按钮S，RES端电平始终为零，微处理器IC不可能复位。在需要复位时，只要按一下微动按钮S，把电源V_{CC}和电阻R_2连接，电源V_{CC}经过电阻R_2和电阻R_1分压后加在微处理器IC的RES复位端，RES复位端高电平，使微处理器复位，完成复位工作。

复位电路虽然简单，但若单片机系统不能正常运行，应首先检查复位电路是否正常工作。

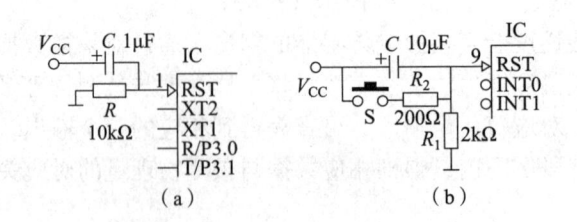

图8-6 自动复位和手动复位方式
(a) 加电自动复位电路；(b) 按钮手动复位电路

2. I/O 端口

在微处理器中，I/O 端口大致可以分成两类，一类是双向 I/O 口，另一类是准双向 I/O 口。在微处理器 AT89S52 中，引脚 39～32 分别标记为 P0.0～P0.7 为 8 位双向 I/O 口；引脚 1～8 分别标记为 P1.0～P1.7 为 8 位准双向 I/O 口；引脚 10～17 分别标记为 P3.0～P3.7 为 8 位准双向 I/O 口；引脚 21～28 分别标记为 P2.0～P2.7 为 8 位准双向 I/O 口。

两类端口在结构和特性上是基本相同的，但也有不同之处。两类 I/O 端口在作输出端口使用时是有区别的，准双向 I/O 口可以直接与被控制元器件连接，而双向 I/O 口必须要在端口上加入电阻 R 后连接电源 V_{CC}，端口才可以与被控制的元器件连接。双向 I/O 口在端口上加入电阻 R 后连接电源 V_{CC}，才能有高电平输出，才能正常作输出端口使用，这正是由于双向 I/O 口与准双向 I/O 口在结构上区别的结果。

双向 I/O 口作输出端口使用时，在端口加入的电阻 R 是微处理器双向 I/O 口和被控元器件间连接通信时必须给电源 V_{CC} 提供通路的压降电阻，这样才能使双向 I/O 口有高电平输出。

3. 时钟振荡端口

引脚 19 标记为 XTAL1，引脚 18 标记为 XTAL2，用于连接外部石英晶体振荡器或外部时钟脉冲信号。不同的微处理器，时钟振荡频率是不同的。

单片机要保持正常的工作状态，除加入正常的电源复位电路外，还必须要使微处理器的时钟振荡电路正常工作；否则整个单片机电路是无法工作的。

4. 其他控制信号端口

引脚 29 标记为 $\overline{PSEN}$ 用于外部程序存储器读选通信号；引脚 30 标记为 ALE/$\overline{P}$ 用于地址锁存允许/编程信号；引脚 31 标记为 $\overline{EA}$/VP 用于外部程序存储器地址允许/固化编程电压输入端；引脚 9 标记为 RST/VPD 用于 RST 复位信号输入端，VPD 是备用电源输入端。

任务二 机器人传感器应用

一、基础知识

1. 机器人与传感器

机器人是由计算机控制的能模拟人的感受、动作且具有自动行走功能而又足以完成有效工作的装置。按照其功能，机器人已经发展到了第三代。第一代机器人是一种进行重复操作的机械，主要是指通常所说的机械手，它虽配有电子存储装置，能记忆重复动作，但是没有采用传感器，所以没有适应外界环境变化的能力。第二代机器人已初步具有感觉和反馈控制的能力，能进行识别选取和判断，这是由于采用了传感器，使机器人具有了初步智能。是否采用传感器是区别第二代机器人与第一代机器人的重要特征。第三代机器人为高一级的智能机器人，"电脑化"是这一代机器人的重要标志。然而，计算机处理的信息必须要通过各种传感器来获取，因而这一代机器人需要有更多的、性能更好的、功能更强的、集成度更高的传感器。所以，传感器在机器人的发展过程中起着举足轻重的作用。

2. 机器人传感器的分类

机器人传感器大多是模仿人类的感官功能进行设计的，包括触觉传感器、接近觉传感器、视觉传感器、听觉传感器、嗅觉传感器、味觉传感器等。一般并不是所有传感器都用在一个机器人身上，有的机器人只用到一种或几种，如有的机器人突出视觉、有的机器人突出触觉等。

按照机器人传感器所传感的物理量的位置，可以将机器人传感器分为内部参数检测传感器和外部参数检测传感器两大类。

（1）内部参数检测传感器。

内部参数检测传感器是以机器人本身的坐标轴来确定其位置的，它是安装在机器人内部的。通过内部参数检测传感器，机器人可以了解自己的工作状态，调整和控制自己按照一定的位置、速度、加速度、压力和轨迹等进行工作。

图 8-7 所示为球坐标工业机器人的外观图。

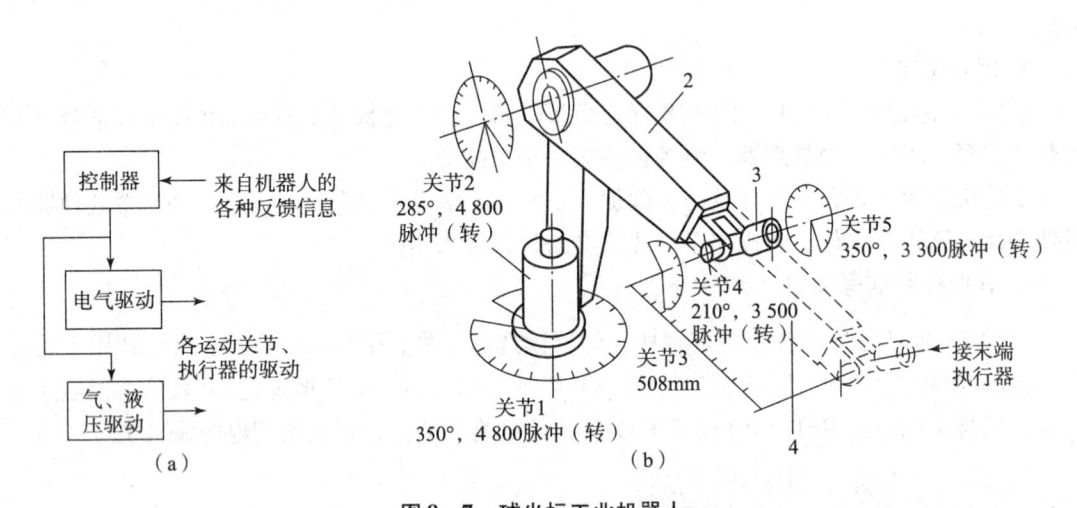

图 8-7 球坐标工业机器人
(a) 控制及驱动框图；(b) 外观
1—回转立柱；2—摆动手臂；3—手腕；4—伸缩手臂

在图 8-7 中，回转立柱对应关节 1 的回转角度，摆动手臂对应关节 2 的俯仰角度，手腕对应关节 4 的上下摆动角度，手腕又对应关节 5 的横滚（回绕手爪中心旋转）角度，伸缩手臂对应关节 3 的伸缩长度等均由位置检测传感器检测出来，并反馈给计算机，计算机通过复杂的坐标计算，输出位置定位指令，结果经由电气驱动或气液驱动，使机器人的末端执行器-手爪-最终能正确的落在指令规定的空间点上。例如，手爪夹持的是焊枪，则机器人就称为焊接机器人，在汽车制造厂中，这种焊接机器人广泛用于车身框架的焊接；若手爪本身就是一个夹持器，则称为搬运机器人。

（2）外部参数检测传感器。

外部参数检测传感器用于获取机器人对周围环境或者目标物状态特征的信息，是机器人与周围进行交互工作的信息通道。其功能是让机器人能识别工作环境，很好地执行如取物、检查产品品质、控制操作、应付环境和修改程序等工作，使机器人对环境有自校正和自适应能力。外部检测器通常包括触觉、接近觉、视觉、听觉、嗅觉、味觉等传感器。如图 8-7

所示，在手爪中安装触觉传感器后，手爪就能感知被抓物的质量，从而改变夹持力；在移动机器人中，通过接近传感器可以使机器人在移动时绕开障碍物。

3. 触觉传感器

人体皮肤内分布着多种感受器，能产生多种感觉。一般认为皮肤感觉主要有 4 种，即触觉、冷觉、温觉和痛觉。机器人的触觉，实际上是人的触觉的某些模仿。它是有关机器人和对象物之间直接接触的感觉，包括的内容较多，通常指以下几种。

①触觉：手指与被测物是否接触，接触图形的检测。
②压觉：垂直于机器人和对象物接触面上的力感觉。
③力觉：机器人动作时各自由度的力感觉。
④滑觉：物体向着垂直于手指把握面的方向移动或变形。

若没有触觉，就不能完好、平稳地抓住纸做的杯子，也不能握住工具。机器人的触觉主要有以下两个方面的功能。

（1）检测功能。

对操作物进行物理性质检测，如表面光洁度、硬度等。其目的是：感知危险状态，实施自我保护；灵活地控制手爪及关节以操作对象；使操作具有适应性和顺从性。

（2）识别功能。

识别对象物的形状（如识别接触到的表面形状）。为了得到更完善、更拟人化的触觉传感器，人们进行了所谓"人工皮肤"的研究。这种"皮肤"实际上也是一种由单个传感器按一定形状（如矩阵）组合在一起的阵列式触觉传感器，如图 8 - 8 所示。其密度较大、体积较小、精度较高，特别是接触材料本身即为敏感材料，这些都是其他结构的触觉传感器很难达到的。"人工皮肤"传感器可用于表面形状和表面特性的检测。

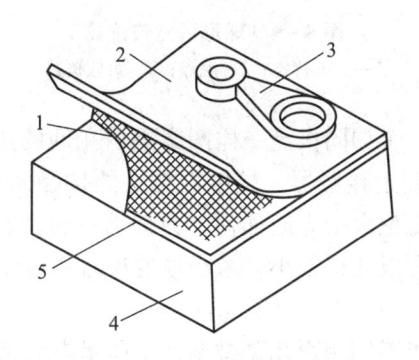

图 8 - 8　阵列式触觉传感器
1—电气接线；2—PVF_2 薄膜；3—被识别物体；4—底座盒；5—印制电路板

压觉指的是对于手指给予被测物的力，或者加在手指上的外力的感觉。压觉用于握力控制与手的支撑力的检测。基本要求是：小型轻便、响应快、阵列密度高、再现性好、可靠性高。目前，压觉传感器主要是分布型压觉传感器，即通过把分散敏感元件阵列排列成矩阵式格子来设计成的。导电橡胶、感应高分子、应变计、光电器件和霍尔元件常被用作敏感元件单元。这些传感器本身相对于力的变化基本上不发生位置变化。能检测其位移量的压觉传感器具有以下优点：可以多点支撑物体；从操作的观点来看，能牢牢抓住物体。

力觉传感器的作用有：感知是否夹起了工件或是否夹持在正确部位；控制装配、打磨、研磨、抛光的质量；装配中提供信息，以产生后续的修正补偿运动来保证装配的质量和速度；防止碰撞、卡死和损坏机件。用于力觉的触觉传感器，要把多个检测元件立体地安装在不同位置上。用于力觉传感器的主要有应变式、压电式、电容式、光电式和电磁式等。由于应变式的价格便宜、可靠性好且易于制造，故被广泛采用。

另外，机器人要抓住属性未知的物体时，必须确定自己最适当的握力目标值，因此需要检测出握力不够时所产生的物体滑动。利用这一信号，在不损坏物体的情况下，牢牢抓住物体，为此目的设计的活动检测器叫做滑觉传感器。图8-9所示为一种球形滑觉传感器。

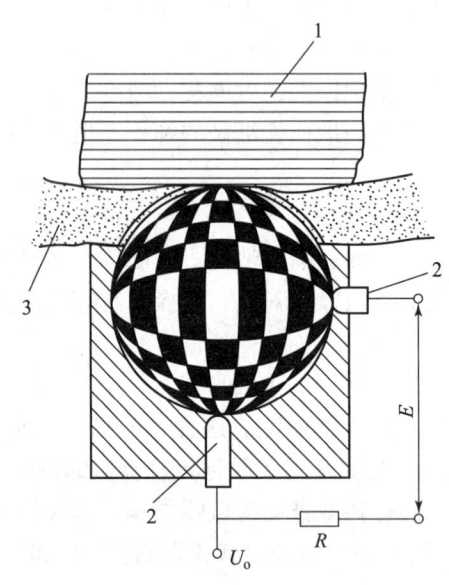

图 8-9　球形滑觉传感器
1—被夹持物；2—触点；3—柔软覆盖

该传感器的主要部分是一个如同棋盘一样图案黑白相间的用绝缘材料盖住的小导体球。在球表面的任意两个地方安装上接触器。接触器触头的接触面积小于球面上露出的导体面积。球与被握物体相接触，无论滑动方向如何，只要球一转动，传感器就会产生脉冲输出。应用适当的技术，该球尺寸可以变得很小，减小球的尺寸和传导面积可以提高检测灵敏度。

4. 接近觉传感器

接近觉传感器是机器人能感知相距几毫微至几十厘米内对象物或障碍物的距离、对象物的表面性质等的传感器。其目的是在接触对象前得到必要的信息，以便后续动作。这种感觉是非接触的，实质上可以认为是介于触觉和视觉之间的感觉。接近觉传感器有电磁式、光电式、电容式、气动式、超声波式和红外线式等类型。

5. 视觉传感器

人的眼睛是由含有感光细胞的视网膜和作为附属结构的折光系统等部分组成。人脑通过接收来自视网膜的传入信息，可以分辨出视网膜的不同亮度和色泽，因而可以看清视野内发光物体或反光物体的轮廓、形状、颜色、大小、远近和表面细节等情况。自然界形形色色的物体以及文字、图片等，通过视觉系统在人脑中得到反映。

机器人的视觉系统通常是利用光电传感器构成的。机器人的视觉作用的过程与人的视觉作用过程相似，如图 8-10 所示。

```
三维实物    传感器    二维图像   图像处理    景象描述
（立体）　　────→　　（平面） ────→
```

图 8-10　视觉作用过程

客观世界中三维实物经由传感器（如摄像机）成为平面的二维图像，再经过处理部件给出景象的描述。应该指出，实际的三维物体形态和特征是相当复杂的，特别是由于识别的背景千差万别，而机器人上的视觉传感器的视角又在时刻变化，引起图像时刻发生变化，所以机器人视觉在技术上难度是较大的。

在空间中判断物体位置和形状一般需要两类信息，即距离信息和明暗信息。视觉系统主要解决这两方面的问题。当然作为物体视觉信息来说还有色彩信息，但它对物体的识别不如前两类信息重要，所以在视觉系统中用得不多。获得距离信息的方法可以有超声波、激光反射法、立体摄像法等；而明暗信息主要靠电视摄像机、CCD 固态摄像机来获得。

6. 听觉、嗅觉、味觉传感器

（1）听觉传感器。

听觉也是机器人的重要感觉器官之一。在机器人听觉系统中，主要通过听觉传感器实现声音信号的接收与传输。听觉传感器的基本形态与传声器相同，技术相对较为成熟，其工作原理多为压电效应、磁电效应等。除了接收和传输外，对于机器人听觉系统来说，更重要的是对声音信息的识别。由于计算机技术及语音学的发展，现在已经可以通过语音处理及识别技术来识别讲话人，还能正确理解一些简单的语句。从应用的目的来看，可以将识别声音的系统分为两类。

①发音人识别系统。发音人识别系统的任务是，判别接收到的声音是否为事先指定的某个人的发音，也可以判别是否为事先指定的一批人中的某个人的声音。

②语义识别系统。语义识别系统可以判别语音中的字、短语、句子，而无论说话人是谁。

然而，由于人类语言是非常复杂的，无论哪个民族，其语言的词汇量都非常大，即使同一个人，其发音也随着环境及身体状况有所变化，因此，使机器人的听觉达到接近人耳的功能还相差甚远。

（2）嗅觉传感器。

人类通过鼻腔内的嗅觉细胞实现对气味的辨别，而对于机器人来说，嗅觉传感器主要是采用气敏传感器、射线传感器等来对气体的化学成分进行检测。这些传感器多用于检测空气中的化学成分、浓度等，在放射线、高温煤气、可燃性气体以及其他有毒气体的恶劣环境中，有着重要应用。

（3）味觉传感器。

通常味觉是指对液体进行化学成分的可分析。实用的味觉分析工具有 pH 计、化学分析仪器等。一般味觉可探测溶于水中的物质，嗅觉可探测气态的物质，而且在一般情况下，探测化学物质的嗅觉比味觉更敏感。目前，人们还通过对人的味觉工作过程的研究，大力发展离子传感器与生物传感器技术，配合微型计算机进行信息的组合来识别各种味道。

二、应用实例

日间运行的地铁每天夜间都要回到检修车间接受"体检",维护车辆安全的检修工被称为"地铁医生"。目前,车底的检查要靠检修工人在车底弯腰抬头,打着手电筒一点点通过肉眼检查。处于测试阶段的智能检修机器人可以被看作"地铁医生"的"超级助理"。

列车进入检修股道后,机器人开始对车底进行检查,用4K高清3D相机获取车底影像,与标准图库进行对比,有时还会对特殊点通过灰度信息分析,找出车底的异常情况并报警。智能检修机器人装有无线通信装置,可将检修数据实时、可靠地发送至地面服务器,由专职操作人员在地面服务器上查看报警,并安排检修人员去车下确认,确保检修效率和检修质量。有了智能检修机器人的协助,"地铁医生"将升级为"专家门诊",只需要对机器人发出的报警进行车下确认,就可对确认的隐患进行"治疗"。检修机器人对待隐患敏感、缜密、苛刻,"宁可错杀绝不放过"是智能检修机器人的工作特点。机器人的灵敏度很高,因为灯光等原因,个别情况下可能会将正常情况误报为异常,这就需要人工排除。但是,机器人不会放过任何一个可疑的地方。

地铁的检修车间里有多条检修作业股道,每天夜里,车间里灯火通明,检修工人通宵达旦。但智能检修机器人不知疲惫,可以24h全天候待命。智能检修机器人还具备导航功能,第一次"下车间",工作人员通过设备控制其在车间里进行探索。机器人在走完车间每一个地方后,能自行对库区结构的轮廓进行3D绘制,以后只要工作人员指定目的地,智能检修机器人就能在车间里"爬坡迈槛",实现跨股道作业。

智能检修机器人,一方面,具备深度学习能力,对于一些误报,告诉它这是误报,之后它遇到这种情况,就能自动排除;另一方面,智能检修机器人还能不断地自我更新校正。这种更新校正能力可以用单位打卡的人脸识别功能来做类比。很多人一次取像之后,多年间反复打卡,这期间可能换发型,可能有时候会憔悴些,有时候会晒黑了,还有无可避免的衰老,但人工智能会不断更新校正,从而实现匹配。智能检修机器人对车底的状态也会不断更新校正,从而正确匹配,减少误报错报。

目前,地铁列车车底的检修主要由人工完成,根据目前的效率,每辆列车由两名检修工人自两端开始检查,完成全列车车底检查约在20min。根据目标,单个机器人完成一辆列车车底检查需要40min,两个机器人自两端开始检查,耗时与人工检查相当。但是,列车检修分车底和车身,车底需要无电作业,而车身需要带电作业,这就决定了车底和车身检修必须错时进行,车身检修只能等车底检修完成后才能开始。而检修机器人不存在无电作业的要求,如此一来,车底交给智能检修机器人,车身交给检修工人,便可以双箭齐发,有望让检修效率提高1倍。

在轨道车辆日常检修中,智能检修机器人的应用提高了维保质量和工作效率,极大地解放了生产力。

三、拓展知识

生物传感器

生物传感器是利用生物活性物质来选择性识别和测定生物化学物质的传感器，是分子生物学与微电子学、电化学、光学相结合的产物，是在基础传感器上耦合一个生物敏感膜而形成的新型器件，将成为生命科学与信息科学之间的桥梁。

被测物质经扩散作用进入生物敏感膜层，经分子识别，发生生物学反应（物理、化学变化），产生物理、化学现象或产生新的化学物质，其所产生的信息可以通过相应的化学或物理换能器转变成可定量和可显示的电信号。也就是说，使用相应的变换器将生物学反应信息转换成定量和可传输、处理的电信号，就可知道被测物质的浓度。另外，通过不同的感受器与换能器的组合可以开发出多种生物传感器。

1. 生物传感器的基本知识

将生物体的成分（酶、抗原、抗体、DNA、激素）或生物体本身（细胞、细胞器、组织）固定在某一器件上作为敏感元件的传感器称为生物传感器。迄今大量研究的生物传感器其基本组成如图8-11所示。生物传感器性能的好坏主要取决于分子识别部分的生物敏感膜转换器。生物敏感膜转换器是生物传感器的关键部位，它通常呈膜状，又由于是待测物的感受器，所以又将其称为生物敏感膜。可以认为，生物敏感膜是基于伴有物理和化学变化的生化反应分子识别膜元件。

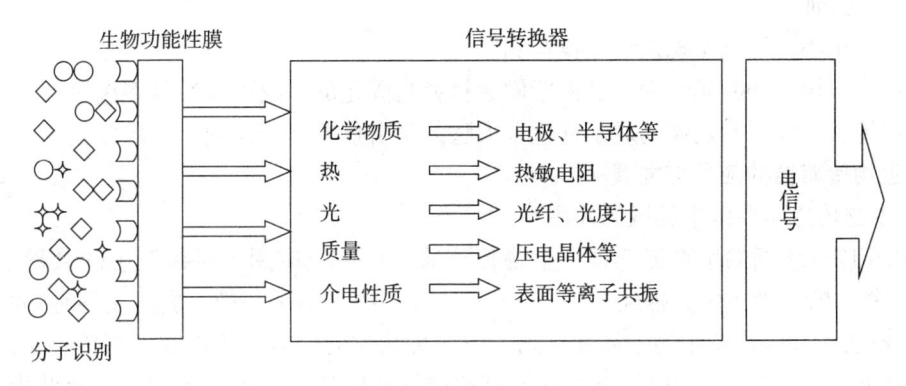

图8-11 生物传感器的基本组成

生物敏感膜由敏感材料和基质材料组成，见表8-2。

表8-2 生物敏感膜的组成

敏感材料			基质材料
组织	细胞	生物大分子	乙酸纤维素、凝胶、海藻酸、聚氯乙烯、硅橡胶等
动物组织、猪肾、肌肉等	细菌、大肠杆菌、枯草杆菌及某些霉菌等	酶、单克隆抗体	
植物组织、香蕉、番茄等	细胞、细胞器及细胞膜等	受体、激素	

1）生物传感器的分类

（1）按敏感材料划分。

生物传感器中，分子识别元件上所用的敏感物质有酶、微生物、动植物组织、细胞器、抗原和抗体等。根据所用的敏感物质可将生物传感器分为酶传感器、微生物传感器、组织传感器、细胞传感器、免疫传感器、基因传感器等。

（2）根据转换器划分。

生物传感器的信号转换器有电化学电极、离子敏场效应管晶体管、热敏电阻、光电转换器等。据此又将生物传感器分为电化生物传感器、半导体生物传感器、测热型生物传感器、测光型生物传感器、测声型生物传感器等。

（3）按生物传感器的输出划分。

①生物亲和型传感器。被测物质与分子识别元件上的敏感物质具有生物亲和作用，即两者能特异地相结合，同时引起敏感材料的分子结构或固定介质发生变化，如电荷、温度、光学性质等的变化。

②代谢型或催化型传感器。被测物与分子识别元件上的敏感物质相互作用并生成产物，信号转换器将被测物的消耗或产物的增加转变为输出信号，这类传感器称为代谢型或催化型传感器。

2）生物传感器的特点

（1）生物传感器由选择性好的主题材料构成分子识别元件，因此，一般不需进行样品的预处理，它利用优异的选择性把样品中被测组分的分离和检测统一为一体。测定时一般不需另加其他试剂。

（2）体积小，可以实现连续在位检测。

（3）响应快、样品用量少，且由于敏感材料是固化的，故可以反复多次使用。

（4）传感器连同测定仪的成本远低于大型的分析仪器，因而便于推广普及。

2. 生物传感器的应用与发展

1）生物传感器在医学领域的应用

①用于临床诊断的生物传感器。生物传感器可以广泛应用于对体液中的微量蛋白（如肿瘤标志物、特异性抗体、神经递质）、小分子有机物（如葡萄糖、乳酸及各种药物的体内浓度）、核酸（如病原微生物、异常基因）等多种物质的检测。便携式生物传感器由于可用于床边检测，近年来受到青睐，如现在已有的便携式电流型免疫传感器用于检测甲胎蛋白、检测血清中总 IgE 水平的置换式安培型免疫传感器，检测神经递质、血糖、尿酸、乳酸、胆固醇浓度等的传感器以及扫描电化学检测技术利用阵列式微电极检测血液中变态反应性炎症介质的传感器，只需 $20\mu L$ 全血即可测知患者的变应原。

②用于基因诊断的检测。生物传感器在基因诊断领域具有极大优势，可望广泛应用于基因分析和肿瘤的早期诊断。据报道，构建的石英晶体 DNA 传感器用于遗传性地中海贫血的突变基因诊断。

③用于生化指标的测定。如用于糖类、氨基酸、抗生素、大环分子、乙醇、BOD、谷胱氨酸、乳酸及甘油的生物传感器。

④用于遗传物质的测定。如用于测定 DNA 和 RNA 的光线生物传感器，可对 DNA 和 RNA 定量。在法医学中，生物传感器可用于 DNA 亲子认证等。

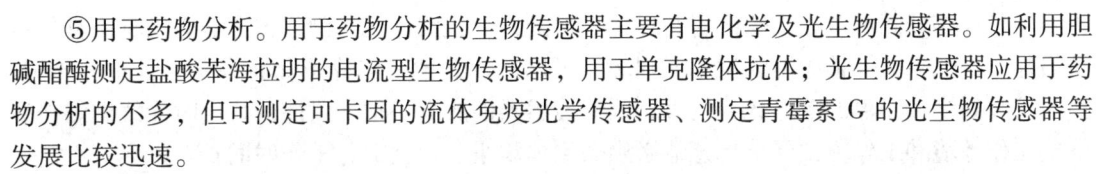

⑤用于药物分析。用于药物分析的生物传感器主要有电化学及光生物传感器。如利用胆碱酯酶测定盐酸苯海拉明的电流型生物传感器，用于单克隆体抗体；光生物传感器应用于药物分析的不多，但可测定可卡因的流体免疫光学传感器、测定青霉素 G 的光生物传感器等发展比较迅速。

2）生物传感器的发展

近年来，随着生物科学、信息科学和材料科学的发展，生物传感器技术也得到飞速发展。目前，生物传感器正朝着功能多样化、微型化、智能化以及高灵敏度、高稳定性和高寿命方向发展。

（1）功能多样化。

未来的生物传感器将进一步涉及医疗保险、疾病诊断、食品检测、环境检测等各个领域。目前，生物传感器研究中的重要内容之一就是研究能代替生物视觉、听觉和触觉等感觉器官的生物传感器。

（2）微型化。

随着微加工技术和纳米技术的进步，生物传感器将不断地微型化，各种便携式生物传感器的出现使人们在家中就可以进行疾病诊断，以及在市场上直接检测食品等。

（3）智能化与集成化。

未来的生物传感器必定与计算机等技术紧密结合，自动采集数据、处理数据，更科学、更准确地提供结果，实现采样、进样、结果一条龙，形成检测自动化系统。同时，芯片技术将越来越多地进入传感器领域，实现检测系统的集成化、一体化。

（4）低成本、高灵敏度、高稳定性和高寿命。

生物传感器技术不断进步，必然要求不断降低产品成本，提高灵敏度、稳定性和延长寿命。这些特性的改善也会加速生物传感器的市场化、商品化进程。

任务三　无线网络传感器应用

一、基础知识

无线网络传感器是成本低、具有传感数据处理和无线通信能力的智能传感器。通过基站或移动路由器等基础通信设施，以自组织方式形成传感器网络。可以有几百甚至几千个传感器部署在监测地域。

无线网络传感器由许多个功能相同或不同的无线智能传感器组成。每个传感器除了包含智能传感器所必备的功能外，还具有无线通信功能（具有无线收发器模块），且自带供电模块。

无线网络传感器可以安装在危险工作环境，如煤矿、石油钻井、核电站等工作环境；也可以安装在野外无人看守的恶劣环境中，如自然环境的监控、野外传输管道流量监测等；还可以安装在工厂的排放口，实时监测工厂的废水、废气等污染源。无线网络传感器的使用把操作人员从高危环境中解放了出来，提高了险情的反应速度和精度，大大降低了煤矿、石油化工、冶金等行业对安全、易燃、易爆、有毒物质的监测成本。

由于传感器测试单元一般部署在环境恶劣的地方，因此无线网络传感器必须具有良好的抗毁能力，如果某一传感器测试单元损坏，可以利用其他节点完成信息采集、处理和传输。由于无线网络传感器的节点数量巨大，因此传感器的成本必须尽可能低。同时无线网络传感器的工作环境和工作方式要求传感器必须做到体积小、功耗低、工作时间长。

二、应用实例

1. 自动抄表系统

自动抄表系统用于水、电、气不同行业的自动抄表与收费管理。在某种意义上，可以称为网络化仪器。因为自动抄表系统虽然没有通过 Internet 互联网，但采用公用电话网，即管理中心与小区电话有线连接，经公用电话网对异地用电、用气等信息进行测取和监控，为管理部门提供各种信息。

采用自动抄表系统，可提高抄表的准确性；能减少因估计或誊写而可能出现的账单错误；供电（水、燃气、热能等）管理部门能及时获得准确的数据信息；用户也不需要与抄表员预约上门抄表时间；还能迅速查询账单。采用网络测量技术，使用网络化仪器，能显著提高测量功效；有效降低监测、测控工作的人力和财力投入；缩短完成一些计量测试工作的周期；并将增强客户测量需求的满意程度。

自动抄表系统也可以采用无线网络传感器。该系统由营业中心管理系统、远程数据传输网络、现场抄表网络三大部分组成，如图 8 – 12 所示。该系统采用 GPRS 作为远程传输网络，即管理中心与小区 GPRS 无线连接。系统实时监控，可实现预收费功能和欠费控制功能。远程采用 GPRS 传输网络，施工简单，维护方便，数据传送快捷，安全可靠，总成本低。

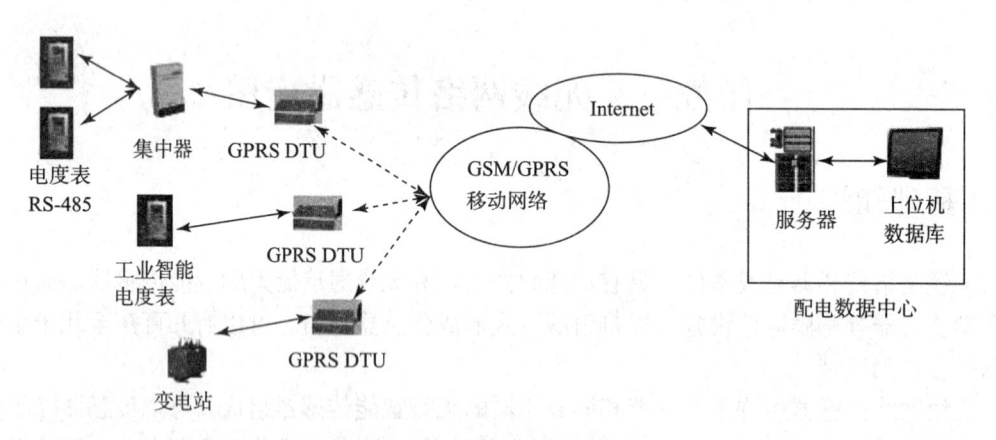

图 8 – 12　无线自动抄表系统

2. 船舶机舱监控系统

在船舶运行中需要对其舱室内的主要机械设备的重要运行参数（压力、温度、湿度、速度、电、机械位置等）进行实时监控，以避免故障的发生。若使用有线网络监控会给检测工作带来许多困难，诸如船舶中的一些旋转机械转动部分、危险区域及运动的装备等难以接近的位置很难与传感器进行有线连接。此外，舱内的环境非常复杂，空气的潮湿、高温、油、水、酸等物质都会对有线电缆造成不同程度的侵蚀、浸淹,从而引起短路、漏电等。为了防止爆炸,有些区域甚至禁止使用电缆。而使用无线传感器网络替代有线的传感器节点进行相关设备的遥感监视和状态控制工作,就能够有效地解决船舶布线空间狭窄施工困难等技术难点,同时还可以节约船用电缆的使用,降低工程成本。船舶机舱监控系统结构框图如图8-13所示。

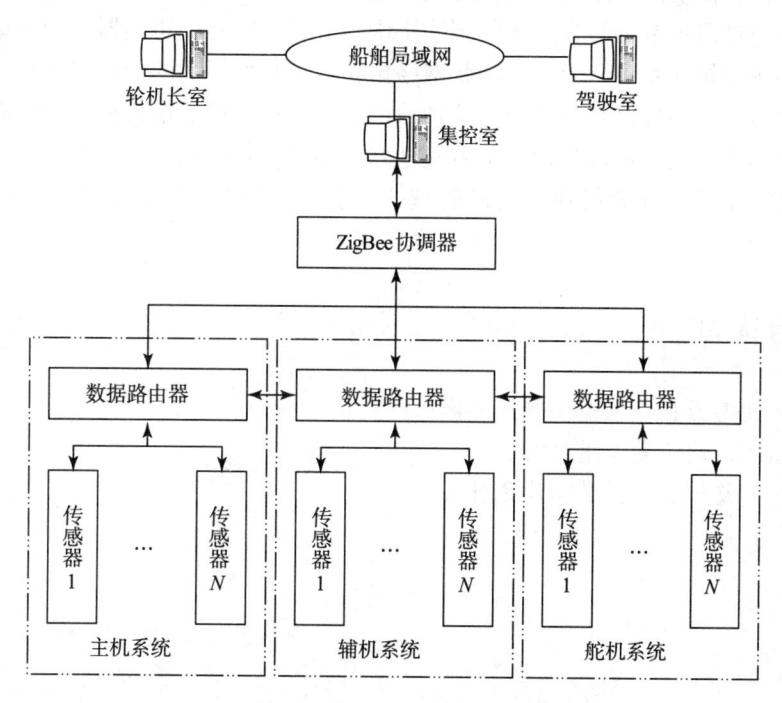

图8-13 船舶机舱监控系统结构框图

三、拓展知识

ZigBee技术是近几年发展起来的一种近距离无线通信技术,主要特点如下。

①极低的系统功耗,由于数据传输量小,而且还可以使其大部分时间处于休眠状态,所以功耗较低。

②较低的系统成本,器件成本低,ZigBee协议免专利费用。

③灵活的工作频段,在IEEE 802.15.4有两个物理层,提供两个独立的频率段,即868/915MHz和2.4GHz,其中2.4GHz频段使用在全世界范围内,分别可以容纳10个和16个信道。

④安全的数据传输,可靠MAC层采用标准的CSMA/CA方式,避开发送数据的竞争与冲突。

⑤超大的网络容量,整个网络最多可以支持65 000个ZigBee网络节点。

ZigBee网络节点设备分为以下3种类型:网络协调器节点(Coordinator)、路由节点(Router)和终端节点(End Device)。这3种节点类型都是网络层概念,其部署决定了网络拓扑形式。不论ZigBee网络采用何种拓扑方式,每个独立的网络中都有唯一的一个网络协调器节点,它相当于现在有限局域网中的服务器,具有对本网络的管理能力。它可以选择信道的频段，允许节点加入或删除节点。路由节点用以转发数据，延伸 ZigBee 网络规模，主要用于树型和网型拓扑结构中，不能休眠。终端节点主要任务是发送和接收信息。

ZigBee 网络可以实现 3 种网络拓扑形式，即星型、树型、网型。星型拓扑是最简单的一种拓扑形式，星型网络中各节点彼此并不通信，所有信息都要通过协调器节点进行转发；树型网络中包括协调器节点、路由节点和终端节点，路由节点完成数据的路由功能，终端节点的信息一般要通过路由节点转发后才能到达协调器节点，同样，协调器负责网络的管理；网络拓扑形式和树型拓扑相同。但是，网状网络拓扑具有更加灵活的信息路由规则，在可能的情况下，路由节点之间可以直接通信。这种路由机制使得信息通信变得更有效率，一旦一个路由路径出现问题，信息可以自动地沿着其他路由路径进行传输。

目前 ZigBee 技术在工业控制、能源管理、智能交通系统、智能建筑、家庭自动化等领域都得到了应用。

巩固与练习

1. 机器人传感器主要包括哪些传感器？
2. 简述机器人的视觉作用过程。
3. 什么叫网络传感器？其功能是什么？

附 表 1

Cu50 铜电阻、Pt100 铂热电阻分度表

工作端温度/℃	电阻值/Ω Cu50	电阻值/Ω Pt100	工作端温度/℃	电阻值/Ω Pt100	工作端温度/℃	电阻值/Ω Pt100
−200		18.52	190	172.17	580	307.25
−190		22.83	200	175.86	590	310.49
−180		27.10	210	179.53	600	313.71
−170		31.34	220	183.19	610	316.92
−160		35.54	230	186.84	620	320.12
−150		39.72	240	190.47	630	323.30
−140		43.68	250	194.10	640	326.48
−130		48.00	260	197.71	650	329.64
−120		52.11	270	201.31	660	332.79
−110		56.19	280	204.90	670	335.93
−100		60.26	290	208.48	680	339.06
−90		64.30	300	212.05	690	342.18
−80		68.33	310	215.61	700	345.28
−70		72.33	320	219.15	710	348.38
−60		76.33	330	222.68	720	351.46
−50	39.24	80.31	340	226.21	730	345.53
−40	41.40	84.27	350	229.72	740	357.59
−30	43.55	88.22	360	233.21	750	360.64
−20	45.70	92.16	370	236.70	760	363.67

续表

工作端温度/℃	电阻值/Ω Cu50	电阻值/Ω Pt100	工作端温度/℃	电阻值/Ω Pt100	工作端温度/℃	电阻值/Ω Pt100
-10	47.85	96.06	380	240.18	770	366.70
0	50.00	100.00	390	243.64	780	369.71
10	52.14	103.90	400	247.09	790	372.71
20	54.28	107.79	410	250.53	800	375.70
30	56.42	111.67	420	253.96	810	378.68
40	58.56	115.54	430	257.38	820	381.65
50	60.70	119.40	440	260.78	830	384.60
60	62.84	123.24	450	264.18	840	387.55
70	64.98	127.08	460	267.56	850	390.48
80	67.12	139.90	470	270.93		
90	69.26	134.71	480	274.29		
100	71.40	138.51	490	277.64		
110	73.54	142.29	500	280.98		
120	75.68	146.07	510	284.30		
130	77.83	149.83	520	287.62		
140	79.98	153.58	530	290.92		
150	82.13	157.33	540	294.21		
160		161.05	550	297.49		
170		164.77	560	300.75		
180		168.48	570	304.01		

附 表 2

镍铬－镍硅（K型）热电偶分度表（参考端温度为：0℃）

温度/℃	热电动势/mV	温度/℃	热电动势/mV	温度/℃	热电动势/mV	温度/℃	热电动势/mV	温度/℃	热电动势/mV
-270	-6.458	110	4.508	490	20.214	870	36.121	1250	50.633
-260	-6.441	120	4.919	500	20.640	880	36.524	1260	50.990
-250	-6.404	130	5.327	510	21.066	890	36.925	1270	51.344
-240	-6.344	140	5.733	520	21.493	900	37.325	1280	51.697
-230	-6.262	150	6.137	530	21.919	910	37.724	1290	52.049
-220	-6.158	160	6.539	540	22.346	920	38.122	1300	52.398
-210	-6.035	170	6.939	550	22.772	930	38.519	1310	52.747
-200	-5.891	180	7.338	560	23.198	940	38.915	1320	53.093
-190	-5.730	190	7.737	570	23.624	950	39.310	1330	53.439
-180	-5.550	200	8.137	580	24.050	960	39.703	1340	53.782
-170	-5.354	210	8.537	590	24.476	970	40.096	1350	54.125
-160	-5.141	220	8.938	600	24.902	980	40.488	1360	54.466
-150	-4.912	230	9.341	610	25.327	990	40.879	1370	54.807
-140	-4.669	240	9.745	620	25.751	1000	41.269		
-130	-4.410	250	10.151	630	26.176	1010	41.657		
-120	-4.138	260	10.560	640	26.599	1020	42.045		
-110	-3.852	270	10.969	650	27.022	1030	42.432		
-100	-3.553	280	11.381	660	27.445	1040	42.817		
-90	-3.242	290	11.793	670	27.867	1050	43.202		
-80	-2.920	300	12.207	680	28.288	1060	43.585		

续表

温度/℃	热电动势/mV	温度/℃	热电动势/mV	温度/℃	热电动势/mV	温度/℃	热电动势/mV	温度/℃	热电动势/mV
−70	−2.586	310	12.623	690	28.709	1070	43.968		
−60	−2.243	320	13.039	700	29.128	1080	44.349		
−50	−1.889	330	13.456	710	29.547	1090	44.729		
−40	−1.527	340	13.874	720	29.965	1100	45.108		
−30	−1.156	350	14.292	730	30.383	1110	45.486		
−20	−0.777	360	14.712	740	30.799	1120	45.863		
−10	−0.392	370	15.132	750	31.214	1130	46.238		
0	0.000	380	15.552	760	31.629	1140	46.612		
10	0.397	390	15.974	770	32.042	1150	46.985		
20	0.798	400	16.395	780	32.455	1160	47.356		
30	1.203	410	16.818	790	32.866	1170	47.726		
40	1.611	420	17.241	800	33.277	1180	48.095		
50	2.022	430	17.664	810	33.686	1190	48.462		
60	2.436	440	18.088	820	34.095	1200	48.828		
70	2.850	450	18.513	830	34.502	1210	49.192		
80	3.266	460	18.938	840	34.909	1220	49.555		
90	3.681	470	19.363	850	35.314	1230	49.916		
100	4.095	480	19.788	860	35.718	1240	50.276		

参 考 文 献

[1] 王倢婷. 传感器应用技术[M]. 北京：中国劳动社会保障出版社，2012.
[2] 齐晓华，魏冠义，戴明宏. 传感器与检测技术[M]. 成都：西南交通大学出版社，2018.
[3] 常慧玲. 传感器与自动检测（第2版）[M]. 北京：电子工业出版社，2012.
[4] 耿淬，刘冉冉. 传感与检测技术[M]. 北京：北京理工大学出版社，2012.
[5] 王涵. 传感器应用技术[M]. 北京：中国劳动社会保障出版社，2012.
[6] 武新，高亮，张正球，等. 传感器技术与应用（第2版）[M]. 北京：高等教育出版社，2021.
[7] 聂辉海. 传感器技术及应用[M]. 北京：电子工业出版社，2012.
[8] 杭州英联科技有限公司. YL系列传感器与测控技术实验指南[Z]. 杭州：杭州英联科技有限公司，2010.
[9] 刘水平，杨寿智. 传感器与检测技术应用[M]. 北京：人民邮电出版社，2009.
[10] 于彤. 传感器原理及应用[M]. 北京：机械工业出版社，2009.
[11] 李文仲，段朝玉. ZigBee无线网络技术入门与实践[M]. 北京：北京航空航天大学出版社，2007.
[12] 刘建华，张静之. 传感器与PLC应用[M]. 北京：科学出版社，2009.
[13] 何希才. 传感器及其应用[M]. 北京：国防工业出版社，2001.
[14] 王小强，欧阳骏，黄宁淋. ZigBee无线传感器网络设计与实现[M]. 北京：化学工业出版社，2012.
[15] 周润景. 传感器与检测技术[M]. 北京：电子工业出版社，2014.
[16] 蔡夕忠. 传感器应用技能训练[M]. 北京：高等教育出版社，2006.
[17] 沈聿农. 传感器及应用技术[M]. 北京：化学工业出版社，2002.